大连海事大学校企共建特色教材

大连海事大学——海丰国际教材建设基金资助

电力系统分析基础

DIANLI XITONG FENXI JICHU

主 编／姚玉斌　杨添剀

大连海事大学出版社

DALIAN MARITIME UNIVERSITY PRESS

ⓒ 姚玉斌　杨添凯 2022

图书在版编目(CIP)数据

电力系统分析基础 / 姚玉斌, 杨添凯主编. — 大连：
大连海事大学出版社, 2022.12
ISBN 978-7-5632-4325-9

Ⅰ. ①电… Ⅱ. ①姚… ②杨… Ⅲ. ①电力系统—系
统分析—高等学校—教材 Ⅳ. ①TM711

中国版本图书馆 CIP 数据核字(2022)第 215496 号

大连海事大学出版社出版

地址:大连市黄浦路523号 邮编:116026 电话:0411-84729665(营销部) 84729480(总编室)
http://press.dlmu.edu.cn　E-mail:dmupress@dlmu.edu.cn

大连日升彩色印刷有限公司　　　　　　　　大连海事大学出版社发行

2022 年 12 月第 1 版　　　　　　　　　2022 年 12 月第 1 次印刷
幅面尺寸:184 mm×260 mm　　　　　　　　　　　　　印张:12.5
字数:305 千　　　　　　　　　　　　　　　　印数:1~800 册

出版人:刘明凯

责任编辑:董玉洁　　　　　　　　　　　　　责任校对:张　华
封面设计:解瑶瑶　　　　　　　　　　　　　版式设计:解瑶瑶

ISBN 978-7-5632-4325-9　　　定价:31.00 元

大连海事大学校企共建特色教材

编 委 会

总前言

航运业是经济社会发展的重要基础产业,在维护国家海洋权益和经济安全、推动对外贸易发展、促进产业转型升级等方面具有重要作用,对我国建设交通强国、海洋强国具有重要意义。大连海事大学作为交通运输部所属的全国重点大学、国家"双一流"建设高校,多年来为我国乃至国际航运业培养了大批高素质航运人才,对航运业的发展起到了重要作用。

进入新时代以来,党中央、国务院及教育主管部门对高等教育的人才培养体系提出了更高要求,对教材工作尤为重视。根据要求,学校大力开展了新工科、新文科等建设及产教融合、科教融合等改革。在教材建设方面,学校修订了教材管理相关制度,建立了校企共建本科教材机制,大力推进校企共建教材工作。其中,航运特色专业的核心课程教材是校企共建的重点,涉及交通运输、海洋工程、物流管理、经济金融、法律等领域。

2021 年以来,大连海事大学与海丰国际控股有限公司签订了校企共建教材协议,共同成立了"大连海事大学校企共建系列教材编委会"(简称"编委会"),负责指导、协调校企共建教材相关工作,着力建成一批政治方向正确、满足教学需要、质量水平优秀、航运特色突出、符合国家经济社会发展需求和行业需求的高水平专业核心课程教材。编委会成员主要由大连海事大学校领导和相关领域专家、海丰国际控股有限公司领导和相关行业专家组成。

校企共建特色教材的编写人员经学校二级单位推荐、学校严格审查后确定,均具有丰富的教育教学和教材编写经验,确保了教材的科学性、适用性。公司推荐具有丰富实践经验的行业专家参与共建教材的策划、编写,确保了教材的实践性、前沿性。学校的院、校两级教材工作委员会、党委常委会通过个人审读与会议评审相结合、校内专家与校外专家相结合等不同形式对教材内容进行学术审查和政治审查,确保了教材的学术水平和政治方向。

在校企共建特色教材的编写与出版过程中,海丰国际控股有限公司还向学校提供了经费资助,在此表示感谢。大连海事大学出版社对教材校审、排版等提供了专业的指导与服务,在此表示感谢。同时,感谢各方领导、专家和同仁的大力支持和热情帮助。

校企共建特色教材的编写是一项繁重而复杂的工作,鉴于时间、人力等方面的因素,教材内容难免有不妥之处,希望专家不吝指正。同时,希望更多的航运企事业单位、专家学者能参与到此项工作中来,为我国培养高素质航运人才建言献策。

大连海事大学校企共建特色教材编委会

2022 年 12 月 6 日

前　言

电力系统分析是电气工程及其自动化专业的一门主干课程,在电气工程及其自动化领域中占有重要的地位。电力系统分析既具有专业课的特征,又具有基础课的特征,主要内容是系统地讲述电力系统稳态分析和暂态分析的基本原理和方法。本书是按照大连海事大学电气工程及其自动化专业培养计划和"电力系统分析基础"课程教学大纲要求编写的,由大连海事大学和海丰国际共建并资助出版,谨致衷心的感谢!

本书共分9章,内容分别为电力系统的基本概念、电力网各元件的等值电路和参数计算、电力系统潮流计算、电力系统有功功率平衡与频率调整、电力系统无功功率平衡与电压调整、同步发电机的基本方程、电力系统三相短路的分析和计算、电力系统不对称故障分析和计算、电力系统的稳定性。本书涵盖了电力系统稳态分析和暂态分析的主要内容,在保证体系完整、理论严谨的基础上,舍去了复杂的同步电机暂态过程的分析,力求简明实用、概念清晰。

本书可满足普通高等学校电气工程及其自动化专业学生宽口径的培养需要,也可作为电气工程及其自动化专业硕士研究生和电力工程技术人员的参考用书。

本书由大连海事大学姚玉斌、杨添凯主编。大连海事大学朱景伟教授担任主审,并提出了许多宝贵的意见和建议。在编写过程中,东方电子股份有限公司的刘仲尧研究员也提出过很好的意见。在此一并表示衷心的感谢!

在本书的编写过程中,作者参阅、引用了许多同行的论著,所有引用和参考的论著已在参考文献中列出,在此向所有作者致谢!

由于作者水平有限,书中难免存在一些不足和错误,殷切希望广大读者批评指正。

编者

2022 年 7 月

目　录

第 1 章　电力系统的基本概念

国民经济的发展必须有足够的能源供给作保证。石油、煤炭、天然气和水力等随自然演化而成的动力资源是能源的直接提供者，为一次能源；电能是由一次能源转化而成的，为二次能源。

电能是现代工业生产的主要能源和动力。电能易于由其他形式的能量转换而来，又易于转换为其他形式的能量以供应用；它的输送和分配简单经济，又便于控制、调节和测量。利用电能易于满足生产工艺要求，保证产品质量，提高劳动生产率，减少能量损失，节约原料和材料，有效地提高工农业生产的机械化和自动化水平。因此，电能在现代工业生产及整个国民经济生活中应用极为广泛，给人类社会带来日新月异的进步。我国的年发电量自 2011年(4.7 万亿 kW·h)开始、总装机容量自 2013 年(12.47 亿 kW)开始已经居世界第一位。在电力输送方面，我国的特高压输电技术处于世界领先地位。

1.1　电力系统

1.1.1　电力系统的组成

发电厂把其他形式的能量转换成电能，电能经过变压器和不同电压等级的输电线路输送并分配给用户，再通过各种用电设备转换成适合用户需要的其他形式能量。这些生产、输送、分配和消费电能的各种电气设备连接在一起而组成的整体称为电力系统。电力系统是现代社会中最重要、最庞杂的工程系统之一，是以交流为主干、以直流输电为辅助的交直流混合系统。发电厂的动力部分，即火电厂的锅炉和汽轮机、水电厂的水库和水轮机、核电厂的反应堆和汽轮机等，再加上供热管道和热力负荷，与电力系统组成的一个整体称为动力系统。电力系统中用于电能输送和分配的部分称为电力网。图 1-1 是动力系统、电力系统和电力网的示意图。

在交流电力系统中，发电机、变压器、输配电设备都是三相的，这些设备之间的连接状况可以用电力系统接线图来表示。为简单起见，电力系统接线图一般都画成单线的，如图 1-1所示。

随着电工技术的发展，直流输电作为一种补充的输电方式得到了广泛应用。在交流电力系统内或者在两个交流电力系统之间嵌入直流输电系统，便构成了现代交直流联合系统。直流输电系统由换流设备、直流线路以及相关的附属设备组成，如图 1-2 所示。

电力网由变电站和输电线路组成。变电站也称变电所，是变换电压和转换电能的场所，主要由电力变压器、母线、开关控制设备等组成。根据变电站的性质和作用，主要分为升压变电站和降压变电站。根据变电站规模和重要程度，主要分为枢纽变电站、地区变电站和终端变电站等。仅用于接收和分配电能的站所称为配电站，交流电和直流电进行转换的站所称为换流站。电力线路把发电厂、变电站和用户联系起来，将电能输送和分配给电能用户。

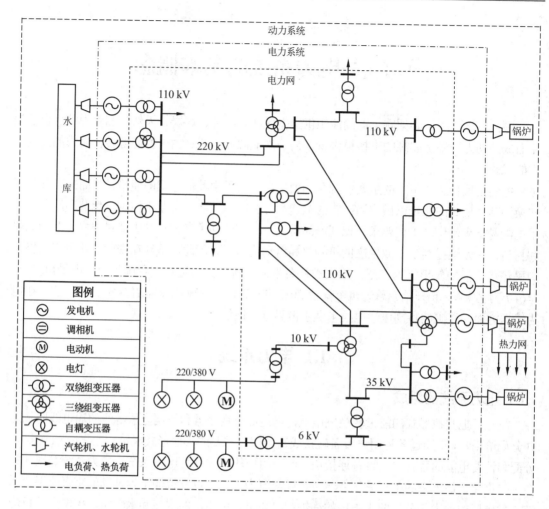

图 1-1 动力系统、电力系统和电力网的**示意图**

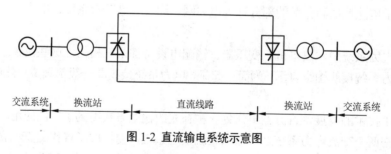

图 1-2 直流输电系统示意图

电力网可分为输电网和配电网两大部分。由 220 ~ 1 000 kV 输电线路和区域变电站组成输电网，将电能送到各个地方的供电网络，或直接送给大型用户。由 110 kV ~ 220/380 V 配电线路和降压变电站组成配电网，将电能分配到各类用户。

电能用户为所有用电单位。在我国，工业企业用电占全国总发电量的 60%以上，是最大的电能用户。

1.1.2 发电厂简介

　　发电厂是生产电能的工厂，它把一次能源通过发电设备转换为电能。根据一次能源的不同，发电厂可分为火电厂、水电站、核电站等传统发电厂；此外，还有利用风力、太阳能、生物质能发电等可再生清洁能源发电形式。

　　火电厂将煤、石油、天然气的化学能转化为电能。我国火电厂燃料以煤炭为主，发达国家火电厂燃料中石油和天然气占的比例较大。火电厂的主要设备为锅炉、汽轮机和发电机。火力发电的原理：燃料在锅炉中燃烧，将水转化成高温、高压蒸汽，蒸汽推动汽轮机转动，带动发电机旋转发出电能。能量的转化过程：化学能→热能→机械能→电能。目前先进的发电厂一般采用超超临界压力锅炉，发电机的发电功率可达 1 200 MW。汽轮发电机为隐极机，转速为 3 000 r/min。有些火电厂除了发电外，还向工业用户或居民供热，称为热电厂。

　　水电站将水的位能或动能转化为电能。水电站的主要设备为水库、水轮机和发电机。水力发电的原理：水流驱动水轮机转动，带动发电机旋转发出电能。能量的转化过程：位能或动能→机械能→电能。目前水轮发电机最大发电功率为 1 000 MW。水轮发电机为凸极机，转速一般在 100 r/min 左右。三峡水电站有左岸(14 台机组)、右岸(12 台机组)和地下(6 台机组)三大电站，共有 32 台大型水电机组，单机容量为 700 MW，总装机容量为 2 240 万 kW，年均发电量 1 000 亿 kW·h 左右，是目前世界上装机容量最大的水电站。世界第二大水电站白鹤滩水电站左岸 8 台机组于 2022 年 9 月 22 日全部投产发电，右岸厂房 8 台机组正在建设中。白鹤滩水电站单机容量达 1 000 MW，其研制、安装调试难度远大于世界在建和已投运的任何机组，被誉为当今世界水电行业的"珠穆朗玛峰"。

　　核电站利用重核原子的原子核裂变产生巨大的热量发电。核电站的主要设备为核反应堆、汽轮机和发电机。核能发电的原理：核燃料在核反应堆中受控裂变释放核能，将水转化成高温、高压蒸汽，蒸汽推动汽轮机转动，带动发电机旋转发出电能。能量的转化过程：核能→热能→机械能→电能。核电站的汽轮发电机也为隐极机，转速为 1 500 r/min，为半速发电机。

1.1.3 电力系统的运行特点

　　电能的生产、输送、分配及使用过程和其他工业部门相比有以下特点。

　　(1) 电能不能大规模储存

　　作为一种特殊商品，电能与其他商品最大的不同就是不能大规模储存。虽然抽水蓄能电站和电池等可以储存少量电能，但对于整个电力系统的发电量来说是微不足道的。因而电能的生产、输送、分配及使用的全过程是同一时刻完成的，任何一个环节出现故障，都将影响整个电力系统的正常工作。

　　(2) 过渡过程非常迅速

　　电能以电磁波的形式传播，传播速度为 300 000 km/s。发动机、变压器、线路、用电设备的投入或退出，都在一瞬间完成；故障的发生和发展时间都十分短促。

　　(3) 电能生产与国民经济和人民生活关系密切

　　电能是国民经济各部门的主要动力。随着科技的进步和人民生活水平的逐步提高，家用电器的种类不断丰富，生活用电量日益增加。电能的供应不足或突发停电都将给国民经济各部门造成巨大损失，给人民生活带来极大不便。

1.1.4 对电力系统运行的基本要求

要保证生产和生活的需要，对电力系统的运行有以下基本要求。

(1) 保证电力生产的安全性

安全是对生产部门最基本的要求，电力系统也不例外。因此要求在发电、输送、分配和用电过程中，不应发生人身事故和设备事故。

(2) 保证供电的可靠性

中断供电造成的后果往往非常严重，会使各个行业生产停顿，使社会秩序混乱，给人民生活带来不便，甚至危及人身和设备的安全，给国民经济造成巨大的损失。这就要求电力系统在运行中保证可靠、不间断地向电力用户供电。因此，一方面必须保证设备运行可靠，另一方面要提高设备运行、管理水平。

根据其重要性和对供电可靠性的要求，电力负荷通常划分为三个等级。一级负荷不允许中断供电；二级负荷允许短时间停电；三级负荷对供电电源无特殊要求，允许较长时间停电。

(3) 保证供电的电能质量

电能是一种商品，它的主要质量指标有电压、频率和波形。随着经济的发展和人们生活水平的提高，对电能质量的要求越来越高；同时各种电力电子设备的使用对电力系统的污染也越来越严重。因此人们对电能质量也更加关注。

电能质量，从严格意义上讲为衡量供电的电压、频率和波形指标。从普遍意义上讲是指优质供电，包括电压质量、电流质量、供电质量和用电质量。电能质量问题可以定义为导致用电设备故障或不能正常工作的电压、电流或频率的偏差，其内容包括频率偏差，电压偏差，电压波动与闪变，三相电压不平衡，瞬时或暂态过电压，波形畸变(谐波)，电压暂降、中断、暂升以及供电连续性等。这些电能质量问题有的有相应的国家标准进行规范，有的目前还没有国家标准，尚在研究中。

电能质量涉及问题很多，不同的用户或设备对电能质量的要求也不同。如短时的电压变动对具有较强惯性的传统电机影响较小，但对精密的电子设备影响则很大。

一般来说，发电机发出的电能是比较理想的，公共电网的电能质量主要是由负荷电流扰动造成的。例如，大容量换流设备是电力系统的主要谐波源，交流电弧炉等波动负荷是电压波动的发生源，电力机车等单相用电设备是导致三相电压不平衡的主要因素。因此国家标准中除了规定了电力系统的质量指标外，也对电力用户提出了要求。

①电压

系统电压过高或过低，对用电设备运行的技术和经济指标有很大影响，甚至会损坏设备。一般规定电压的允许变化范围为额定电压的 $\pm 5\%$。

②频率

频率的高低影响电动机的出力，会影响造纸、纺织等行业的产品质量，影响精密设备的准确性，使某些设备因低频振动而损坏。国家标准规定：电力系统正常运行条件下频率偏差限值为 $\pm 0.2\ \text{Hz}$，当系统容量较小时，偏差限值可放宽到 $\pm 0.5\ \text{Hz}$。

③波形

电网电压的波形通常为正弦波。发电机产生的电压波形为正弦波。电力系统中存在大量非线性元件，如荧光灯、高压汞灯等气体放电灯，交流电动机，电焊机，变压器，感应电炉，大型变流设备，电弧炉等。这些非线性元件会在电力系统中产生谐波，高次谐波造成正弦波波形畸变，严重影响电能质量。国家标准规定：110 kV 电网电压总谐波畸变率不大于 2%，6 kV 电网不大于 4%。

(4) 保证电力系统运行的经济性

在电能的生产过程中降低能源消耗，以及在传输过程中降低损耗是电力系统需要解决的重要问题。通常采用的措施有：采用高效率的大机组；采用超高压和特高压输电；合理建设电网，实施经济调度；使用无功补偿设备降低电网损耗；采用低损耗变压器等。

(5) 满足节能与环保的要求

电力系统的运行应满足节能和环保要求，尽量减少对环境的破坏，节约用地，有效利用资源，实现节能减排。如实行水火电经济调度，最大限度地节省燃煤和天然气等一次能源，减少碳排放和酸雨气体排放；大力发展风力发电、太阳能发电等可再生清洁能源发电，实现低碳经济和能源的可持续发展。

1.2 电力系统负荷和负荷曲线

1.2.1 电力系统负荷

电力系统中接有为数众多、千差万别的用电设备，包括异步电动机、同步电动机、各类电炉、变流设备、电子仪器、电灯等。使用这些用电设备的企业、机关、居民称为电力用户。根据用户的性质，用电负荷也可以分为工业负荷、农业负荷、交通运输业负荷和人民生活用电负荷等。

系统中所有电力用户的用电设备所消耗的电功率总和就是电力系统的负荷，亦称电力系统的综合用电负荷，它是把不同地区、不同性质的所有用户的负荷总加而得到的。综合用电负荷加上电力网的功率损耗就是各发电厂应该供给的功率，称为电力系统的供电负荷。供电负荷再加上发电厂厂用电消耗的功率就是各发电厂应该发出的功率，称为电力系统的发电负荷。

1.2.2 负荷曲线

用户用电设备的起动或停止对电力系统而言是随机的，无法估计一个单独的用电设备在某个时刻从系统中取用的功率。对一大批用电设备，其负荷的变化仍有随机性，但却能显示出某种程度的规律性，这一规律性通过负荷曲线的描述可以看得比较清楚。

所谓的负荷曲线就是描述实际电力负荷随时间变化规律的曲线。负荷按性质分，有有功负荷曲线和无功负荷曲线；按时间分，有日负荷曲线、月负荷曲线和年负荷曲线；按计量地点分，有用户、电力线路、变电所、发电厂、地区、系统的负荷曲线。

图 1-3 是某企业日有功负荷曲线。图 1-3(a)为瞬时负荷曲线，是负荷随时间连续变化的曲线。图 1-3(b)为平均负荷曲线，它是用电设备每 0.5 h 有功功率平均值随时间变化的曲线，曲线呈梯形，横坐标一般以 0.5 h 分格。系统的日负荷曲线对电力系统的运行非常重要，它是安排日发电计划和确定系统运行方式的重要依据。

年负荷曲线分为年持续负荷曲线和年最大负荷曲线。

图 1-4 为年最大负荷曲线，是按全年每日的最大负荷绘制的，横坐标依次为全年 12 个月

份。年最大负荷曲线主要用来安排发电设备的检修计划，同时也为制订发电厂的扩建或新建计划提供依据。

年持续负荷曲线是把系统在一年(8 760 h)内的用电负荷按数值大小排队，最大负荷排在左侧，向右负荷依次减小，并按照各负荷持续时间绘出的梯形曲线(如图 1-5 所示)。年持续负荷曲线常用于安排发电计划和进行可靠性估算。

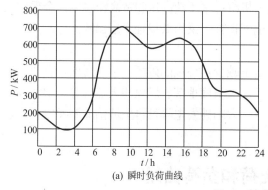

(a) 瞬时负荷曲线

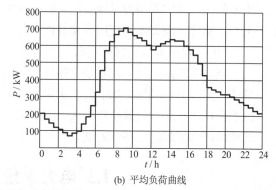

(b) 平均负荷曲线

图 1-3 某企业日有功负荷曲线

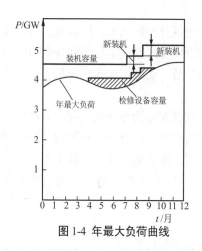

图 1-4 年最大负荷曲线

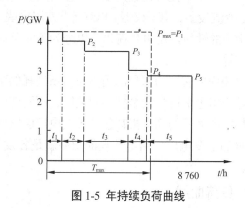

图 1-5 年持续负荷曲线

1.2.3 与负荷曲线有关的物理量

在这里有几个与负荷曲线有关的物理量。

(1) 年最大负荷 P_{max}

负荷曲线中的最大值称为最大负荷 P_{max}(又称峰荷)，最小值称为最小负荷 P_{min}(又称谷荷)。年负荷曲线中的最大值则称为年最大负荷 P_{max}。

(2) 年最大负荷利用小时数 T_{max}

电力负荷按年最大负荷 P_{max} 持续运行，消耗全年实际消耗的电能所需要的时间称为年最大负荷利用小时数 T_{max}。如图 1-5 所示，年最大负荷 P_{max} 延伸到 T_{max} 的横线与两坐标轴所包围的矩形面积等于年负荷曲线与两坐标轴所包围的面积，即全年实际消耗的电能 W_a：

$$T_{max} = W_a / P_{max} \tag{1-1}$$

年最大负荷利用小时数与用户性质及工厂生产班制有关。一班制工厂，T_{max}= 1 500 ~ 2 200 h；两班制工厂，T_{max}= 3 000 ~ 4 500 h；三班制工厂，T_{max}= 6 000 ~ 7 000 h；照明及生活用电，T_{max}= 2 000 ~ 3 000 h；农业灌溉用电，T_{max}= 1 000 ~ 1 500 h。

(3) 平均负荷 P_{av}

平均负荷 P_{av} 就是电力负荷在一段时间 t 内消耗的电能 W_t 与时间 t 的比值：

$$P_{av} = W_t / t \tag{1-2}$$

(4) 负荷系数 K_L

平均负荷与最大负荷(对单台设备而言为额定容量)之比称为负荷系数，又称负荷率。

$$K_L = P_{av} / P_{max} \tag{1-3}$$

有时可用 α 表示有功负荷系数，β 表示无功负荷系数：

$$\alpha = P_{av} / P_{max} \tag{1-4}$$

$$\beta = Q_{av} / Q_{max} \tag{1-5}$$

1.2.4 负荷模型

在电力系统稳态分析中，一般采用恒功率模型，即以给定的有功功率和无功功率表示；也可以采用恒阻抗模型，即给定负荷的等值阻抗或等值导纳。在对计算精度要求较高时，需计及负荷的静态特性。

负荷的静态特性可以用指数函数或多项式表示为

$$\begin{cases} P = P_N (U / U_N)^{\alpha} \\ Q = Q_N (U / U_N)^{\beta} \end{cases} \tag{1-6}$$

或

$$\begin{cases} P = P_N \left[a_p + b_p \dfrac{U}{U_N} + c_p \left(\dfrac{U}{U_N} \right)^2 + \cdots \right] \\ Q = Q_N \left[a_q + b_q \dfrac{U}{U_N} + c_q \left(\dfrac{U}{U_N} \right)^2 + \cdots \right] \end{cases} \tag{1-7}$$

式中：U_N 为额定电压；P_N、Q_N 为额定电压下的有功功率和无功功率。

负荷静态特性用多项式表示时，一般取到二次项。负荷静态特性中的指数或多项式系数可通过拟合相应的负荷曲线获得。一般情况下，含有高次项的多项式表示静态特性比指数函数适用的范围宽。

1.3 电力系统电压

电力系统中的各种电气设备，只有在一定的电压和频率下工作才能正常运行并获得最佳的运行效果。根据国民经济发展的需要，考虑技术经济上的合理性，以及电机、电器制造工业的水平和发展趋势等一系列因素，并参考国际标准和其他国家的规定，国家统一制定了电力系统和相关设备的标准电压，包括电力网络的标称电压和设备的额定电压等。

标称值是用以规定或识别一个元件、器件或设备的合适的近似量值；额定值是由制造厂针对元件、器件或设备的规定运行条件而规定的量值。标称电压是规定或识别电力系统电压等级的电压值。额定电压是能使发电机、变压器和一切用电设备在正常运行时获得最佳经济效果的电压值。

1.3.1 电力系统的标称电压

我国国家标准 GB/T 156—2017《标准电压》规定了交流输配电系统和相关设备、交流和直流牵引系统、高压直流输电系统的系统标称电压；发电机、低压交流和直流设备等的额定电压。常见的交流系统和相关设备的标称电压有：220/380 V、380/660 V、1 kV、3 kV、6 kV、10 kV、20 kV、35 kV、66 kV、110 kV、220 kV、330 kV、500 kV、750 kV、1 000 kV。

上述交流系统的标称电压中，330 kV、500 kV、750 kV 为超高压，1 000 kV 为特高压。

直流输电系统的系统标称电压和常用的部分直流用电设备的额定电压有：110 V、220 V、440 V、±500 kV、±800 kV。

上述直流输电系统的标称电压中，±500 kV 为超高压，±800 kV 为特高压。

1.3.2 电气设备的额定电压

电气设备的额定电压通常由制造厂家确定，用以规定设备额定工作条件的电压。一般应该采用国家标准 GB/T 156—2017 规定的标准值。

(1) 发电机的额定电压

发电机的额定电压高于用电设备额定电压或电网标称电压的 5%左右。因为线路在输送电流时会产生电压损失，以此来补偿这种电压损失。

(2) 电力变压器的额定电压

①一次绕组的额定电压

当变压器直接与发电机相连时，如图 1-6 中的变压器 T$_1$，其一次绕组额定电压应与发电机额定电压相同，即高于同级电网标称电压的 5%。当变压器不与发电机相连，而是连接在线路上时，如图 1-6 中的变压器 T$_2$，其一次绕组额定电压应与电网标称电压相同。

②二次绕组的额定电压

变压器二次绕组的额定电压，是指二次绕组的开路电压，即空载电压。当变压器满载时，变压器内一般有 5%～10%的阻抗电压降。如果变压器二次侧供电线路较长(如为规模较大的高压电网线路)时，变压器二次侧额定电压既要考虑补偿变压器满载时内部 5%的电压降，还要考虑变压器满载输出的二次电压高于电网标称电压的 5%，以补偿线路上的电压降，因此它要比电网标称电压高 10%，如图 1-6 中的变压器 T$_1$。如果变压器二次侧供电线路不太长(如为低压电网线路或直接供电给高低压用电设备)时，则变压器二次绕组的额定电压只需高于电网标称电压的 5%，以补偿变压器内部 5%的电压降，如图 1-6 中的变压器 T$_2$。

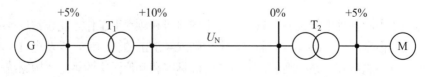

图 1-6 电力变压器的额定电压

为适应电力系统运行调节的需要，通常在变压器的高压绕组上设计、制造有分接头，如图 1-7 所示。分接头用百分数表示，即表示分接头电压与主抽头电压的差值为主抽头电压的百分之几。对于同一电压等级的升压变压器和降压变压器，即使分接头百分数相同，分接头的额定电压也不同。

(3) 用电设备的额定电压

用电设备运行时，供电线路上会产生电压降，所以线路上各点的电压略有不同。然而，用电设备只能按其使用处的电网标称电压制造，因此，用电设备的额定电压应与同级电网的标称电压相同。

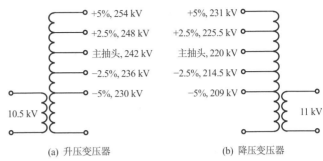

(a) 升压变压器　　　　　　(b) 降压变压器

图 1-7　变压器分接头的额定电压

例 1-1　已知图 1-8 所示供电系统中线路的标称电压，试求发电机和变压器的额定电压。

解：发电机 G 的额定电压 $U_{\mathrm{N.G}} = 1.05 U_{\mathrm{N.L}_1} = 1.05 \times 10 = 10.5(\mathrm{kV})$

变压器 T_1 的额定电压　$U_{\mathrm{1N.T}_1} = U_{\mathrm{N.G}} = 10.5\ \mathrm{kV}$，　$U_{\mathrm{2N.T}_1} = 1.1 U_{\mathrm{N.L}_2} = 1.1 \times 110 = 121(\mathrm{kV})$

变压器 T_2 的额定电压　$U_{\mathrm{1N.T}_2} = U_{\mathrm{N.L}_2} = 110\ \mathrm{kV}$，　$U_{\mathrm{2N.T}_2} = 1.1 U_{\mathrm{N.L}_3} = 1.1 \times 6 = 6.6(\mathrm{kV})$

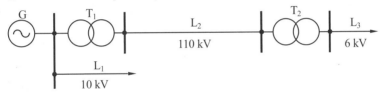

图 1-8　例 1-1 供电系统图

1.3.3　不同电压等级的适用范围

电力系统的输送功率一定时，输电电压越高，电流越小，相应的导线载流部分的截面积越小，导线投资也越小；但电压越高，对绝缘要求越高，杆塔、变压器、断路器等的投资越大。综合经济、技术比较，对应一定的输送功率和输送距离有一最合适的线路电压。各电压等级架空线路的输送功率和输送距离如表 1-1 所示。

表 1-1　各电压等级架空线路的输送功率和输送距离

额定电压/kV	输送功率/MW	输送距离/km	额定电压/kV	输送功率/MW	输送距离/km
0.22	≤ 0.06	≤ 0.15	110	10~50	50~150
0.38	≤ 0.1	≤ 0.25	220	100~500	100~300
3	0.1~1.0	1~3	330	200~800	200~600
6	0.1~1.2	4~15	500	1 000~1 500	400~800
10	0.2~2.0	6~20	750	2 000~2 500	> 500
35	2~10	20~50	1 000	3 500~5 000	> 1 000
66	3.5~30	30~100			

1.4 电力系统中性点的运行方式

在三相交流电力系统中，作为供电电源的发电机和变压器，其中性点有 4 种运行方式：中性点不接地、中性点经消弧线圈接地、中性点直接接地和中性点经电阻接地。前两种接地方式电网称为小接地电流系统，中性点直接接地电网称为大接地电流系统。

电源中性点的运行方式对电力系统的运行，特别是发生单相接地时的运行有明显的影响，而且影响电力系统的保护装置及测量系统的选择和运行。

1.4.1 电源中性点不接地的电力系统

图 1-9 是电源中性点不接地电力系统的电路图及正常运行时和单相接地时的相量图。

系统正常运行时，三相相电压 $\dot{U}_A$、$\dot{U}_B$、$\dot{U}_C$ 对称，三相对地电容电流 $\dot{I}_{C0}$ 也对称，如图 1-9(b)所示。因此，三相电容电流的相量和为零，没有电流在大地中流动，每相对地电压就等于相电压。

系统发生单相接地时，例如 C 相接地，由图 1-9(c) 的相量图可见，C 相对地电压为零，中性点电压 $\dot{U}_{N0} = -\dot{U}_C$，A 相对地电压为 $\dot{U}'_A = \dot{U}_A - \dot{U}_C = \dot{U}_{AC}$，B 相对地电压 $\dot{U}'_B = \dot{U}_B - \dot{U}_C = \dot{U}_{BC}$，即 A、B 两相对地电压都由相电压升高为线电压。$\dot{I}_C$ 超前 $\dot{U}_C$ 90°，$I_C = \sqrt{3}I_{C.A} = 3I_{C0}$，即单相接地时故障相的电容电流为正常运行时每相对地电容电流的 3 倍。

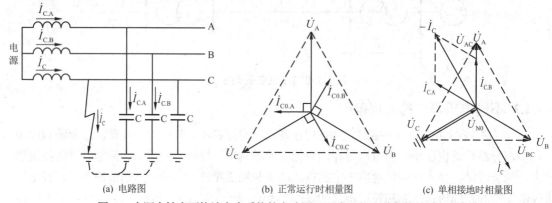

| (a) 电路图 | (b) 正常运行时相量图 | (c) 单相接地时相量图 |

图 1-9 电源中性点不接地电力系统的电路图及正常运行和单相接地时相量图

电源中性点不接地的电力系统发生单相接地时，线电压均未变化，三相用电设备仍可正常运行，提高了供电可靠性。但不允许长期这样运行，因为非故障相对地电压升高为线电压，长期运行可能在绝缘薄弱处发生绝缘破坏，导致另一相也发生接地故障，就形成两相接地短路，这将损坏线路和设备。因此，在电源中性点不接地的系统中，应装设专门的单相接地保护或绝缘监视装置，在发生单相接地时，给予报警信号，以提醒值班人员注意，并及时处理。

电源中性点不接地的电力系统发生单相接地故障时，传统做法是允许继续运行 2 h，若在 2 h 内未予修复，就应将负荷转移到备用线路上或切除此故障线路。新版《配电网技术导则》(Q/GDW 10370—2016)，改进了小电流接地系统单相接地故障处理技术原则，修改为在躲过瞬时接地故障后，快速就近隔离故障原则，即由"2 h 运行+接地选线"改为"选段跳闸"。

电源中性点不接地的电力系统，有一种情况比较危险。若单相接地时，接地电流不稳定且较大，将出现断续电弧，引起弧光接地过电压，使非故障相出现高达 2.5~3 倍相电压的过电压，导致线路上绝缘薄弱点被击穿。为防止断续电弧的出现，在 3~10 kV 电网中接地电流大于 30 A，20 kV 及以上电网中接地电流大于 10 A 时，电源中性点必须采取经消弧线圈接地或经低电阻接地的运行方式。

1.4.2 电源中性点经消弧线圈接地的电力系统

图 1-10 是电源中性点经消弧线圈接地的电力系统在单相接地时的电路图。

消弧线圈为一个铁芯线圈，近似为纯电感元件。当 C 相接地时，流过接地点的电流是接地电容电流 $\dot{I}_C$ 与流过消弧线圈的电流 $\dot{I}_L$ 之和。电感元件两端电压为 $\dot{U}_C$，因此 $\dot{I}_L$ 滞后 $\dot{U}_C$ 90°，又因为 $\dot{I}_C$ 超前 $\dot{U}_C$ 90°，所以 $\dot{I}_C$ 与 $\dot{I}_L$ 互相抵消。当 $\dot{I}_C$ 与 $\dot{I}_L$ 合成电流值小于发生电弧的最小电流——最小生弧电流时，电弧就不会产生，也就不会出现弧光接地过电压。

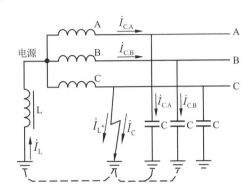

图 1-10 电源中性点经消弧线圈接地的电力系统在单相接地时的电路图

根据对电容电流补偿程度的不同，消弧线圈对电容电流的补偿可以分为完全补偿、欠补偿和过补偿 3 种补偿方式。

(1) 完全补偿就是使 $I_L = I_C$，补偿后接地点的电流为 0，从消除故障点的电弧、避免出现弧光接地过电压的角度看，这种补偿方式最好，但正常运行时会发生谐振，其原理图如图 1-11 所示。

图 1-11 (a)所示的中性点经消弧线圈接地的电力系统，把虚框部分进行戴维南等效，得到图 1-11 (b)所示等效电路，其等效电压和等效电容为

$$\dot{U}_0 = \frac{\dot{U}_A(j\omega C_A) + \dot{U}_B(j\omega C_B) + \dot{U}_C(j\omega C_C)}{j\omega C_A + j\omega C_B + j\omega C_C} = \frac{\dot{U}_A C_A + \dot{U}_B C_B + \dot{U}_C C_C}{C_A + C_B + C_C} \tag{1-8}$$

$$C_{eq} = C_A + C_B + C_C \approx 3C \tag{1-9}$$

由式(1-8)可见，如果架空线路三相对地电容不完全相等，等效电压就不为 0。又因为完全补偿时，$I_L = I_C$，可得 $\omega L = 1/(3\omega C)$，恰好满足串联谐振的条件，系统正常运行时会发生串联谐振，在消弧线圈的电感上产生很大的电压，使得电源中性点对地电压大幅度升高。

在断路器合闸时，由于合闸瞬间三相触头不同时闭合，式(1-8)的等效电压会更大，从而使电源中性点对地电压严重升高。

(2) 欠补偿就是使 $I_L < I_C$，补偿后接地点的电流仍然是容性的。当系统运行方式变化时，如有线路退出运行，容性电流就将减少，还可能出现 $I_L = I_C$ 的情况，发生

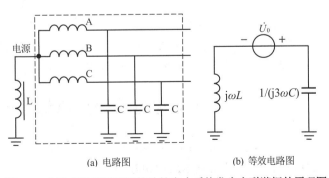

(a) 电路图   (b) 等效电路图

图 1-11 中性点经消弧线圈接地的电力系统发生串联谐振的原理图

谐振。

(3) 过补偿就是使 $I_L > I_C$，补偿后接地点的电流是感性的。采用这种方法不可能发生谐振引起的过电压问题。因此过补偿在实际中得到了广泛的应用。过补偿的程度用过补偿度表示，一般选择过补偿度为 5%~10%。

和中性点不接地的系统一样，单相接地时，非故障相对地电压升高为线电压。由于线电压未变化，三相负荷可继续运行，但不应超过 2 h。

1.4.3 电源中性点直接接地的电力系统

对于电源中性点直接接地的电力系统，当发生单相接地时即形成单相短路，短路电流很大，继电保护动作，把故障点从网络中切除。电源中性点直接接地的系统在单相接地时，其他两相对地电压不会升高为线电压。这有两方面的意义：一是它的经济性。在电压等级较高的系统中，绝缘费用在设备总价格中占相当大的比重。由于线路对地电压始终为相电压，因此也就降低了对电器绝缘的要求，降低了电器的造价，同时也改善了高压电器的性能，供电可靠性则采用其他措施来保证。二是它的安全性。对于直接连接设备的 220/380 V 低压配电系统，采用这种中性点运行方式，可减轻对人身安全的威胁。因此，110 kV 及以上高压系统和 220/380 V 低压配电系统一般采用电源中性点直接接地的运行方式。而对于 3~66 kV 高压系统，大多采用电源中性点不接地、中性点经低电阻或经消弧线圈接地的运行方式。

1.4.4 电源中性点经电阻接地的电力系统

电源中性点经电阻接地在国外一些地区的配电网应用已经有较长的时间，它是一种成熟的技术，近几年在我国某些城市电网和工矿企业的配电网也开始应用。中性点经电阻接地，按接地电流大小可分为经高电阻接地和经低电阻接地两种方式。

(1) 电源中性点经高电阻接地的电力系统

高电阻接地方式以限制单相接地电流为目的，电阻值为几百至几千欧姆。中性点经高电阻接地可以有效消除谐振过电压，对单相间歇性弧光接地过电压也有一定的限制作用。该方式主要用于采用发电机-变压器单元接线的 200 MW 及以上的发电机。另外以架空线路为主的较小城市的配电网也可以采用高电阻接地方式，单相接地时不跳闸，可以继续运行较长时间，保证供电可靠性。

(2) 电源中性点经低电阻接地的电力系统

城市 6~35 kV 配电网主要由电缆线路构成，其单相接地故障电流较大，可达 100~1 000 A，若采用中性点经消弧线圈接地方式，无法完全消除接地故障点的电弧和抑制谐振过电压；同时，电缆线路发生瞬时性故障的概率很小，如果带单相接地故障运行时间过长，很容易使故障发展而形成相间短路。为了快速切除单相接地故障，同时又要限制接地故障电流，可以采用电源中性点经低电阻接地方式。电阻值的选择以把接地电流限制在 600~1 000 A 范围内为宜。

1.5 电力系统分析课程的主要内容

电力系统分析是一门专业课，也是一门专业基础课，其主要内容是系统地讲述电力系统运行状况分析计算的基本原理和方法。

电力系统的运行状态是由一些运行变量(亦称为运行参数)的变化规律来描述的。这些运行变量包括功率、频率、电压、电流、磁链、电动势以及发电机转子间的相对位移角等。系统参数是指系统各元件或其组合在运行中反映其物理特性的参数，如各种元件的电阻、电感(或电抗)、电容(或电纳)、时间常数、变压器的变比以及系统的输入阻抗、转移阻抗等。系统参数直接影响运行参数的大小。

电力系统运行状态一般可区分为稳态和暂态。实际上，由于电力系统存在各种随机扰动(如负荷变动)因素，绝对的稳态是不存在的。在电力系统运行的某一段时间内，如果运行参数只在某一恒定的平均值附近发生微小的变化，就称为稳态。稳态还可以分为正常稳态、故障稳态和故障后稳态。正常稳态是指正常三相对称运行状态，电力系统在绝大多数的时间里处于这种状态。电力系统暂态一般是指从一种运行状态到另一种运行状态的过渡过程。在暂态中，所有运行参数都发生变化，有些则发生激烈的变化。

电力系统中的转动元件，如发电机和电动机，其暂态过程主要是由机械转矩和电磁转矩(或功率)之间的不平衡而引起的，称为机电过程。在变压器、输电线等元件中，由于并不牵涉角位移、角速度等机械量，称为电磁过程。电力系统受到扰动后，各种暂态过程是同时进行的。但由于电磁暂态时间常数远小于机电暂态时间常数(电机的旋转元件的惯性时间常数较大，通常为秒级，而电磁暂态时间常数通常是毫秒级)，因此分析电磁暂态过程的时候，通常假设机电暂态过程还没有开始；而分析机电暂态过程的时候，则认为电磁暂态过程已经结束。实践证明，采用这些假设，可以忽略一些互相影响的次要因素，抓住暂态过程中的主要矛盾，不仅便于研究，更重要是能够更好地掌握过程的本质。

对电力系统运行状态的分析研究，除了对运行中的电力系统进行实际观测和进行必要的模拟试验外，大量采用的方法是把待研究的系统状态用数学方程式描述出来，运用适当的数学方法和计算工具进行分析计算。描述系统状态的数学方程式反映了各种运行变量间的相互关系，有时也称为系统的数学模型。

电力系统分析课程主要是进行电力系统稳态和暂态的分析与计算，包括电力系统各元件及电力网络的数学模型、潮流计算、调频调压、故障分析、稳定分析等。

第2章 电力网各元件的等值电路和参数计算

2.1 架空输电线路的参数

输电线路的参数有四个：电阻、电感、电导、电容。输电线路的这些参数通常可以认为是沿线路全长均匀分布的，单位长度的参数为电阻 r_0、电感 L_0、电导 g_0、电容 C_0，其一相等值电路如图 2-1 所示。输电线路包括架空线路和电缆，架空线路一般采用铝绞线或钢芯铝绞线，电力电缆的导电芯线采用铜或铝绞线。而且，电缆线路与架空线路在结构上完全不同。三相电缆的三相导线间的距离很近，导线截面是圆形或扇形；导线的绝缘介质不是空气，绝缘层外有铝包或铅包，最外层还有钢铠。这使得电缆线路

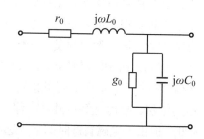

图 2-1 单位长度线路的一相等值电路

的参数计算较为复杂，一般可从手册中查得或由试验确定。因此，本节重点讨论以铝和铜为导体的架空输电线路。

2.1.1 电阻

架空线路的电阻用于反映线路通过电流时产生的有功功率损失效应。

有色金属导线单位长度的直流电阻计算公式为

$$r = \rho / S \tag{2-1}$$

式中：r 的单位为 Ω/km；ρ 为导线的电阻率，单位为 $\Omega \cdot \mathrm{mm}^2/\mathrm{km}$；$S$ 为导线载流部分的标称截面积，单位为 mm^2。

铝和铜的直流电阻率分别为 28.5 $\Omega \cdot \mathrm{mm}^2/\mathrm{km}$ 和 17.5 $\Omega \cdot \mathrm{mm}^2/\mathrm{km}$，交流电阻率略大，分别为 31.5 $\Omega \cdot \mathrm{mm}^2/\mathrm{km}$ 和 18.8 $\Omega \cdot \mathrm{mm}^2/\mathrm{km}$，原因如下：

①导线通过三相工频交流电流时存在集肤效应和邻近效应，使得交流电阻略大；

②由于多股绞线的扭绞，每股导线实际长度比导线长度长 2%~3%；

③在制造中，导线的实际截面积通常比标称截面积略小。

工程计算时，可直接从有关手册中查出各种导线的电阻值。按式(2-1)计算所得或手册查得的电阻值都是工作环境温度为 20 ℃的值 r_{20}，在要求较高精度时，电阻值 r_t 可根据实际环境温度 t 按下式进行修正：

$$r_\mathrm{t} = r_{20}[1 + \alpha(t - 20)] \tag{2-2}$$

式中：α 为电阻温度系数，对于铜，$\alpha = 0.003\ 821/℃$；对于铝，$\alpha = 0.003\ 61/℃$。

(1) 集肤效应

一个实心导体可以认为是由许多截面积相等的细丝组成的。越靠近导体外表面的细丝，与之交链的磁通就越少，因为导体内部磁通无法和它交链。因此，这些靠近导体外表面细丝

的感抗较小，可以流过更大的电流。随着频率的增高，这些细丝的感抗非均匀性会变得更明显，所以电流不会均匀分布。对于大型实心导体，即使在 50 Hz 时，集肤效应就比较明显了。

(2) 邻近效应

考虑如图 2-2 所示的两导线输电线路。将每条导体的截面分为面积相等的 3 个部分，并以 aa′、bb′和 cc′形成 3 个回路。与 aa′回路交链的磁通最少，与 cc′回路交链的磁通最多。因此，两导体邻近部分(回路 aa′)流过的电流密度最大，两导体远离部分(回路 cc′)流过的电流密度最小。当导体之间的距离较小时，这种非均匀性分布会更显著。对于正常间距的架空线路，邻近效应的影响可以忽略不计。但是，对于彼此相邻很近的电缆来说，邻近效应会引起导体电阻明显增加。

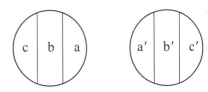

图 2-2　两导线输电线路

2.1.2　电感和电抗

架空线路的电感用于反映载流导线产生的磁场效应。

(1) 基本公式

导体通过电流时在导体内部及其周围产生磁场。若磁场介质的磁导率为常数，与导体交链的磁链 ψ 与电流 i 呈线性关系，导体的自感

$$L = \psi / i \tag{2-3}$$

若导体 A 和导体 B 相邻，导体 B 中的电流 i_B 产生与导体 A 相交链的磁链 ψ_{AB}，则互感

$$M_{AB} = \psi_{AB} / i_B \tag{2-4}$$

非铁磁材料制成的、长度为 l、半径为 r 的圆柱形长导线($l \gg r$)，若周围介质为空气，则单位长度的自感

$$L = \frac{\psi}{i} = \frac{\mu_0}{2\pi}\left(\ln\frac{2l}{D_s} - 1\right) \tag{2-5}$$

式中：$D_s = re^{-1/4}$ 为圆柱形导线的自几何均距；μ_0 为真空的磁导率；L 的单位为 H/m。

两根平行的、长度为 l 的圆柱形长导线，导线轴线间的距离为 D，单位长度的互感为

$$M = \frac{\psi_{AB}}{i_B} = \frac{\mu_0}{2\pi}\left(\ln\frac{2l}{D} - 1\right) \tag{2-6}$$

式中：M 的单位为 H/m。

(2) 三相输电线路的一相等值电感

呈等边三角形对称排列的三相输电线路，各相导线的半径都是 r，导线轴线间的距离为 D。当输电线通以三相对称正弦电流时，与 a 相导线相交链的磁链为

$$\psi_a = Li_a + M(i_b + i_c) = \frac{\mu_0}{2\pi}\left[\left(\ln\frac{2l}{D_s} - 1\right)i_a + \left(\ln\frac{2l}{D} - 1\right)(i_b + i_c)\right] \tag{2-7}$$

由于三相对称时 $i_a + i_b + i_c = 0$，故

$$\psi_a = \frac{\mu_0}{2\pi}\ln\frac{D}{D_s}i_a \tag{2-8}$$

因此，a 相等值电感为

$$L_a = \frac{\psi_a}{i_a} = \frac{\mu_0}{2\pi} \ln \frac{D}{D_s} \tag{2-9}$$

由于三相导线排列对称，所以 b、c 相的电感均与 a 相的电感相同。

当三相导线排列不对称时，各相导线所交链的磁链及各相等值电感便不相同，这将引起三相参数不对称。因此必须利用导线换位来使三相参数基本对称。图 2-3 为导线换位的一个完整循环换位的示意图。

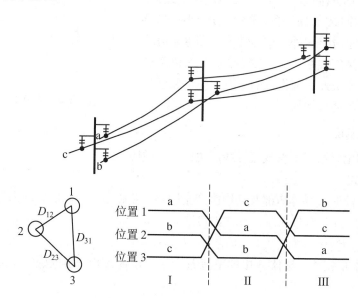

位置 1　a　　c　　b
位置 2　b　　a　　c
位置 3　c　　b　　a
　　　　Ⅰ　　Ⅱ　　Ⅲ

图 2-3　导线换位的一个完整循环换位的示意图

当Ⅰ、Ⅱ、Ⅲ段线路长度相同时，三相导线 a、b、c 处于位置 1、2、3 的长度也相等，可使各相平均电感接近相等。图中，a 相Ⅰ、Ⅱ、Ⅲ段导线单位长度所交链的磁链分别为

$$\begin{cases} \psi_{aⅠ} = \dfrac{\mu_0}{2\pi}\left(i_a \ln \dfrac{1}{D_s} + i_b \ln \dfrac{1}{D_{12}} + i_c \ln \dfrac{1}{D_{31}} \right) \\[2mm] \psi_{aⅡ} = \dfrac{\mu_0}{2\pi}\left(i_a \ln \dfrac{1}{D_s} + i_b \ln \dfrac{1}{D_{23}} + i_c \ln \dfrac{1}{D_{12}} \right) \\[2mm] \psi_{aⅢ} = \dfrac{\mu_0}{2\pi}\left(i_a \ln \dfrac{1}{D_s} + i_b \ln \dfrac{1}{D_{31}} + i_c \ln \dfrac{1}{D_{23}} \right) \end{cases} \tag{2-10}$$

由于经过完整循环换位后三相参数基本对称，所以 $i_a + i_b + i_c = 0$，故 a 相单位长度所交链的磁链平均值为

$$\psi_a = (\psi_{aⅠ} + \psi_{aⅡ} + \psi_{aⅢ})/3 \tag{2-11}$$

因此，a 相等值电感为

$$L_a = \frac{\psi_a}{i_a} = \frac{\mu_0}{2\pi} \ln \frac{D_{eq}}{D_s} \tag{2-12}$$

式中：$D_{eq} = \sqrt[3]{D_{12}D_{23}D_{31}}$ 为三相导线的互几何均距，对于呈等边三角形布置的三相导线，$D_{eq} = D$；对于水平布置的三相导线，$D_{eq} = 1.26D$。

对于非铁磁材料的单股线，$D_s = re^{-1/4} = 0.779r$；对于非铁磁材料的多股线，$D_s = (0.724\sim0.771)r$；对于钢芯铝线，$D_s = (0.77\sim0.9)r$。r 为导线的计算半径。

例 2-1　如图 2-4 所示的由 7 根铝线组成的铝绞线，每根导线的直径为 d，求铝绞线的自几何均距 D_s。

解：导线 1 到各导线的距离为　$D_{12} = D_{16} = D_{17} = d$，$D_{13} = D_{15} = \sqrt{3}d$，$D_{14} = 2d$

导线 2~ 6 到各导线的距离与导线 1 情况相同。

导线 7 到其他导线的距离都为 d

$$D_s = \sqrt[49]{(D_{s0}D_{12}^3D_{13}^2D_{14})^6(D_{s0}D_{17}^6)} = \sqrt[49]{[D_{s0}(d)^3(\sqrt{3}d)^2 2d]^6(D_{s0}d^6)}$$

每根导线的自几何均距 $D_{s0} = (d/2)\cdot e^{-1/4}$ 代入上式，得

$$D_s = \sqrt[49]{(de^{-1/4})^7 2^{-1}3^6 d^{42}} = d\sqrt[7]{3}e^{-1/4} / \sqrt[49]{6}$$

铝绞线的半径 $r = 1.5d$，代入上式，$D_s = 0.726r$。

例 2-2　如果图 2-4 所示的铝绞线的导线 7 换成钢线，得到由 6 根铝线和 1 根钢线组成的钢芯铝绞线，每根导线的直径为 d，求钢芯铝绞线的几何均距 D_s。

解：钢的电阻率比铝大得多，钢线的集肤效应又比铝线明显得多，因此位于中心位置的钢芯的电阻比位于外周的铝线的电阻大得多，通过钢芯中的电流可以认为是零。则钢芯铝绞线相当于 6 根铝线组成的铝绞线。根据前例，得

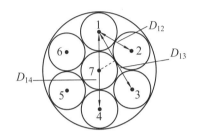

图 2-4　7 根铝线组成的铝绞线

$$D_s = \sqrt[36]{(D_{s0}D_{12}^2D_{13}^2D_{14})^6} = \sqrt[6]{D_{s0}D_{12}^2D_{13}^2D_{14}} = \sqrt[6]{D_{s0}(d)^2(\sqrt{3}d)^2 2d}$$

把 $D_{s0} = (d/2)\cdot e^{-1/4}$ 代入上式，得

$$D_s = \sqrt[6]{de^{-1/4} \times 3d^5} = d\sqrt[6]{3e^{-1/4}}$$

钢芯铝绞线的半径 $r = 1.5d$，代入上式，$D_s = 0.768r$。

(3) 分裂导线输电线路的等值电感

将输电线的每相导线分裂成若干根并按一定的规则排列所构成的导线，称为分裂导线输电线路。通常分裂导线的各根导线布置在正多边形的顶点上，如图 2-5 所示。各根导线的轴间距 d 称为分裂间距。输电线路各相间距离 D 通常远大于分裂间距 d，故可以认为不同相的导线间的距离都近似等于该两相分裂导线重心间的距离，a 相导线的等值电感

(a) 一相分裂导线的布置

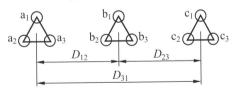

(b) 三相分裂导线的布置

图 2-5　分裂导线的布置

$$L_a = \frac{\mu_0}{2\pi}\ln\frac{D_{eq}}{D_{sb}} \qquad (2-13)$$

式中：D_{sb} 为分裂导线每相的自几何均距，其值与分裂间距及分裂根数有关，分裂根数为 2 时，$D_{sb} = \sqrt[4]{(D_sd)^2} = \sqrt{D_sd}$；分裂根数为 3 时，$D_{sb} = \sqrt[9]{(D_sdd)^3} = \sqrt[3]{D_sd^2}$；分裂根数为 4 时，$D_{sb} = \sqrt[16]{(D_sdd\sqrt{2}d)^4} = 1.09\sqrt[4]{D_sd^3}$。$D_s$ 为每根多股绞线的自几何均距。

分裂间距 d 比每根导线的自几何均距大得多，因而分裂导线每相的自几何均距 D_{sb} 比单导线线路每相的自几何均距 D_s 大，所以分裂导线线路的等值电感比单导线小。

(4) 输电线路的等值电抗

额定频率下输电线路每相的等值电抗

$$x = 2\pi f_N L$$

我国电力系统的额定频率为 50 Hz，计及 $\mu_0 = 2\pi \times 10^{-7}$ H/m，对于单导线线路

$$x = 0.062\ 8 \ln \frac{D_{eq}}{D_s} = 0.144\ 5 \lg \frac{D_{eq}}{D_s} \tag{2-14}$$

对于分裂导线线路

$$x = 0.062\ 8 \ln \frac{D_{eq}}{D_{sb}} = 0.144\ 5 \lg \frac{D_{eq}}{D_{sb}} \tag{2-15}$$

虽然相间距离、导线截面等与线路结构有关的参数对电抗大小都有影响，但这些数值均在对数符号内，故各种线路的电抗值变化不是很大。一般单导线线路的单位长度电抗为 0.40 Ω/km 左右；对于分裂导线线路，当分裂根数为 2、3、4 根时，单位长度的电抗分别为 0.33 Ω/km、0.30 Ω/km、0.28 Ω/km 左右。

2.1.3 电导

架空线路的电导用于反映线路带电时绝缘介质中产生泄漏电流及导线附近空气游离所引起的有功功率损耗。一般线路绝缘良好，泄漏电流很小，可以忽略，电导反映的主要是电晕引起的功率损耗。所谓电晕现象，就是架空线路带有高电压的情况下，当导线表面的电场强度超过空气的击穿强度时，导线附近的空气电离而产生局部放电的现象。这时会发出咝咝声，产生臭氧，夜间还可看到紫色的晕光。

架空输电线路开始出现电晕的最低电压称为临界电压 U_{cr}。当三相导线呈等边三角形排列时，电晕临界相电压的经验公式为

$$U_{cr} = 49.3 m_1 m_2 \delta r \lg \frac{D}{r} (kV) \tag{2-16}$$

式中：m_1 为考虑导线表面状况的系数，单股线 $m_1 = 1$，多股绞线 $m_1 = 0.83 \sim 0.87$；m_2 为考虑气象状况的系数，干燥和晴朗的天气 $m_2 = 1$，有雨、雪、雾等恶劣天气 $m_2 = 0.8 \sim 1$；r 为导线的计算半径，单位为 cm；D 为相间距离，单位为 cm；δ 为空气的相对密度。

对于水平排列的线路，两根边线的电晕临界电压比式(2-16)算得的值高 6%；而中间相导线的则低 4%。

当实际运行电压过高或气象条件变坏时，运行电压将超过临界电压而产生电晕。运行电压超过临界电压越多，电晕损耗也越大。如果三相线路每千米的电晕损耗为 ΔP_g，则每相等值电导

$$g = \frac{\Delta P_g}{U_L^2} \tag{2-17}$$

式中：U_L 为线电压，单位为 kV；g 的单位为 S/km。

从式(2-16)可以看出，增大导线半径是防止和减小电晕损耗的有效方法。在设计时，对

220 kV 以下的线路通常按避免电晕损耗的条件选择导线半径；对于 220 kV 及以上的线路，为了减少电晕损耗，常采用分裂导线来增大每相导线的等值半径，特殊情况下也采用扩径导线。因此，在电力系统计算中一般忽略电晕损耗，即认为 $g=0$。

2.1.4 电容

输电线路的电容用于反映导线带电时在其周围介质中建立的电场效应。

(1) 基本公式

当导体带有电荷时，若周围介质的介电常数为常数，则导体的电容

$$C = q/U \tag{2-18}$$

式中：q 为导体所带的电荷；U 为导体的电位。

设有两条带电荷的平行长导线 A 和 B，如图 2-6 所示，导线半径为 r，其轴线相距为 D，两导线单位长度的电荷分别为 $+q$ 和 $-q$。若 $D \gg r$，则可以忽略导线间静电感应的影响，两导线周围的电场分布与位于导线几何轴线上的线电荷的电场分布相同。当周围介质的介电常数为常数时，空间任意点 P 的电位可以利用叠加原理求得。

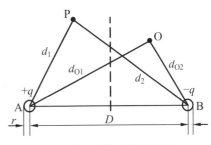

图 2-6 带电荷的平行长导线

选 O 点为电位参考点，则当线电荷 $+q$ 单独存在时，在 P 点的产生的电位为

$$U_{P1} = \frac{q}{2\pi\varepsilon} \ln \frac{d_{O1}}{d_1} \tag{2-19}$$

当线电荷 $-q$ 单独存在时，在 P 点的产生的电位为

$$U_{P2} = -\frac{q}{2\pi\varepsilon} \ln \frac{d_{O2}}{d_2} \tag{2-20}$$

因此，当线电荷 $+q$ 和 $-q$ 同时存在时，P 点的电位为

$$U_P = U_{P1} + U_{P2} = \frac{q}{2\pi\varepsilon}\left(\ln\frac{d_{O1}}{d_1} - \ln\frac{d_{O2}}{d_2}\right) = \frac{q}{2\pi\varepsilon}\ln\frac{d_2 d_{O1}}{d_1 d_{O2}} \tag{2-21}$$

若选与两线电荷等距离处(图 2-6 中虚线)作为电位参考点，则有

$$U_P = \frac{q}{2\pi\varepsilon}\ln\frac{d_2}{d_1} \tag{2-22}$$

将式(2-22)应用于导线 A 的表面，则有 $d_1 = r$ 和 $d_2 = D - r$，由于 $D \gg r$，故导线 A 的电位为

$$U_A = \frac{q}{2\pi\varepsilon}\ln\frac{D-r}{r} = \frac{q}{2\pi\varepsilon}\ln\frac{D}{r} \tag{2-23}$$

(2) 三相输电线路的一相等值电容

三相架空线路架设在离地面有一定高度的地方，大地将影响导线周围的电场。同时，三相导线均带有电荷，在计算空间任意点的电位时均须计及三相

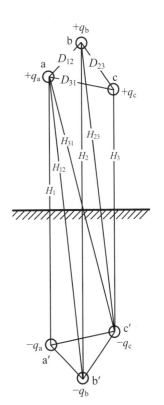

图 2-7 输电线路的导线及其镜像

电路影响。在静电场计算中，平行于地面的带电导体与大地之间电场的等值电容可用镜像法求解，如图 2-7 所示。

设经过完整循环换位的三相线路的 a、b、c 三相导线上每相单位长度的电荷分别为$+q_a$、$+q_b$、$+q_c$，三相导线的镜像 a′、b′、c′上的电荷分别为$-q_a$、$-q_b$、$-q_c$，并假设电荷沿线均匀分布。

若选地面作为参考电位，利用叠加定理，则 a 相 I、II、III 段导线对地电位为

$$\begin{cases} U_{aI} = \dfrac{1}{2\pi\varepsilon}\left(q_a \ln\dfrac{H_1}{r} + q_b \ln\dfrac{H_{12}}{D_{12}} + q_c \ln\dfrac{H_{31}}{D_{31}} \right) \\[2mm] U_{aII} = \dfrac{1}{2\pi\varepsilon}\left(q_a \ln\dfrac{H_2}{r} + q_b \ln\dfrac{H_{23}}{D_{23}} + q_c \ln\dfrac{H_{12}}{D_{12}} \right) \\[2mm] U_{aIII} = \dfrac{1}{2\pi\varepsilon}\left(q_a \ln\dfrac{H_3}{r} + q_b \ln\dfrac{H_{31}}{D_{31}} + q_c \ln\dfrac{H_{23}}{D_{23}} \right) \end{cases} \qquad (2\text{-}24)$$

如果忽略沿线电压降落，那么不论处于换位循环中的哪一线段，同一相导线的对地电位都是相等的。这样，在换位循环中的不同线段导线上的电荷将不相等。在近似计算中，常假设各线段单位长度导线上的电荷都相等，而导线对地电位却不相等。由于考虑 $q_a + q_b + q_c = 0$，取各段电位的平均值为 a 相电位，故

$$U_a = \frac{U_{aI} + U_{aII} + U_{aIII}}{3} = \frac{q_a}{2\pi\varepsilon}\left(\ln\frac{\sqrt[3]{D_{12}D_{23}D_{31}}}{r} - \ln\sqrt[3]{\frac{H_{12}H_{23}H_{31}}{H_1 H_2 H_3}} \right) \qquad (2\text{-}25)$$

则每相的等值电容为

$$C = \frac{q_a}{U_a} = \frac{2\pi\varepsilon}{\ln\dfrac{\sqrt[3]{D_{12}D_{23}D_{31}}}{r} - \ln\sqrt[3]{\dfrac{H_{12}H_{23}H_{31}}{H_1 H_2 H_3}}} \qquad (2\text{-}26)$$

由于导线离地面的高度一般比各相间的距离大得多，某相导线与其镜像间的距离(H_1、H_2、H_3)近似等于它与其他相的镜像间的距离(H_{12}、H_{23}、H_{31})，因此式(2-26)的分母的第二项很小，一般可以忽略。式(2-26)中空气的介电系数 $\varepsilon \approx \varepsilon_0 = 8.85 \times 10^{-12}$ F/m，并改用常用对数表示，有

$$C = \frac{0.0241}{\lg\dfrac{D_{eq}}{r}} \times 10^{-6} (\text{F/km}) \qquad (2\text{-}27)$$

(3) 分裂导线输电线路的等值电容

采用分裂导线的输电线路，可以用所有导线及其镜像构成的多导体系统进行电容计算。由于各相间距离比分裂间距大得多，因此可以用各相分裂导线重心间的距离代替相间各导线的距离。各导线与各镜像间的距离取为各相导线重心与其镜像间的距离，则分裂导线每相的等值电容为

$$C = \frac{0.0241}{\lg\dfrac{D_{eq}}{r_{eq}}} \times 10^{-6} (\text{F/km}) \qquad (2\text{-}28)$$

式中：D_{eq} 为各相分裂导线中心间的几何均距；r_{eq} 为一相导线组的等值半径，其值与分裂根

数有关，分裂根数为 2 时，$r_{eq} = \sqrt{rd}$；分裂根数为 3 时，$r_{eq} = \sqrt[9]{(rdd)^3} = \sqrt[3]{rd^2}$；分裂根数为 4 时，$r_{eq} = \sqrt[16]{(rdd\sqrt{2}d)^4} = 1.09\sqrt[4]{rd^3}$。

分裂间距 d 比每根导线的半径 r 大得多，一相导线组的等值半径 r_{eq} 比每根导线的半径 r 大得多，所以分裂导线线路的等值电容比单导线大。

(4) 输电线路的等值电纳

额定频率下输电线路每相的等值电纳

$$b = 2\pi f_N C = \frac{7.58}{\lg \dfrac{D_{eq}}{r_{eq}}} \times 10^{-6} (\text{S/km}) \tag{2-29}$$

虽然相间距离、导线截面等与线路结构有关的参数对电纳大小都有影响，但这些数值均在对数符号内，故各种线路的电纳值变化不是很大。一般单导线线路的单位长度的等值电纳为 2.8×10^{-6} S/km 左右；对于分裂导线线路，当分裂根数为 2、3、4 根时，单位长度的等值电纳分别为 3.4×10^{-6} S/km、3.8×10^{-6} S/km、4.1×10^{-6} S/km 左右。

例 2-3 某 330 kV 架空输电线路，三相导线水平排列，相间距离 8 m，每相采用 2×LGJQ-300 分裂导线，分裂间距为 400 mm，试求线路参数。

解： 线路电阻

$$r = \frac{\rho}{S} = \frac{31.5}{2 \times 300} = 0.053 \, (\Omega / \text{km})$$

由手册查得 LGJQ-300 的计算直径为 23.5 mm，分裂导线的自几何均距

$$D_{sb} = \sqrt{D_s d} = \sqrt{0.9 \times \frac{23.5}{2} \times 400} = 65.04 \, (\text{mm})$$

线路的电抗

$$x = 0.144\,5\lg \frac{D_{eq}}{D_{sb}} = 0.144\,5\lg \frac{1.26 \times 8\,000}{65.04} = 0.316 \, (\Omega / \text{km})$$

每相导线组的等值半径为

$$r_{eq} = \sqrt{rd} = \sqrt{\frac{23.5}{2} \times 400} = 68.56 \, (\text{mm})$$

线路的电纳

$$x = \frac{7.58}{\lg \dfrac{D_{eq}}{r_{eq}}} \times 10^{-6} = \frac{7.58}{\lg \dfrac{1.26 \times 8\,000}{68.56}} \times 10^{-6} = 3.50 \times 10^{-6} (\text{S} / \text{km})$$

2.2　架空线路的等值电路

2.2.1　输电线路的方程式

设有长度为 l 的输电线路，其参数沿线路均匀分布，单位长度的阻抗和导纳分别为 $z_0 = r_0 + j\omega L_0 = r_0 + jx_0$，$y_0 = g_0 + j\omega C_0 = g_0 + jb_0$。在距线路末端 x 处取一微段 dx，可作出等值电路为二端口网络，如图 2-8 所示。

由图 2-8 可得

$$\mathrm{d}\dot{U} = \dot{I}z_0\mathrm{d}x \tag{2-30}$$

$$\mathrm{d}\dot{I} = (\dot{U} + \mathrm{d}\dot{U})y_0\mathrm{d}x \tag{2-31}$$

式(2-31)中，忽略二阶微小量，得

$$\mathrm{d}\dot{I} = \dot{U}y_0\mathrm{d}x \tag{2-32}$$

对式(2-30) 微分，并代入式(2-32)，得

$$\mathrm{d}^2\dot{U} = \dot{U}z_0y_0\mathrm{d}x^2 \tag{2-33}$$

解式(2-33)，得

$$\dot{U} = C_1\mathrm{e}^{\gamma x} + C_2\mathrm{e}^{-\gamma x} \tag{2-34}$$

对式(2-34) 微分，并代入式(2-30)，得

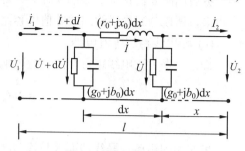

图 2-8 长线的等值电路

$$\dot{I} = \frac{C_1}{Z_c}\mathrm{e}^{\gamma x} - \frac{C_2}{Z_c}\mathrm{e}^{-\gamma x} \tag{2-35}$$

式中：γ 为传播常数；Z_c 为波阻抗(特性阻抗)。γ 和 Z_c 都是只与线路参数和电源频率有关的物理量。

$$\begin{cases} \gamma = \alpha + \mathrm{j}\beta = \sqrt{z_0y_0} \\ Z_c = \sqrt{z_0/y_0} \end{cases} \tag{2-36}$$

当 $x = 0$ 时，$\dot{U} = \dot{U}_2$ 和 $\dot{I} = \dot{I}_2$，由式(2-34)和式(2-35)，得到 C_1 和 C_2，

$$\begin{cases} C_1 = (\dot{U}_2 + Z_c\dot{I}_2)/2 \\ C_2 = (\dot{U}_2 - Z_c\dot{I}_2)/2 \end{cases} \tag{2-37}$$

将式(2-37)代入式(2-34)和式(2-35)，并写成双曲函数，得

$$\begin{cases} \dot{U} = \dot{U}_2\mathrm{ch}\gamma x + \dot{I}_2 Z_c\mathrm{sh}\gamma x \\ \dot{I} = \dfrac{\dot{U}_2}{Z_c}\mathrm{sh}\gamma x + \dot{I}_2\mathrm{ch}\gamma x \end{cases} \tag{2-38}$$

当 $x = l$ 时，线路首、末端电压、电流关系如下：

$$\begin{cases} \dot{U}_1 = \dot{U}_2\mathrm{ch}\gamma l + \dot{I}_2 Z_c\mathrm{sh}\gamma l = A\dot{U}_2 + B\dot{I}_2 \\ \dot{I}_1 = \dfrac{\dot{U}_2}{Z_c}\mathrm{sh}\gamma l + \dot{I}_2\mathrm{ch}\gamma l = C\dot{U}_2 + D\dot{I}_2 \end{cases} \tag{2-39}$$

式中：$A = D = \mathrm{ch}\gamma l$、$B = Z_c\mathrm{sh}\gamma l$、$C = (\mathrm{sh}\gamma l)/Z_c$ 为二端口网络的传输参数。

2.2.2 输电线路的集中参数等值电路

式(2-39)中传输参数 $A = D$，$AD - BC = 1$，满足对称二端口网络条件，因此可以得到输电线路的等值二端口网络的 Π 形集中参数等值电路，如图 2-9 所示。

Π 形集中参数等值电路中，各参数为

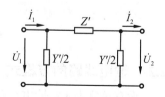

图 2-9 Π 形集中参数等值电路

$$\begin{cases} Z' = B = Z_c \text{sh}\gamma l \\ Y' = \dfrac{2(A-1)}{B} = \dfrac{2(\text{ch}\gamma l - 1)}{Z_c \text{sh}\gamma l} \end{cases} \tag{2-40}$$

令 $Z = (r_0 + jx_0)l$，$Y = (g_0 + jb_0)l$ 分别表示全线路的总阻抗和总导纳，将式(2-40)改写为

$$\begin{cases} Z' = K_Z Z = \dfrac{\text{sh}\sqrt{ZY}}{\sqrt{ZY}} Z \\ Y' = K_Y Y = \dfrac{2(\text{ch}\sqrt{ZY} - 1)}{\sqrt{ZY}\text{sh}\sqrt{ZY}} Y \end{cases} \tag{2-41}$$

对于较长的输电线路，按式(2-41)计算线路的精确参数，较短的输电线路可以用 Z 和 Y 作为输电线路的近似参数。

例 2-4　330 kV 架空输电线路的参数为：$r_0 = 0.057\,9\ \Omega/\text{km}$，$x_0 = 0.316\ \Omega/\text{km}$，$g_0 = 0$，$b_0 = 3.55 \times 10^{-6}\ \text{S/km}$。试分别计算线路长度 l 为 100 km、200 km、300 km、400 km、500 km 时的精确参数和近似参数。

解：略去计算过程，计算结果见表 2-1。表中 ΔR、ΔX、ΔB 分别为电阻 R、电抗 X、电纳 B 的近似值的相对误差。ΔA 为

$$\Delta A = \frac{A_1 - A_2}{A_2}$$

式中：A_1 为电阻、电抗或电纳的近似值；A_2 为电阻、电抗或电纳的精确值。

双曲函数可以用 Matlab 计算，或使用能计算复数双曲函数的计算器计算，也可利用以下公式计算：

$$\begin{cases} \text{sh}(x + jy) = \text{sh}x\cos y + j\text{ch}x\sin y \\ \text{ch}(x + jy) = \text{ch}x\cos y + j\text{sh}x\sin y \end{cases}$$

表 2-1　例 2-4 的计算结果

l/km	参数类型	R/Ω	ΔR	X/Ω	ΔX	G/S	B/S	ΔB
100	1	5.790 0	0.375 0%	31.600 0	0.180 9%	—	$3.550\,0\times10^{-4}$	−0.093 5%
	2	5.768 4	—	31.542 9	—	$0.000\,6\times10^{-4}$	$3.553\,3\times10^{-4}$	—
200	1	11.580 0	1.513 3%	63.200 0	0.726 5%	—	$7.100\,0\times10^{-4}$	−0.374 2%
	2	11.407 4	—	62.744 2	—	$0.004\,9\times10^{-4}$	$7.126\,7\times10^{-4}$	—
300	1	17.370 0	3.455 7%	94.800 0	1.645 2%	—	$10.650\,0\times10^{-4}$	−0.842 5%
	2	16.789 8	—	93.265 6	—	$0.016\,8\times10^{-4}$	$10.740\,5\times10^{-4}$	—
400	1	23.160 0	6.274 1%	126.400 0	2.951 6%	—	$14.200\,0\times10^{-4}$	−1.499 3%
	2	21.792 7	—	122.776 1	—	$0.040\,4\times10^{-4}$	$14.416\,1\times10^{-4}$	—
500	1	28.950 0	10.078 3%	158.000 0	4.666 7%	—	$17.750\,0\times10^{-4}$	−2.345 8%
	2	26.299 5	—	150.955 3	—	$0.080\,5\times10^{-4}$	$18.176\,4\times10^{-4}$	—

注：1—近似值，2—精确值。

由例题 2-4 的计算结果可知，近似参数的误差随线路长度增加而增大，相对而言，电阻的误差最大，电抗次之，电纳最小。此外，即使线路的电导为零，等值电路的精确参数中仍有一个数值很小的电导，实际计算时可以忽略。

在工程计算中，既要保证必要的精度，又要尽可能简化计算，采用近似参数时，长度不

超过 300 km 的线路可用一个 Π 形电路来代替，对于更长的线路，则可用串级联接的多个 Π 形电路来模拟，每个 Π 形电路代替长度为 200~300 km 的一段线路。这样的处理方法仅适用于工频下的稳态计算。

2.2.3 波阻抗和自然功率

长线路或分布参数电路的特性阻抗和传播常数是两个很有用的概念，常用以估计超高压线路的运行特性。由于超高压线路的电阻远小于电抗，电导则可略去不计，运用这些概念做粗略估计时，可设 $r_0 = 0$，$g_0 = 0$。采用这些假设就相当于该线路上没有有功功率损耗，对于这种"无损耗"线路，特性阻抗和传播常数具有如下形式：

$$Z_c = \sqrt{L_0 / C_0} \ ; \quad \beta = \omega\sqrt{L_0 C_0}$$

这时的特性阻抗是一个纯电阻，常称波阻抗；这时的传播常数为虚数，称相位常数。

进一步不计架空线路的内部磁场，则有 $L_0 = 2 \times 10^{-7}\ln(D_{eq}/r)$，$C_0 = 1/[1.8 \times 10^{10}\ln(D_{eq}/r)]$。以此代入波阻抗和相位常数的表达式，则得

$$\begin{cases} Z_c = \sqrt{L_0 / C_0} = 60\ln(D_{eq}/r) \\ \beta = \omega\sqrt{L_0 C_0} = \omega/(3 \times 10^8) \end{cases} \tag{2-42}$$

与波阻抗密切相关的另一概念是自然功率，即负荷阻抗为波阻抗时消耗的功率，也称波阻抗负荷。如负荷端电压为线路额度电压，则相应的自然功率为

$$S_n = P_n = U_N^2 / Z_c \tag{2-43}$$

由于这时的 Z_c 为纯电阻，相应的自然功率为纯有功功率。

电力线路的波阻抗变动幅度不大，单导线架空线路约为 385~415 Ω；两分裂导线约为 285~305 Ω；三分裂导线约为 275~285 Ω；四分裂导线约为 255~265 Ω；电缆线路则小得多，仅为 30~50 Ω。于是，如 220 kV 线路采用单导线，波阻抗为 400 Ω，则自然功率约为 120 MW；500 kV 线路采用四分裂导线，波阻抗为 260 Ω，则自然功率约为 1 000 MW。

无损耗线路末端连接的负荷阻抗为波阻抗时，$\dot{U}_2 = Z_c\dot{I}_2$，由式(2-39)，得

$$\begin{cases} \dot{U}_1 = (\cos\beta l + j\sin\beta l)\dot{U}_2 = \dot{U}_2 e^{j\beta l} \\ \dot{I}_1 = (\cos\beta l + j\sin\beta l)\dot{I}_2 = \dot{I}_2 e^{j\beta l} \end{cases} \tag{2-44}$$

由式(2-44)可见，这时，线路始端、末端乃至线路上任何一点的电压大小都相等，而功率因数都等于 1。线路两端电压的相位差正比于线路长度，相应的比例系数就是相位常数 β。由式(2-42)可以得到：线路长度为 1 500 km 时，线路两端电压的相位差为 π/2；线路长度为 6 000 km 时，始、末端电压再度重合。由式(2-44)可以得到：线路输送功率大于自然功率时，线路末端电压将低于始端；反之，线路输送功率小于自然功率时，线路末端电压将高于始端。

2.3 变压器的一相等值电路和参数

2.3.1 变压器的等值电路

电力系统中使用的变压器大多数是做成三相的，容量特别大的也有做成单相的，但使用时总是接成三相变压器组。

在电力系统计算中，双绕组变压器的近似等值电路常将励磁支路前移到电源侧，如图

2-10(a)所示，图中励磁电纳是感纳，为负值。在这个等值电路中，一般将变压器二次绕组侧的电阻和漏抗折算到一次绕组侧并和一次绕组的电阻和漏抗合并，用等值阻抗 $R_T + jR_T$ 表示。三绕组变压器采用励磁支路前移的星形等值电路，如图 2-10(b)所示，图中的所有参数都是折算到一次侧的值。

自耦变压器的等值电路与普通变压器的相同。

2.3.2 双绕组变压器的参数

变压器的参数是指其等值电路中的电阻 R_T、电抗 X_T、电导 G_T、电纳 B_T 和变比 k_T。变压器的前四个参数可以根据短路损耗 ΔP_S、短路电压 $U_S\%$、空载损耗 ΔP_0、空载电流 $I_0\%$ 计算得到。而此四个数据可以通过短路试验和空载试验测得，也可从变压器铭牌上获得或从有关数据资料查得。

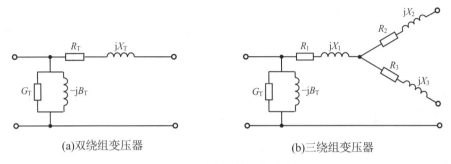

(a)双绕组变压器　　　　　　　　(b)三绕组变压器

图 2-10 变压器的等值电路

(1) 变压器的短路试验和空载试验

变压器的短路试验就是将变压器的副边短路，原边加电压 U_1，直到原边电流达到额定电流 I_{1N} 为止，测得总有功功率作为短路损耗 ΔP_S；测得原边所加电压 U_S，除以该侧的额定电压后，取百分数作为短路电压 $U_S\%$，短路试验接线图如图 2-11 所示。短路试验在高压侧或低压侧都可以做，但是所测得的数据不同。

变压器的空载试验就是将变压器的副边开路，原边加额定电压 U_{1N}，测得总有功功率作为空载损耗 ΔP_0；测得的电流值除以该侧的额定电流后，取百分数作为空载电流百分值 $I_0\%$，空载试验接线图如图 2-12 所示。空载试验在高压侧或低压侧都可以做，但是所测得的数据不同。对于电力变压器，为了方便，一般都在低压侧做空载试验。

注意：变压器短路试验和空载试验的测量仪表接线有所不同。

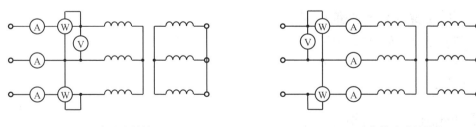

图 2-11 短路试验接线图　　　　　　**图 2-12 空载试验接线图**

(2) 变压器参数的计算

短路损耗 ΔP_S 和短路电压 $U_S\%$ 用来计算电阻 R_T、电抗 X_T，空载损耗 ΔP_0 和空载电流 $I_0\%$

用来计算电导 G_T、电纳 B_T。计算时得到的变压器参数是单相的，但用到的变压器容量 S_N 和额定电压却是三相容量和线电压。

①电阻

短路试验中，变压器施加的电压较低，相应的铁损也小，可以认为短路损耗就是变压器原、副边线圈电阻的总损耗，称为铜损，即 $\Delta P_S = 3R_T I_N^2$，于是

$$R_T = \frac{\Delta P_S}{3I_N^2} = \Delta P_S \frac{U_N^2}{S_N^2} \qquad (2\text{-}45)$$

②电抗

变压器铭牌上给出的短路电压百分数 $U_S\%$，是变压器通过额定电流在阻抗上产生的电压降 U_S 与额定电压 U_N 之比的百分数。对大容量变压器，其绕组电阻比电抗小得多，短路电压可以近似认为电抗上压降，故由 $U_S = \sqrt{3}X_T I_N$，得

$$X_T = \frac{U_S\%}{100} \cdot \frac{U_N}{\sqrt{3}I_N} = \frac{U_S\%}{100} \cdot \frac{U_N^2}{S_N} \qquad (2\text{-}46)$$

③电导

变压器的电导是用来表示铁芯损耗的。由于空载电流相对额定电流来说是很小的，绕组中的铜损也小，可以认为空载损耗就是变压器的铁损，于是

$$G_T = \Delta P_0 / U_N^2 \qquad (2\text{-}47)$$

④电纳

变压器的电纳代表变压器的励磁功率。变压器空载电流包含有功分量和无功分量，与励磁功率对应的是无功分量。由于有功分量很小，无功分量和空载电流在数值上几乎相等。根据变压器铭牌上给出的空载电流百分数 $I_0\%$，得

$$B_T = \frac{I_0\%}{100} \cdot \frac{\sqrt{3}I_N}{U_N} = \frac{I_0\%}{100} \cdot \frac{S_N}{U_N^2} \qquad (2\text{-}48)$$

⑤变比

在三相电力系统计算中，变压器的变比 k_T 通常是指两侧绕组空载线电压的比值，它与同一铁芯柱上的原、副边绕组匝数比是有区别的。对于 Yy 和 Dd 接法的变压器，$k_T = U_{1N}/U_{2N} = w_1/w_2$；对于 Yd 接法的变压器，$k_T = U_{1N}/U_{2N} = \sqrt{3}w_1/w_2$。根据电力系统运行调节的要求，变压器不一定工作在主抽头上，因此，变压器运行中的实际变比，应是工作时两侧绕组实际抽头的空载线电压之比。

2.3.3 三绕组变压器的参数计算

三绕组变压器等值电路中的参数计算原则与双绕组变压器的相同。三绕组变压器的短路试验是依次让一个绕组开路，按双绕组变压器来做的，分别得到短路损耗 $\Delta P_{S(1\text{-}2)}$、$\Delta P_{S(2\text{-}3)}$、$\Delta P_{S(3\text{-}1)}$ 和短路电压 $U_{S(1\text{-}2)}\%$、$U_{S(2\text{-}3)}\%$、$U_{S(3\text{-}1)}\%$。

(1) 电阻

各绕组的短路损耗分别为

$$\begin{cases} \Delta P_{\mathrm{S1}} = \dfrac{1}{2}(\Delta P_{\mathrm{S(1\text{-}2)}} + \Delta P_{\mathrm{S(3\text{-}1)}} - \Delta P_{\mathrm{S(2\text{-}3)}}) \\[2mm] \Delta P_{\mathrm{S2}} = \dfrac{1}{2}(\Delta P_{\mathrm{S(1\text{-}2)}} + \Delta P_{\mathrm{S(2\text{-}3)}} - \Delta P_{\mathrm{S(3\text{-}1)}}) \\[2mm] \Delta P_{\mathrm{S3}} = \dfrac{1}{2}(\Delta P_{\mathrm{S(2\text{-}3)}} + \Delta P_{\mathrm{S(3\text{-}1)}} - \Delta P_{\mathrm{S(1\text{-}2)}}) \end{cases} \tag{2-49}$$

求出各绕组的短路损耗后，便可导出与双绕组变压器计算 R_{T} 相同形式的算式

$$R_i = \Delta P_{\mathrm{S}i} \frac{U_{\mathrm{N}}^2}{S_{\mathrm{N}}^2} \qquad (i=1,2,3) \tag{2-50}$$

式(2-49)适用于三个绕组的额定容量都相等的变压器。各绕组额定容量都相等的三绕组变压器的三个绕组不可能同时满载运行。因此，根据电力系统运行的实际需要，三个绕组的额定容量，可以制造得不相等。我国目前生产的变压器三个绕组的容量比，按高、中、低压绕组的顺序主要有 100/100/100、100/100/50、100/50/100 三种。变压器铭牌上的额定容量是容量最大的一个绕组的容量，即高压绕组的容量。式(2-50)中的 ΔP_{S1}、ΔP_{S2}、ΔP_{S3} 是指绕组流过与变压器额定容量 S_{N} 相对应的额定电流 I_{N} 时所产生的损耗。做短路试验时，三个绕组容量不相等的变压器将受到较小容量绕组的额定电流的限制，所得到的短路损耗需要折算。若工厂提供的试验值为 $\Delta P'_{\mathrm{S(1\text{-}2)}}$、$\Delta P'_{\mathrm{S(2\text{-}3)}}$、$\Delta P'_{\mathrm{S(3\text{-}1)}}$，且编号 1 为高压绕组，则

$$\begin{cases} \Delta P_{\mathrm{S(1\text{-}2)}} = \Delta P'_{\mathrm{S(1\text{-}2)}} \left(\dfrac{S_{\mathrm{N}}}{S_{\mathrm{2N}}} \right)^2 \\[3mm] \Delta P_{\mathrm{S(2\text{-}3)}} = \Delta P'_{\mathrm{S(2\text{-}3)}} \left(\dfrac{S_{\mathrm{N}}}{\min(S_{\mathrm{2N}}, S_{\mathrm{3N}})} \right)^2 \\[3mm] \Delta P_{\mathrm{S(3\text{-}1)}} = \Delta P'_{\mathrm{S(3\text{-}1)}} \left(\dfrac{S_{\mathrm{N}}}{S_{\mathrm{3N}}} \right)^2 \end{cases} \tag{2-51}$$

三绕组变压器制造厂家也可能只提供一个最大短路损耗 $\Delta P_{\mathrm{S \cdot max}}$，它是指两个 100%容量的绕组通过额定电流、另一个绕组开路时的短路损耗。依据变压器设计中按电流密度相等选择各绕组导线截面积的原则，可推得两个额定容量的绕组的电阻相等，为

$$R_{\mathrm{SN}} = \frac{\Delta P_{\mathrm{S \cdot max}} U_{\mathrm{N}}^2}{2 S_{\mathrm{N}}^2} \tag{2-52}$$

设另一个绕组的容量为 S_{X}，则其电阻

$$R_{\mathrm{SX}} = \frac{S_{\mathrm{N}}}{S_{\mathrm{X}}} R_{\mathrm{SN}} \tag{2-53}$$

(2) 电抗

各绕组的短路电压分别为

$$\begin{cases} U_{S1}\% = \dfrac{1}{2}(U_{S(1-2)}\% + U_{S(3-1)}\% - U_{S(2-3)}\%) \\[2mm] U_{S2}\% = \dfrac{1}{2}(U_{S(1-2)}\% + U_{S(2-3)}\% - U_{S(3-1)}\%) \\[2mm] U_{S3}\% = \dfrac{1}{2}(U_{S(2-3)}\% + U_{S(3-1)}\% - U_{S(1-2)}\%) \end{cases} \tag{2-54}$$

各绕组的等值电抗为

$$X_i = \frac{U_{Si}\%}{100} \cdot \frac{U_N^2}{S_N} \qquad (i=1,2,3) \tag{2-55}$$

手册和变压器铭牌上的短路电压值均为折算后的值，无须再进行折算。

各绕组等值电抗的相对大小，与三个绕组在铁芯上的排列有关。高压绕组因绝缘要求排在外层，中压和低压绕组均有可能排在中层。排在中层的绕组，其等值电抗较小，甚至为不大的负值。三绕组变压器的绕组排列如图 2-13 所示。图 2-13(a)所示的排列方式中，低压绕组位于中层，与高、中压绕组均有紧密联系，有利于功率从低压侧向高、中压侧传送，因此常用于升压变压器。图 2-13(b)所示的排列方式中，中压绕组位于中层，与高压绕组联系紧密，有利于功率从高压侧向中压侧传送。另外，由于 X_1 和 X_3 数值较大，也有利于限制低压侧的短路电流，因此这种排列方式常用于降压变压器。

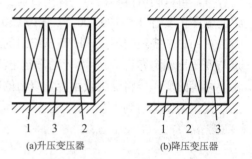

图 2-13 三绕组变压器的绕组排列
1—高压绕组；2—中压绕组；3—低压绕组

(3) 其他参数

三绕组变压器的电导参数、电纳参数以及变比的计算与双绕组变压器相同。

2.3.4 自耦变压器的参数计算

自耦变压器的等值电路及其参数计算的原理和普通变压器的相同。通常，三绕组自耦变压器的第三绕组，即低压绕组总是接成三角形，以消除由于铁芯饱和引起的三次谐波，并且它的容量比变压器的额定容量小。因此，计算等值电阻时需要对短路损耗进行折算。如果所给的短路电压是未经折算的，需要按下式折算：

$$\begin{cases} U_{S(2-3)}\% = U'_{S(2-3)}\%\left(\dfrac{S_N}{S_{3N}}\right) \\[3mm] U_{S(3-1)}\% = U'_{S(3-1)}\%\left(\dfrac{S_N}{S_{3N}}\right) \end{cases} \tag{2-56}$$

2.3.5 变压器的 Π 形等值电路

变压器采用图 2-10 所示的等值电路时，计算所得的副边电流和电压都是它们的折算值，而且与副边连接的其他元件的参数也要用其折算值，不太方便。因此在变压器等值电路增加一个只反映变比的理想变压器，如图 2-14 所示。所谓的理想变压器就是无损耗、无漏磁、无

需励磁电流的变压器。图 2-14 中，$Z_T = R_T + jX_T$ 为
折算到原边的变压器阻抗，$k = U_{2N} / U_{1N}$ 为变压器变
比。这种模型由于存在磁耦合，分析计算比较困难，
需要进一步变换。分析时把励磁支路略去，或另作
处理，得到图 2-15(a)。由图 2-15(a)可以写出

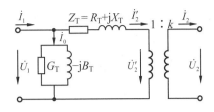

图 2-14　带有变比的变压器等值电路

$$\begin{cases} \dot{U}_1 - Z_T\dot{I}_1 = \dot{U}_2' = \dot{U}_2 / k \\ \dot{I}_1 = \dot{I}_2' = k\dot{I}_2 \end{cases} \quad (2\text{-}57)$$

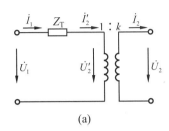

(a)

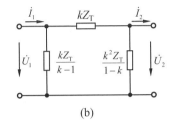

(b)

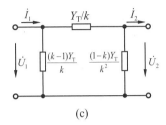

(c)

图 2-15　变压器的 Π 形等值电路

由式(2-57)，得

$$\begin{cases} \dot{I}_1 = \dfrac{\dot{U}_1}{Z_T} - \dfrac{\dot{U}_2}{kZ_T} = \dfrac{(k-1)\dot{U}_1}{kZ_T} + \dfrac{\dot{U}_1 - \dot{U}_2}{kZ_T} \\[3mm] \dot{I}_2 = \dfrac{\dot{U}_1}{kZ_T} - \dfrac{\dot{U}_2}{k^2Z_T} = \dfrac{\dot{U}_1 - \dot{U}_2}{kZ_T} - \dfrac{(1-k)\dot{U}_2}{k^2Z_T} \end{cases} \quad (2\text{-}58)$$

令 $Y_T = 1 / Z_T$，得

$$\begin{cases} \dot{I}_1 = \dfrac{(k-1)Y_T\dot{U}_1}{k} + \dfrac{Y_T(\dot{U}_1 - \dot{U}_2)}{k} \\[3mm] \dot{I}_2 = \dfrac{Y_T(\dot{U}_1 - \dot{U}_2)}{k} - \dfrac{(1-k)Y_T\dot{U}_2}{k^2} \end{cases} \quad (2\text{-}59)$$

由式(2-58)、式(2-59)可以得到如图 2-15(b)和图 2-15(c)所示
的 Π 形等值电路。

变压器的 Π 形等值电路中三个阻抗(导纳)都与变比 k 有关，
等值电路中两个并联支路的阻抗(导纳)的符号总是相反的。三
个支路阻抗之和等于零，构成了谐振三角形。三角形内产生谐
振环流，正是这个谐振环流在原、副边之间的阻抗上(Π 形等值
电路串联支路)产生的压降，实现了原、副边的变压，而谐振电
流本身又完成了原、副边的电流变换，从而使等值电路起到变
压器的作用。

变压器采用 Π 形等值电路后，电力系统中与变压器相连的
各元件都不用折算，可以直接参与计算。在用计算机进行电力
系统计算时，常采用这种处理方法。

图 2-15(a)所示的含理想变压器的等值电路也可以表示为如图 2-16(a)的形式，图 2-15(b)

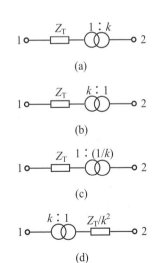

图 2-16　含理想变压器的
等值电路

和图 2-15(c)所示的 Π 形等值电路是针对图 2-16(a)所示的模型。如果所给模型为如图 2-16(b) 所示的形式，即变比 k 位于 Z_T 侧，则可以参照图 2-16(c)把变比写成 $1 : (1/k)$ 转化为图 2-16(a) 的形式；或参照图 2-16(d)把阻抗变换到理想变压器另一侧转化为图 2-16(a)的形式。

例 2-5 额定电压为 110/11 kV 的三相变压器折算到高压侧的电抗为 $100\ \Omega$，绕组电阻和励磁电流均忽略不计。给定原边相电压 $\dot{U}_1 = 110/\sqrt{3}$ kV，$\dot{I}_1 = 50$ A，试利用 Π 形等值电路计算副边的电压和电流。变压器模型为图 2-16(a)所示的模型。

解： $k = 11/110 = 0.1$，$Y_T = 1/Z_T = 1/(\text{j}100) = -\text{j}0.01\,(\text{S})$，$Y_{12} = Y_T/k = -\text{j}0.01/0.1 = -\text{j}0.1\,(\text{S})$

$$Y_{10} = \frac{(k-1)Y_T}{k} = \frac{(0.1-1)\times(-\text{j}0.01)}{0.1} = \text{j}0.09\,(\text{S}),$$

$$Y_{20} = \frac{(1-k)Y_T}{k^2} = \frac{(1-0.1)\times(-\text{j}0.01)}{0.1^2} = -\text{j}0.9\,(\text{S})$$

$$\dot{I}_{10} = Y_{10}\dot{U}_1 = \text{j}0.09 \times (110/\sqrt{3}) = \text{j}0.09 \times 63.5 = \text{j}5.715\,(\text{kA})$$

$$\dot{I}_{12} = \dot{I}_1 - \dot{I}_{10} = (0.05 - \text{j}5.715)\,(\text{kA})$$

$$\Delta\dot{U}_{12} = \dot{I}_{12}/Y_{12} = (0.05 - \text{j}5.715)/(-\text{j}0.1) = (57.15 + \text{j}0.5)\,(\text{kV})$$

$$\dot{U}_2 = \dot{U}_1 - \Delta\dot{U}_{12} = 110/\sqrt{3} - (57.15 + \text{j}0.5) = (6.35 - \text{j}0.5)\,(\text{kV})$$

$$\dot{I}_{20} = Y_{20}\dot{U}_2 = (-\text{j}0.9)\times(6.35 - \text{j}0.5) = (-0.45 - \text{j}5.715)\,(\text{kA})$$

$$\dot{I}_2 = \dot{I}_{12} - \dot{I}_{20} = (0.05 - \text{j}5.715) - (-0.45 - \text{j}5.715) = 0.5\,(\text{kA})$$

变压器的副边电压和电流也可以由 $\dot{U}_2 = k(\dot{U}_1 - Z_T\dot{I}_1)$ 和 $\dot{I}_2 = \dot{I}_1/k$ 得到。

通过本例题可以清楚地看到 Π 形等值电路的变压器的作用是如何实现的。

2.4 标幺值

2.4.1 标幺值的概念

在一般的电路计算中，电压、电流、功率和阻抗的单位分别用 V、A、W、Ω 表示，这种用实际有名单位表示物理量的方法称为有名单位制。在电力系统计算中，还广泛地采用标幺制。标幺制是一种相对单位制。在标幺制中各物理量都用标幺值表示。标幺值的定义为

$$\text{标幺值} = \frac{\text{实际有名值(任意单位)}}{\text{基准值(与有名值同单位)}} \tag{2-60}$$

标幺值是没有量纲的数值。对于同一个实际有名值，基准值选得不同，其标幺值也就不同。因此，说一个量的标幺值时，必须同时说明它的基准值，否则，标幺值的意义是不明确的。

当电压、电流、功率和阻抗的基准值分别选定为 U_B、I_B、S_B、Z_B 时，相应的标幺值为

$$\begin{cases} U_* = \dfrac{U}{U_B} \\[2mm] I_* = \dfrac{I}{I_B} \\[2mm] \widetilde{S}_* = \dfrac{\widetilde{S}}{S_B} = \dfrac{P + jQ}{S_B} = P_* + jQ_* \\[2mm] Z_* = \dfrac{Z}{Z_B} = \dfrac{R + jX}{Z_B} = R_* + jX_* \end{cases} \tag{2-61}$$

2.4.2 基准值的选择

基准值的选择，除了要求基准值与有名值同单位外，原则上可以是任意的。但是，采用标幺值的目的是简化计算，便于对计算结果做出分析评价。因此，基准值的选择，应考虑尽量能实现这些目的。

在单相电路中，电压 U_p、电流 I、功率 S_p 和阻抗 Z 这 4 个物理量之间存在以下关系：

$$U_p = ZI \ , \quad S_p = U_p I$$

如果这 4 个量的基准值也满足

$$\begin{cases} U_{p \cdot B} = Z_B I_B \\ S_{p \cdot B} = U_{p \cdot B} I_B \end{cases} \tag{2-62}$$

即与有名值各量间的关系具有完全相同的方程式，这样在标幺制中，便可得到

$$\begin{cases} U_{p*} = Z_* I_* \\ S_{p*} = U_{p*} I_* \end{cases} \tag{2-63}$$

上式说明，只要基准值的选择满足式(2-62)，则标幺制中各物理量之间的关系就与有名制中的完全相同。因而有名单位制中的有关公式就可直接应用到标幺制中。

一般选定 $S_{p \cdot B}$ 和 $U_{p \cdot B}$，电流和阻抗的基准值由式(2-62)求出。

在电力系统分析中，主要涉及对称三相电路的计算。习惯上多采用线电压 U、线电流(即相电流)I、三相功率 S 和一相等值阻抗 Z。各物理量间存在下列关系：

$$\begin{cases} U = \sqrt{3}ZI = \sqrt{3}U_p \\ S = \sqrt{3}UI = 3S_p \end{cases} \tag{2-64}$$

同单相电路一样，应使各量基准值之间的关系与其有名值之间的关系具有相同的方程式，即

$$\begin{cases} U_B = \sqrt{3}Z_B I_B = \sqrt{3}U_{p \cdot B} \\ S_B = \sqrt{3}U_B I_B = 3U_{p \cdot B} I_B = 3S_{p \cdot B} \end{cases} \tag{2-65}$$

这样，在标幺制中便有

$$\begin{cases} U_* = Z_* I_* = U_{p*} \\ S_* = U_* I_* = S_{p*} \end{cases} \tag{2-66}$$

由此可见，在标幺制中，三相电路的计算公式与单相电路的计算公式完全相同，线电压和相电压的标幺值相等，三相功率和单相功率的标幺值相等。这就简化了公式，给计算带来了方

便。习惯上，基准值也只选定 U_B 和 S_B，由此

$$I_B = \frac{S_B}{\sqrt{3}U_B}$$

$$Z_B = \frac{U_B}{\sqrt{3}I_B} = \frac{U_B^2}{S_B}$$

采用标幺制进行计算，所得标幺值结果乘以相应的基准值就可以得到有名值。

此外，采用标幺制计算时，变比也采用标幺值，变比基准值和标幺值计算公式如下

$$k_B = U_{1B} / U_{2B} \tag{2-67}$$

$$k_* = \frac{k}{k_B} = \frac{U_{1N}/U_{2N}}{U_{1B}/U_{2B}} \tag{2-68}$$

2.4.3 不同基准值的标幺值间的换算

在电力系统的实际计算中，对于直接电气联系的网络，各元件的参数必须按统一的基准值进行归算。然而，从手册或产品说明书中查得的电机和电器的阻抗值，一般都是以各自的额定容量(或额定电流)和额定电压为基准的标幺值(额定标幺阻抗)。由于各元件的额定值可能不同，因此，必须把不同基准值的标幺阻抗换算成统一基准值的标幺值。

换算时，先把额定标幺阻抗还原为有名值。例如，对于电抗，其有名值

$$X = X_{N*}Z_N = X_{N*}\frac{U_N^2}{S_N}$$

统一选定基准电压和基准功率后(U_B，S_B)，以此为基准的标幺电抗值为

$$X_{B*} = X\frac{S_B}{U_B^2} = X_{N*}\frac{U_N^2}{S_N} \cdot \frac{S_B}{U_B^2} \tag{2-69}$$

对于系统中用来限制短路电流的电抗器，它的额定标幺电抗是以额定电压和额定电流为基准值来表示的，根据电抗器铭牌上给出的电抗百分数 $X_{RN}\%$，可得到电抗器电抗的有名值

$$X_R = \frac{X_{RN}\%}{100} \cdot \frac{U_N}{\sqrt{3}I_N} \tag{2-70}$$

统一基准值的标幺值电抗按下式计算

$$X_{R*} = \frac{X_{RN}\%}{100} \cdot \frac{U_N}{\sqrt{3}I_N} \cdot \frac{S_B}{U_B^2} \tag{2-71}$$

2.4.4 多电压等级电力系统的基准值选择

采用标幺制进行计算时，基准值 U_B 和 S_B 是选定的。功率基准值往往取系统中某一个发电厂的总功率或系统的总功率，也可取某发电机或变压器的额定功率，有时也取某一整数，如 100 MVA、1 000 MVA。基准电压选择一般选等于(或接近于)该电压级的额定电压，以便从计算结果清晰地看到实际电压偏离额定值的程度。对于多电压等级的电网，就需要选择多个基准电压 U_B，有几个电压级，就选择几个基准电压。

那么，多电压级电力系统各电压级的基准电压可否也按额定电压来选择呢？当然可以，但这样选择基准电压，可能导致变压器的标幺值变比不是 1∶1，使得等值电路变得比较复杂。

简单电力系统通常按照变压器的变比来选择基准电压。

(1) 按变压器变比选择基准值

按变压器变比选择基准值,可以使变压器的标幺值变比为 1 : 1,这样变压器的等值电路就无须考虑理想变压器变比,其等值电路就得到了简化。下面通过例子阐述其原理。

例 2-6 电力系统接线图如图 2-17 所示,变压器及线路的技术参数如表 2-2、表 2-3 所示。试求系统的标幺制等值电路,设 110 kV 的功率、电压的基准值分别为 100 MVA 和 110 kV。

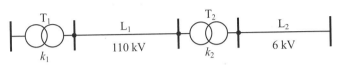

图 2-17 电力系统接线图

表 2-2 变压器技术参数

变压器编号	S_N/MVA	U_N/kV	U_S%
T_1	31.5	10.5/121	10.5
T_2	20	110/6.6	10.5

表 2-3 线路技术参数

线路编号	l / km	r_1/(Ω/km)	x_1/(Ω/km)	b_1/(S/km)
L_1	100	0.17	0.38	3.15×10^{-6}
L_2	5	0.105	0.383	—

解: (1) 选各电压级的基准值

$$U_{B110} = 110(kV), \quad U_{B6} = \frac{U_{B110}}{k_2} = \frac{110}{110/6.6} = 6.6(kV)$$

$$Z_{B110} = \frac{U_{B110}^2}{S_B} = \frac{110^2}{100} = 121(\Omega), \quad Y_{B110} = \frac{1}{Z_{B110}} = \frac{1}{121}(S), \quad Z_{B6} = \frac{U_{B6}^2}{S_B} = \frac{6.6^2}{100} = 0.435\,6(\Omega)$$

(2) 计算各参数的标幺值

变压器 T_1 的电抗

$$X_{T1*} = \frac{U_S\% U_N^2}{100 S_N Z_{B110}} = \frac{10.5 \times 121^2}{100 \times 31.5 \times 121} = 0.403\,3$$

线路 L_1 的电阻、电抗和电纳为

$$R_{L1*} = \frac{r_{11}l}{Z_{B110}} = \frac{0.17 \times 100}{121} = 0.140\,5$$

$$X_{L1*} = \frac{x_{11}l}{Z_{B110}} = \frac{0.38 \times 100}{121} = 0.314$$

$$\frac{1}{2}B_{L1*} = \frac{1}{2}b_{11}l\frac{1}{Y_{B110}} = \frac{1}{2} \times 3.15 \times 10^{-6} \times 100 \times 121 = 1.905\,8 \times 10^{-2}$$

变压器 T_2 的电抗

$$X_{T2*} = \frac{U_S\% U_N^2}{100 S_N Z_{B110}} = \frac{10.5 \times 110^2}{100 \times 20 \times 121} = 0.525$$

线路 L_2 的电阻、电抗为

$$R_{L2*} = \frac{r_{12}l}{Z_{B6}} = \frac{0.105 \times 5}{0.435\ 6} = 1.205\ 2\ , \quad X_{L2*} = \frac{x_{12}l}{Z_{B6}} = \frac{0.383 \times 5}{0.435\ 6} = 4.396\ 2$$

标幺值表示的电力系统
等值电路如图 2-18 所示。

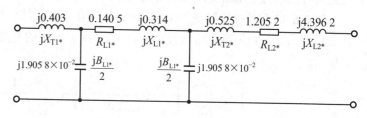

需要注意的是变压器的
参数计算时，如果变压器的
参数归算到高压侧，计算标
幺制参数时，应该用高压侧
的基准值；如果变压器的参
数归算到低压侧，计算标幺
制参数时，则应该用低压侧的基准值。

图 2-18 标幺值表示的电力系统等值电路

通过上面的例子可以看出，按变压器变比选择基准值，可以使变压器的标幺值变比为
1：1，这样变压器的等值电路就无须考虑理想变压器变比，其等值电路就得到了简化。但某
些电压级的基准电压可能与额定电压相差较大，不能直接通过标幺值电压看出该电压级的电
压运行水平，需要把计算结果化成有名值，才能看到节点的电压水平。

(2) 按平均额定电压选择基准
值

按变压器变比选择基准值虽
然可以使等值电路得到简化，但只
适合单电源辐射形电网，对于复杂
的环形电网却难以实现。如图 2-19
所示的多级电压的电力系统，若选
$U_{BI} = 10.5$ kV，且相邻两段的基准
变比都等于变压器的变比，便有
$U_{BII} = 121$ kV，$U_{BIV} = 12.1$ kV。第

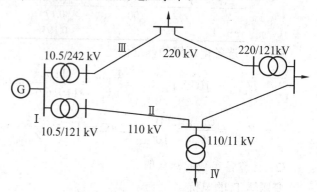

图 2-19 多级电压的电力系统图

Ⅰ、Ⅳ段同是 10 kV 等级，但第Ⅳ段的基准电压却选得不同。对于第Ⅲ段，按第Ⅰ、Ⅲ段变
压器计算，$U_{BIII} = 242$ kV；如果按第Ⅱ、Ⅲ段变压器计算，则 $U_{BIII} = 220$ kV。同一电压等级
也出现了两个基准值。

为解决上述困难，在工程计算中规定，各电压等级均以其平均额定电压 U_{av} 作为该级电
压的基准电压。U_{av} 比同级电网额定电压高 5%。电网额定电压与其平均额定电压的对照值见
表 2-4。

表 2-4　电网额定电压和平均额定电压

额定电压 U_N/kV	0.22	0.38	6	10	35	66	110	220	330	500	1 000
平均额定电压 U_{av}/kV	0.23	0.4	6.3	10.5	37	69	115	230	345	525	1 050

2.4.5 标幺制的特点

标幺制有以下优点：

①易于比较电力系统各元件特性和参数。同一类型的电机，尽管它们的容量不同，参数的有名值也各不相同，但是换算成以各自的额定功率和额定电压为基准的标幺值以后，参数的数值都有一定的范围。如隐极同步发动机，$X_d = X_q = 1.5 \sim 2.0$；凸极同步发动机的 $X_d = 0.7 \sim 1.0$。同一类型电机用标幺值画出的空载特性基本一样。又例如，110 kV、容量 5 600 kVA~ 60 000 kVA 的三相双绕组变压器的短路电压的额定标幺值都是 0.105。

②能够简化计算公式。三相计算公式与单相计算公式一致，省去了 $\sqrt{3}$ 倍的常数，不必考虑相电压和线电压的差别以及三相功率和单相功率的差别。交流电路中有一些电量与频率 f 有关，而频率 f 和电气角速度 ω 也可以用标幺值表示。如果选取额定频率 f_N 和对应的同步角速度 ω_N 作为基准值，则 $f_* = f / f_N$ 和 $\omega_* = \omega/\omega_N = f_*$。用标幺值表示的电抗、磁链和电动势分别为 $X_* = \omega_* L_*$，$\Psi_* = I_* L_*$ 和 $E_* = \omega_* \Psi_*$。当频率为额定值时，$f_* = \omega_* = 1$，则有，$X_* = L_*$，　　　　$\Psi_* = I_* X_*$ 和 $E_* = \Psi_*$。这些关系可使某些计算公式得到简化，当然也可能造成概念不清的问题。

③能在一定程度上简化计算工作。只要基准值选择得当，许多物理量的标幺值就处在一定的范围内。用有名值表示时一些数值不等的量，在标幺制中其数值却相等。例如，在对称三相系统中，线电压和相电压的标幺值相等；当电压等于基准值时，电流的标幺值和功率的标幺值相等；变压器的阻抗标幺值不论归算到哪一侧都一样，并等于短路电压的标幺值。

④容易对计算结果进行分析、比较及判断正误。如潮流计算的结果，节点电压的标幺值都应在 1 附近，过大或过小都说明计算有误。

标幺值的主要缺点是没有量纲，其物理概念不如有名值明确。

2.5 节点导纳矩阵

电力网络的运行状态可用节点方程或回路方程来描述，电力系统计算中一般都采用节点方程。节点方程以母线电压作为待求量，母线电压能唯一地确定网络的运行状态。知道了母线电压，就很容易算出母线功率、支路功率和电流。无论是潮流计算还是短路计算，节点方程的计算结果都极便于应用。

2.5.1 节点导纳矩阵及其物理意义

对于有 n 个独立节点的网络，可以列写 n 个节点方程

$$\begin{bmatrix} Y_{11} & Y_{12} & \cdots & Y_{1n} \\ Y_{21} & Y_{22} & \cdots & Y_{2n} \\ \vdots & \vdots & \ddots & \vdots \\ Y_{n1} & Y_{n2} & \cdots & Y_{nn} \end{bmatrix} \begin{bmatrix} \dot{U}_1 \\ \dot{U}_2 \\ \vdots \\ \dot{U}_n \end{bmatrix} = \begin{bmatrix} \dot{I}_1 \\ \dot{I}_2 \\ \vdots \\ \dot{I}_n \end{bmatrix} \tag{2-72}$$

或简记为

$$YU = I \tag{2-73}$$

式中：Y 为节点导纳矩阵；它的对角元素 Y_{ii} 为节点 i 的自导纳；非对角元素 Y_{ij} 为节点 i、j 间的互导纳。

下面参见图 2-20 讨论节点导纳矩阵元素的物理意义。

如果令

$$\dot{U}_k \neq 0, \quad \dot{U}_j = 0 \quad (j = 1, \cdots, n, j \neq k) \quad (2\text{-}74)$$

代入式(2-72)，得

$$Y_{ik}\dot{U}_k = \dot{I}_i \quad (i = 1, \cdots, n) \quad (2\text{-}75)$$

或

$$Y_{ik} = \left.\frac{\dot{I}_i}{\dot{U}_k}\right|_{\dot{U}_j=0, j \neq k} \quad (2\text{-}76)$$

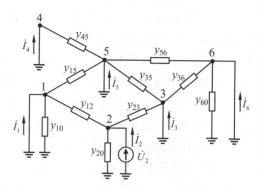

图 2-20 导纳矩阵元素的物理意义

当 $k = i$ 时，式(2-76)说明，当网络中除节点 i 以外所有节点都接地时，从节点 i 注入网络的电流与施加于节点 i 的电压之比，即等于节点 i 的自导纳 Y_{ii}。也就是说，自导纳 Y_{ii} 是节点 i 以外的所有节点都接地时节点 i 对地的总导纳。参见图 2-20 中 $i = 2$ 时情况，Y_{ii} 应等于与节点 i 相连的各支路导纳之和，即

$$Y_{ii} = y_{i0} + \sum_j y_{ij} \quad (2\text{-}77)$$

式中：y_{i0} 为节点 i 与零电位节点之间的支路导纳；y_{ij} 为节点 i 与节点 j 之间的支路导纳。

当 $k \neq i$ 时，式(2-76)说明，当网络中除节点 k 以外所有节点都接地时，从节点 i 注入网络的电流与施加于节点 k 的电压之比，即等于节点 k、i 之间的互导纳 Y_{ik}。在这种情况下，节点 i 的电流实际上是网络流出并进入地中的电流。参见图 2-20 中 $k = 2$ 时情况，Y_{ik} 应等于节点 k、i 之间的各支路导纳的负值，即

$$Y_{ik} = -y_{ik} \quad (2\text{-}78)$$

不难理解 $Y_{ki} = Y_{ik}$。若节点 i 与节点 k 没有支路直接相连时，便有 $Y_{ik} = 0$。

节点导纳矩阵的主要特点如下：

①导纳矩阵的元素很容易根据网络接线图和支路参数直观地求得，形成节点导纳矩阵的程序比较简单。

②由于 $Y_{ki} = Y_{ik}$，导纳矩阵是对称矩阵。

③导纳矩阵是稀疏矩阵。它的对角元一般不为零，但是非对角元则存在很多零元素。在电力系统的接线图中，一般每个节点与平均不超过 3~4 个其他节点有直接的支路连接，由于节点 i 与节点 k 没有支路直接相连时，$Y_{ik} = 0$。因此在导纳矩阵的非对角元中每行仅有 3~4 个非零元素，其余都是零元素。如果在程序设计中使用稀疏矩阵技术设法排除零元素的存储和运算，就可以大大地节省存储单元和提高计算速度。

2.5.2 节点导纳矩阵的形成

形成节点导纳矩阵可以采用两种方法：(1) 按节点计算，即按节点顺序计算每个节点的自导纳和与该节点相关的互导纳；(2) 追加支路法，按支路顺序每次在原有矩阵元素的基础上追加与各支路两端节点相关的自导纳和互导纳增量。在实际的计算机程序中，常采用追加支路法形成节点导纳矩阵。

对于 n 个节点的电力系统，生成一个 $n \times n$ 阶的节点导纳矩阵，所有元素初始化为零，

然后根据网络接线图和支路参数形成导纳矩阵元素。电力系统支路可分为并联补偿支路、输电线支路和变压器支路，如图 2-21、图 2-22、图 2-23 所示。

图 2-21　并联补偿支路的
等值电路

(1) 并联补偿支路

并联补偿支路包括并联电容器和并联电抗器，该类支路为对地并联支路，只连接一个节点，因此每追加一个并联补偿支路，仅需要修改一个节点的自导纳，其增量为

$$\Delta Y_{ii} = y_{i0} \tag{2-79}$$

(2) 输电线支路

输电线支路连接两个节点，因此每追加一个输电线支路，这两个节点的自导纳以及这两个节点间的互导纳都需要修改，其增量分别为

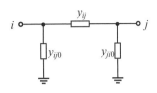

图 2-22　输电线支路的等值电路

$$\begin{cases} \Delta Y_{ii} = y_{ij} + y_{ij0} \\ \Delta Y_{jj} = y_{ij} + y_{ji0} \\ \Delta Y_{ij} = \Delta Y_{ji} = -y_{ij} \end{cases} \tag{2-80}$$

(3) 变压器支路

变压器支路连接两个节点，因此每追加一个变压器支路，这两个节点的自导纳以及这两个节点间的互导纳都需要修改，其增量分别为

$$\begin{cases} \Delta Y_{ii} = \dfrac{y_T}{k} + \dfrac{(k-1)y_T}{k} = y_T \\ \Delta Y_{jj} = \dfrac{y_T}{k} + \dfrac{(1-k)y_T}{k^2} = \dfrac{y_T}{k^2} \\ \Delta Y_{ij} = \Delta Y_{ji} = -\dfrac{y_{ij}}{k} \end{cases} \tag{2-81}$$

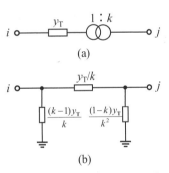

图 2-23　变压器支路的等值电路

式(2-81)是对应图 2-23(a)所示的模型，如果给定的变压器模型为图 2-16(b)所示的模型，可以参照图 2-16(c)或图 2-16(d)转换为图 2-23(a)所示的模型。

例 2-7　某电力系统的等值网络如图 2-24 所示。已知各元件参数的标幺值如下：$z_{14} = j0.015$，$k_{41} = 1.05$，$z_{25} = j0.03$，$k_{52} = 1.05$，$z_{34} = 0.04 + j\,0.25$，$z_{45} = 0.08 + j\,0.30$，$z_{35\text{-}1} = 0.10 + j\,0.35$，$z_{35\text{-}2} = 0.10 + j\,0.35$，$y_{340} = y_{430} = j0.20$，$y_{450} = y_{540} = j0.25$，$y_{30} = j0.35$。试求节点导纳矩阵。

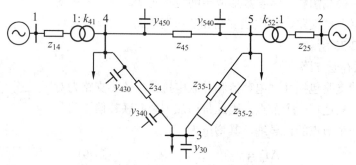

图 2-24 例 2-7 的电力系统等值网络图

解：按各节点依次计算节点导纳矩阵的元素

$$Y_{11} = \frac{1}{z_{14}} = \frac{1}{j0.015} = -j66.666\ 7$$

$$Y_{14} = Y_{41} = -\frac{1}{kz_{14}} = -\frac{1}{1.05 \times j0.015} = j63.492\ 1$$

$$Y_{22} = \frac{1}{z_{25}} = \frac{1}{j0.03} = -j33.333\ 3$$

$$Y_{25} = Y_{52} = -\frac{1}{k_{52}z_{25}} = -\frac{1}{1.05 \times j0.03} = j31.746\ 0$$

$$Y_{33} = \frac{1}{z_{34}} + \frac{1}{z_{35-1}} + \frac{1}{z_{35-2}} + y_{340} + y_{30}$$

$$= \frac{1}{0.04 + j0.25} + \frac{1}{0.1 + j0.35} + \frac{1}{0.1 + j0.35} + j0.20 + j0.35 = 2.133\ 5 - j8.633\ 2$$

$$Y_{34} = Y_{43} = -\frac{1}{z_{34}} = -\frac{1}{0.04 + j0.25} = -0.624\ 0 + j3.900\ 2$$

$$Y_{35} = Y_{53} = -\frac{1}{z_{35-1}} - \frac{1}{z_{35-2}} = -\frac{1}{0.1 + j0.35} - \frac{1}{0.1 + j0.35} = -1.509\ 4 + j5.283\ 0$$

$$Y_{44} = \frac{1}{k_{41}^2 z_{14}} + \frac{1}{z_{34}} + \frac{1}{z_{45}} + y_{430} + y_{450}$$

$$= \frac{1}{1.05^2 \times j0.015} + \frac{1}{0.04 + j0.25} + \frac{1}{0.08 + j0.3} + j0.2 + j0.25 = 1.453\ 9 - j67.030\ 8$$

$$Y_{45} = Y_{54} = -\frac{1}{z_{45}} = -\frac{1}{0.08 + j0.3} = -0.829\ 9 + j3.112\ 0$$

$$Y_{55} = \frac{1}{k_{52}^2 z_{25}} + \frac{1}{z_{35-1}} + \frac{1}{z_{35-2}} + \frac{1}{z_{45}} + y_{450}$$

$$= \frac{1}{1.05^2 \times j0.03} + \frac{1}{0.1 + j0.35} + \frac{1}{0.1 + j0.35} + \frac{1}{0.08 + j0.3} + j0.25 = 2.339\ 3 - j38.379\ 4$$

得到节点导纳矩阵为

$$Y = \begin{bmatrix} -j66.666\,7 & 0 & 0 & j63.492\,1 & 0 \\ 0 & -j33.333\,3 & 0 & 0 & j31.746\,0 \\ 0 & 0 & 2.133\,5 - j8.633\,2 & -0.624\,0 + j3.900\,2 & -1.509\,4 + j5.283\,0 \\ j63.492\,1 & 0 & -0.624\,0 + j3.900\,2 & 1.453\,9 - j67.030\,8 & -0.829\,9 + j3.112\,0 \\ 0 & j31.746\,0 & -1.509\,4 + j5.283\,0 & -0.829\,9 + j3.112\,0 & 2.339\,3 - j38.379\,4 \end{bmatrix}$$

第3章 电力系统潮流计算

潮流计算是电力系统分析中的一种最基本和最常用的计算，它的任务是用给定的运行条件确定系统的运行状态，如各母线上的电压（幅值和相角）、网络中的功率分布及功率损耗等。

3.1 网络元件的电压降落和功率损耗

3.1.1 网络元件的电压降落

网络元件的一相等值电路如图 3-1 所示，其中 R 和 X 分别为一相的电阻和电抗，$\dot{U}_1$ 和 $\dot{U}_2$ 分别为元件首、末端的相电压，$\dot{I}$ 为流过元件的相电流。

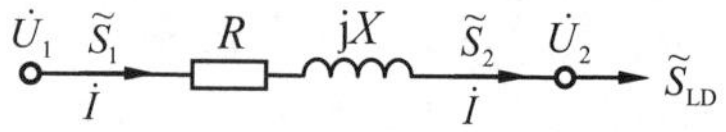

(1) 电压降落

网络元件的电压降落为元件首、末端电压的相量差，由图 3-1 可知

图 3-1 网络元件的一相等值电路

$$d\dot{U} = \dot{U}_1 - \dot{U}_2 = Z\dot{I} = (R + jX)\dot{I} \tag{3-1}$$

以相量 $\dot{U}_2$ 为参考相量可以作出相量图 3-2(a)，图中电压降落 $d\dot{U}$ 分解为与电压 $\dot{U}_2$ 同方向分量 $\Delta\dot{U}_2$ 和垂直分量 $\delta\dot{U}_2$，分别称为电压降落的纵分量和横分量。以相量 $\dot{U}_1$ 为参考相量可以作出相量图 3-2(b)，图中电压降落 $d\dot{U}$ 分解为与电压 $\dot{U}_1$ 同方向的纵分量 $\Delta\dot{U}_1$ 和垂直方向的横分量 $\delta\dot{U}_1$。

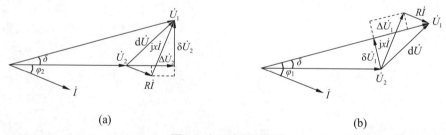

(a)　　　　　　　　　　　　(b)

图 3-2 电压降落相量图

电力系统中一般已知量为功率。与电压 $\dot{U}_2$ 和电流 $\dot{I}$ 相对应的一相功率 $\tilde{S}_2$ 为

$$\tilde{S}_2 = \dot{U}_2 \hat{I} = P_2 + jQ_2 \tag{3-2}$$

式中：变量上面的"^"表示复变量的共轭。

由式(3-2)求出电流 $\dot{I}$，代入式(3-1)，并以 $\dot{U}_2$ 为参考相量，得

$$d\dot{U} = \Delta\dot{U}_2 + \delta\dot{U}_2 = (R + jX)\left(\frac{\tilde{S}_2}{\dot{U}_2}\right)^{\hat{}} = \frac{P_2 R + Q_2 X}{U_2} + j\frac{P_2 X - Q_2 R}{U_2} \tag{3-3}$$

元件首端的相电压

$$\dot{U}_1 = \dot{U}_2 + d\dot{U} = \dot{U}_2 + \Delta\dot{U}_2 + \delta\dot{U}_2 = U_2 + \Delta U_2 + j\delta U_2 = U_1 \angle \delta \tag{3-4}$$

$$U_1 = \sqrt{(U_2 + \Delta U_2)^2 + (\delta U_2)^2} \tag{3-5}$$

$$\delta = \arctan \frac{\delta U_2}{U_2 + \Delta U_2} \tag{3-6}$$

式中：δ 为元件首、末端相电压相量的相位差。

由于 $\delta \dot{U}_2$ 较小，可以忽略 $\delta \dot{U}_2$，直接用 $\dot{U}_2$ 和 $\Delta \dot{U}_2$ 近似求得 $\dot{U}_1$。

如果已知节点 1 的电压 $\dot{U}_1$ 和功率 $\widetilde{S}_1$，并以 $\dot{U}_1$ 为参考相量，可得

$$d\dot{U} = \Delta \dot{U}_1 + \delta \dot{U}_1 = (R + jX)\left(\frac{\widetilde{S}_1}{\dot{U}_1}\right)^{\wedge} = \frac{P_1 R + Q_1 X}{U_1} + j\frac{P_1 X - Q_1 R}{U_1} \tag{3-7}$$

元件末端的相电压

$$\dot{U}_2 = \dot{U}_1 - d\dot{U} = \dot{U}_1 - \Delta \dot{U}_1 - \delta \dot{U}_1 = U_1 - \Delta U_1 - j\delta U_1 = U_2 \angle \delta \tag{3-8}$$

$$U_2 = \sqrt{(U_1 - \Delta U_1)^2 + (\delta U_1)^2} \tag{3-9}$$

$$\delta = \arctan \frac{\delta U_1}{U_1 - \Delta U_1} \tag{3-10}$$

图 3-2 所示为电压降落 $d\dot{U}$ 的两种不同的分解。由图可见，$\Delta U_1 \neq \Delta U_2$，$\delta U_1 \neq \delta U_2$。电压降落 $d\dot{U}$ 公式也可以根据图 3-2 用几何方法推导出来。

(2) 电压损耗和电压偏移

网络元件的电压损耗为元件首、末端电压的数值差，为

$$\Delta U = U_1 - U_2 \tag{3-11}$$

当两个节点电压之间的相位差 δ 不大时，电压降落的横分量很小，可近似地认为电压损耗等于电压降落的纵分量。电压损耗常用百分值表示为

$$\Delta U\% = \frac{U_1 - U_2}{U_N} \times 100\% \tag{3-12}$$

式中：U_N 为元件的额定电压。

在工程实际中，常需要计算从电源点到负荷点的总电压损耗，显然，总电压损耗等于从电源点到负荷点所经各串联元件电压损耗的代数和。

由于传送功率时要在网络元件上产生电压损耗，同一电压等级电力网络中各点的电压是不相等的。为了衡量电压质量，必须确定网络中某些节点的电压偏移。电压偏移是指网络中某节点的实际电压同网络该处的额定电压之差，常用百分数表示为

$$\text{电压偏移}(\%) = \frac{U - U_N}{U_N} \times 100\% \tag{3-13}$$

电力网实际电压的高低对用户的工作是有影响的，而对电压的相位则没有影响。在讨论电力网的电压水平时，电压损耗和电压偏移是两个常用的重要概念。电压偏移直接反映供电电压的质量，而电压损耗过大将导致电压偏移增大。

(3) 电压降落公式的分析

从电压降落的公式可见，不论从元件的哪一端计算，电压降落的纵、横分量计算公式的结构都是一样的，元件两端的电压幅值差主要由电压降落的纵分量决定，电压的相角差则由

横分量决定。高压输电线的电抗要比电阻大得多，作为极端的情况，令 $R = 0$，得

$$\Delta U = QX/U , \quad \delta U = PX/U$$

上式说明，在纯电抗元件中，电压降落的纵分量是因传送无功功率而产生的，电压降落的横分量则是因传送有功功率而产生的。也就是说，元件两端存在电压幅值差是传送无功功率的条件，存在电压相角差则是传送有功功率的条件。感性无功功率将从电压较高的一端流向电压较低的一端，有功功率则从电压相位超前的一端流向电压相位落后的一端，这是交流电网中关于功率传送的重要概念。实际的网络元件都存在电阻，电流的有功分量流过电阻将会增加电压降落的纵分量，电流的感性无功分量通过电阻则使电压降落的横分量有所减少。

3.1.2 网络元件的功率损耗

网络元件包括输电线路、变压器、并联电容器、并联电抗器等。从电路角度看，这些网络元件模型中包括连接两个节点的串联阻抗支路、连接一个节点的接地并联导纳支路。

串联阻抗支路的功率损耗 $\Delta \widetilde{S}_{\text{S}}$

$$\Delta \widetilde{S}_{\text{S}} = \Delta P_{\text{S}} + j\Delta Q_{\text{S}} = (R + jX)I^2 = (R + jX)\left(\frac{S}{U}\right)^2 = (R + jX)\frac{P^2 + Q^2}{U^2} \tag{3-14}$$

并联导纳支路的功率损耗 $\Delta \widetilde{S}_{\text{P}}$

$$\Delta \widetilde{S}_{\text{P}} = \Delta P_{\text{P}} + j\Delta Q_{\text{P}} = U^2(G - jB) \tag{3-15}$$

输电线路的等值电路如图 3-3(a)所示，变压器支路的等值电路如图 3-3(b)所示。

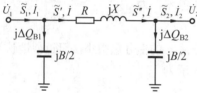

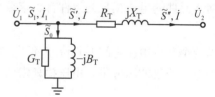

(a) 输电线路的等值电路   (b) 变压器支路的等值电路

图 3-3 网络元件的等值电路

电流在线路的电阻和电抗上产生的功率损耗为

$$\Delta \widetilde{S}_{\text{L}} = (R + jX)I^2 = (R + jX)\frac{(P')^2 + (Q')^2}{U_1^2} = (R + jX)\frac{(P'')^2 + (Q'')^2}{U_2^2} \tag{3-16}$$

在外加电压作用下，线路电容将产生无功功率，称为充电功率。

$$\Delta Q_{\text{B1}} = -\frac{1}{2}BU_1^2 \tag{3-17}$$

$$\Delta Q_{\text{B2}} = -\frac{1}{2}BU_2^2 \tag{3-18}$$

变压器串联支路的功率损耗的计算公式与输电线路的相同。励磁支路的损耗为

$$\Delta \widetilde{S}_0 = (G_{\text{T}} + jB_{\text{T}})U_1^2 \tag{3-19}$$

实际计算中，变压器的励磁损耗可直接根据空载试验数据确定，而且一般不考虑电压变化的影响。

$$\Delta \widetilde{S}_0 = \Delta P_0 + j\Delta Q_0 = \Delta P_0 + j\frac{I_0\%}{100}S_{\text{N}} \tag{3-20}$$

式中：ΔP_0 为变压器的空载损耗；$I_0\%$ 为变压器空载电流的百分数；S_N 为变压器的额定容量。

35 kV 以下的电力网，在近似计算中常常略去变压器的励磁功率。

需要说明的是，本节所有的公式都是从单相电路导出的，各式中的电压和功率为相电压和单相功率。在电力系统分析中，习惯采用线电压和三相功率，式(3-3)~式(3-20)仍然适用。

3.2 开式网络的电压和功率分布计算

开式网络是电力网中结构最简单的一种，一般是由一个电源点通过辐射状网络向若干个负荷节点供电。潮流计算的任务就是根据给定的网络接线和其他已知条件，计算网络中的功率分布、功率损耗和未知的节点电压。

3.2.1 已知供电点电压和负荷节点功率时的计算方法

图 3-4(a)所示的网络中，供电点 A 通过馈电干线向负荷节点 b、c、d 供电，各负荷节点功率已知。如果节点 d 的电压给定，就可以从节点 d 开始，利用节点 d 的电压和功率计算线路 3 的电压降落和功率损耗，得到节点 c 的电压，并计算出线路 2 末端的功率，然后再按同样的方法计算节点 b 的电压和线路 1 末端功率、计算供电点 A 的电压和功率。

但通常的情况下，已知的不是负荷点的电压，而是电源点的电压。这样就无法直接求出各节点的电压和网络的功率分布了，只能用迭代计算的方法近似求得满足一定精度的答案。

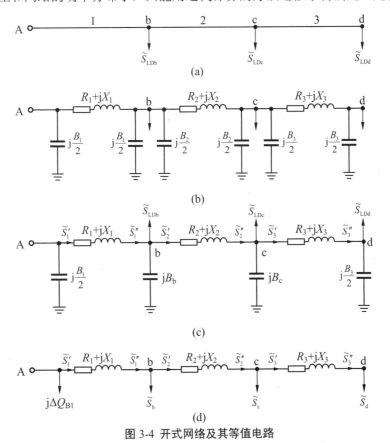

图 3-4 开式网络及其等值电路

对于图 3-4(a)所示的网络，首先得到如图 3-4(b)所示的等值电路，然后对等值电路的同一节点的对地电纳进行合并，得到如图 3-4(c)所示的简化等值电路。近似计算时，可以用系统额定电压计算出电纳支路的充电功率，并与对应节点的负荷合并，作为该节点的运算负荷参与计算，如图 3-4(d)所示。

针对图 3-4(c)或图 3-4(d)所示的等值电路，可以采用前推回代法进行潮流计算，计算各节点电压和网络的功率分布。

第一步，从网络末端的节点 d 开始，利用线路额定电压，逆着功率传送方向依次计算出各段线路阻抗中的功率损耗和功率分布。以线路 3 为例，其功率为

$$\widetilde{S}_3'' = \widetilde{S}_d = \widetilde{S}_{LDd} - j\frac{B_3}{2}U_N^2 \quad \Delta \widetilde{S}_{L3} = (R_3 + jX_3)\frac{(P_3'')^2 + (Q_3'')^2}{U_N^2} \quad \widetilde{S}_3' = \widetilde{S}_3'' + \Delta \widetilde{S}_{L3}$$

第二步，利用第一步求得的功率分布，从电源点 A 开始，顺着功率传送方向，依次计算出各段线路的电压降落，求出各节点电压。以节点 b 为例，其电压为

$$\Delta U_{Ab} = \frac{(P_1'R_1 + Q_1'X_1)}{U_A} \quad \delta U_{Ab} = \frac{(P_1'X_1 - Q_1'R_1)}{U_A} \quad U_b = \sqrt{(U_A - \Delta U_{Ab})^2 + (\delta U_{Ab})^2}$$

$$\delta_b = \arctan\frac{\delta U_{Ab}}{U_A - \Delta U_{Ab}}$$

通过以上两个步骤便完成了一次迭代计算。为了提高计算精度，可以反复迭代几次，在计算功率损耗时应该使用上次迭代所求得的节点电压。以上方法称为前推回代法潮流计算。

图 3-4(a)所示的开式网络，各节点电压的相量图如图 3-5 所示。由图可见，各段线路电压降落的纵分量相位不同，横分量相位也不同，因此它们的代数值不能直接相加。在实际计算时，由于相角差很小，可以忽略电压降落的横分量。

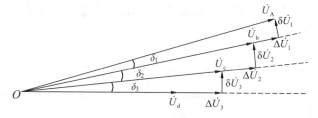

图 3-5 各节点电压的相量图

前推回代法也适用由一个供电点向辐射状网络供电的情况。辐射状网络也称树状网络，或简称为树。供电点即是树的根节点，树中不存在任何闭合回路，功率的传送方向是完全确定的，任何一条支路都有确定的始节点和终节点。树状网络的节点分为根节点、叶节点和非叶节点。叶节点只同一条支路连接，是该支路的终节点。非叶节点同两条及以上的支路连接。如图 3-6 所示的辐射状供电网络，供电点 A 是根节点，节点 d、f、g、h 为叶节点，节点 b、c、e 为非叶节点。

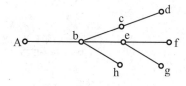

图 3-6 辐射状供电网络

实际的配电网中，负荷并不都直接接在馈电干线上，而是经变压器接入馈电干线，如图 3-7 所示的网络中，节点 b、c、d 都接有降压变压器，并且已知其低压侧的功率分别为 $\widetilde{S}_{LDb}'$、$\widetilde{S}_{LDc}'$、$\widetilde{S}_{LDd}'$。在这种情况下，只要将负荷功率加上变压器的绕

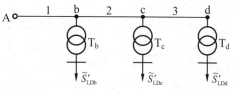

图 3-7 负荷经变压器接入馈电干线的开式网络

组损耗和励磁损耗，求得变压器高压侧功率，就可得到如图 3-4(a)所示的网络。

35 kV 及以下的架空线路中，常忽略电纳支路。

例 3-1 某无分支开式网络共有 3 段线路，3 个负荷，如图 3-8(a)所示。导线的型号和长度及各个负荷均标注在图上。三相导线水平架设，相邻两导线间的距离为 4 m，线路额定电压 110 kV，电力网首端电压为 118 kV。求各母线电压及各段线路的功率损耗。

解： (1) 根据图 3-8(a)画出等值电路图 3-8(b)。

(2) 查表得到各段线路单位长度参数，并计算线路参数。

$$R_1 = r_{11}l_1 = 0.17 \times 40 = 6.8 \ (\Omega) \ , \quad X_1 = x_{11}l_1 = 0.409 \times 40 = 16.36 \ (\Omega)$$

$$B_1 = b_{11}l_1 = 2.82 \times 10^{-6} \times 40 = 1.13 \times 10^{-4} (\text{S})$$

$$R_2 = r_{12}l_2 = 0.21 \times 30 = 6.3 \ (\Omega) \ , \quad X_2 = x_{12}l_2 = 0.416 \times 30 = 12.48 \ (\Omega)$$

$$B_2 = b_{12}l_2 = 2.73 \times 10^{-6} \times 30 = 0.82 \times 10^{-4} (\text{S})$$

$$R_3 = r_{13}l_3 = 0.46 \times 30 = 13.8 \ (\Omega) \ , \quad X_3 = x_{13}l_3 = 0.44 \times 30 = 13.2 \ (\Omega)$$

$$B_3 = b_{13}l_3 = 2.58 \times 10^{-6} \times 30 = 0.77 \times 10^{-4} (\text{S})$$

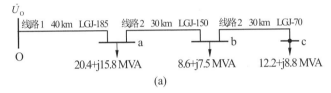

(a)

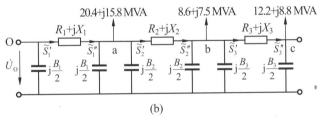

(b)

图 3-8 无分支的开式网络

(3) 计算各线路首端的功率。

由于 a、b、c 各节点电压未知，设各节点电压为额定电压 U_N，然后从网络末端依次计算各线路的首端功率，进而计算出供电点功率。

线路 3 末端电纳的无功功率损耗为

$$\Delta Q_{B3} = -\frac{1}{2} B_3 U_N^2 = -\frac{1}{2} \times 0.77 \times 10^{-4} \times 110^2 = -0.47 \ (\text{Mvar})$$

线路 3 串联支路末端的功率为

$$\tilde{S}_3'' = \tilde{S}_{LDc} + j\Delta Q_{B3} = 12.2 + j8.8 - j0.47 = 12.2 + j8.33 \ (\text{MVA})$$

线路 3 阻抗的功率损耗为

$$\Delta \tilde{S}_3 = \frac{(P_3'')^2 + (Q_3'')^2}{U_N^2}(R_3 + jX_3) = \frac{12.2^2 + 8.33^2}{110^2}(13.8 + j13.2) = 0.25 + j0.24 \ (\text{MVA})$$

线路 3 串联支路首端的功率为

$$\tilde{S}_3' = \tilde{S}_3'' + \Delta \tilde{S}_3 = 12.2 + j8.33 + 0.25 + j0.24 = 12.45 + j8.57 \ (\text{MVA})$$

线路 2 末端电纳的无功功率损耗为

$$\Delta Q_{B2} = -\frac{1}{2} B_2 U_N^2 = -\frac{1}{2} \times 0.82 \times 10^{-4} \times 110^2 = -0.50 \,(\text{Mvar})$$

线路 2 串联支路末端的功率为

$$\tilde{S}_2'' = \tilde{S}_{LDb} + \tilde{S}_3' + j\Delta Q_{B3} + j\Delta Q_{B2} = 8.6 + j7.5 + 12.45 + j8.57 - j0.47 - j0.50 = 21.05 + j15.1 \,(\text{MVA})$$

线路 2 阻抗的功率损耗为

$$\Delta \tilde{S}_2 = \frac{(P_2'')^2 + (Q_2'')^2}{U_N^2}(R_2 + jX_2) = \frac{21.05^2 + 15.1^2}{110^2}(6.3 + j12.48) = 0.35 + j0.69 \,(\text{MVA})$$

线路 2 串联支路首端的功率为

$$\tilde{S}_2' = \tilde{S}_2'' + \Delta \tilde{S}_2 = 21.05 + j15.1 + 0.35 + j0.69 = 21.4 + j15.79 \,(\text{MVA})$$

线路 1 末端电纳的无功功率损耗为

$$\Delta Q_{B1} = -\frac{1}{2} B_1 U_N^2 = -\frac{1}{2} \times 1.13 \times 10^{-4} \times 110^2 = -0.68 \,(\text{Mvar})$$

线路 1 串联支路末端的功率为

$$\tilde{S}_1'' = \tilde{S}_{LDa} + \tilde{S}_2' + j\Delta Q_{B2} + j\Delta Q_{B1} = 20.4 + j15.8 + 21.4 + j15.79 - j0.5 - j0.68 = 41.8 + j30.41 \,(\text{MVA})$$

线路 1 阻抗的功率损耗为

$$\Delta \tilde{S}_1 = \frac{(P_1'')^2 + (Q_1'')^2}{U_N^2}(R_1 + jX_1) = \frac{41.8^2 + 30.41^2}{110^2}(6.8 + j16.36) = 1.5 + j3.61 \,(\text{MVA})$$

线路 1 串联支路首端的功率为

$$\tilde{S}_1' = \tilde{S}_1'' + \Delta \tilde{S}_1 = 41.80 + j30.41 + 1.5 + j3.61 = 43.3 + j34.02 \,(\text{MVA})$$

节点 O 输送的总功率为

$$\tilde{S}_O = \tilde{S}_1' + j\Delta Q_{B1} = 43.30 + j34.02 - j0.68 = 43.3 + j33.34 \,(\text{MVA})$$

(4) 计算节点 a、b、c 的电压。

下面采用两种方法，根据上面求出的功率计算 a、b、c 各节点电压。

方法 1：精确计算。

线路 1 的电压降落为

$$\Delta U_1 = \frac{P_1' R_1 + Q_1' X_1}{U_O} = \frac{43.3 \times 6.8 + 34.02 \times 16.36}{118} = 7.21 \,(\text{kV})$$

$$\delta U_1 = \frac{P_1' X_1 - Q_1' R_1}{U_O} = \frac{43.3 \times 16.36 - 34.02 \times 6.8}{118} = 4.04 \,(\text{kV})$$

节点 a 的电压为

$$U_a = \sqrt{(U_O - \Delta U_1)^2 + (\delta U_1)^2} = \sqrt{(118 - 7.21)^2 + 4.04^2} = 110.86 \,(\text{kV})$$

$$\delta_a = \arctan \frac{\delta U_1}{U_O - \Delta U_1} = \arctan \frac{4.04}{118 - 7.21} = 2.09°$$

线路 2 的电压降落为

$$\Delta U_2 = \frac{P_2' R_2 + Q_2' X_2}{U_a} = \frac{21.4 \times 6.3 + 15.79 \times 12.48}{110.86} = 3.00 \, (\text{kV})$$

$$\delta U_2 = \frac{P_2' X_2 - Q_2' R_2}{U_a} = \frac{21.4 \times 12.48 - 15.79 \times 6.3}{110.86} = 1.51 \, (\text{kV})$$

节点 b 的电压为

$$U_b = \sqrt{(U_a - \Delta U_2)^2 + (\delta U_2)^2} = \sqrt{(110.86 - 3.00)^2 + 1.51^2} = 107.88 \, (\text{kV})$$

$$\delta_b = \arctan \frac{\delta U_2}{U_a - \Delta U_2} = \arctan \frac{1.51}{110.86 - 3.00} = 0.80°$$

线路 3 的电压降落为

$$\Delta U_3 = \frac{P_3' R_3 + Q_3' X_3}{U_b} = \frac{12.45 \times 13.8 + 8.57 \times 13.2}{107.88} = 2.64 \, (\text{kV})$$

$$\delta U_3 = \frac{P_3' X_3 - Q_3' R_3}{U_b} = \frac{12.45 \times 13.2 - 8.57 \times 13.8}{107.88} = 0.43 \, (\text{kV})$$

节点 c 的电压为

$$U_c = \sqrt{(U_b - \Delta U_3)^2 + (\delta U_3)^2} = \sqrt{(107.88 - 2.64)^2 + 0.43^2} = 105.23 \, (\text{kV})$$

$$\delta_c = \arctan \frac{\delta U_3}{U_b - \Delta U_3} = \arctan \frac{0.43}{107.88 - 2.64} = 0.23°$$

方法 2：近似计算。

节点 a 的电压为

$$U_a = U_O - \Delta U_1 = U_O - \frac{P_1' R_1 + Q_1' X_1}{U_O} = 118 - \frac{43.3 \times 6.8 + 34.02 \times 16.36}{118} = 110.79 \, (\text{kV})$$

与精确值 $U_a = 110.86$ kV 相比，误差为 -0.06%。

节点 b 的电压为

$$U_b = U_a - \Delta U_2 = U_a - \frac{P_2' R_2 + Q_2' X_2}{U_a} = 110.79 - \frac{21.4 \times 6.3 + 15.79 \times 12.48}{110.79} = 107.79 \, (\text{kV})$$

节点 c 的电压为

$$U_c = U_b - \Delta U_3 = U_b - \frac{P_3' R_3 + Q_3' X_3}{U_b} = 107.79 - \frac{12.45 \times 13.8 + 8.57 \times 13.2}{107.79} = 105.15 \, (\text{kV})$$

因为初始计算时，a、b、c 各节点电压用的是额定电压 U_N，因此所得到的功率和各点电压都是近似值。如果需要更精确的结果，可以重复以上步骤再计算几遍，每次迭代时，计算功率时用上一次得到的节点电压计算值。表 3-1 中对本例题结果和潮流计算程序的结果进行了比较。可见仅进行一次迭代，无论计算电压时是采用精确计算还是近似计算，所得的计算值都足以满足工程的需要。

表 3-1　几种方法的计算结果比较

方法	U_a / kV	U_b / kV	U_c / kV	P_o / MW	Q_o / Mvar
潮流计算程序	110.85	107.85	105.19	43.32	33.32
电压准确计算	110.86	107.88	105.23	43.30	33.36
电压近似计算	110.79	107.79	105.15	43.30	33.36

本例题还可以看出，每段线路两端电压的相角差都很小，因此因忽略电压降落的横分量产生的误差也很小。

3.2.2 两级电压的开式网络计算

图 3-9 所示是一个两级电压开式网络及其等值电路。变压器的实际变比为 k，变压器的阻抗及导纳归算到一次侧，等值电路中 $\Delta\tilde{S}_0$ 为变压器空载损耗，如图 3-9(b)所示。这种电力网络计算的特殊性在于变压器的表示方式，一旦变压器的表示方式确定之后，即可得到其等值电路，并根据已知条件，按计算同一电压等级电力网络的类似方法进行计算。具体处理方法有以下三种。

① 采用同一电压等级电力网络的计算方法，由网络末端向首端逐步算出各段线路流经的功率，然后用首端功率和电压依次向网络末端算出各节点的电压。当计算经理想变压器时，功率保持不变，而两侧电压则需要根据实际变比 k 换算。

② 将第二段线路的参数按变比 k 归算到第一段的电压级，得到如图 3-9(c)所示的等值电路。归算公式为

$$R'_2 = R_2/k^2, \quad X'_2 = X_2/k^2, \quad B'_2 = k^2 B_2$$

这种方法得到的等值电路与一级电压的开式网络的完全一样。计算得到的节点 c、d 的电压需要按变压器变比 k 归算，才能得到实际电压值。

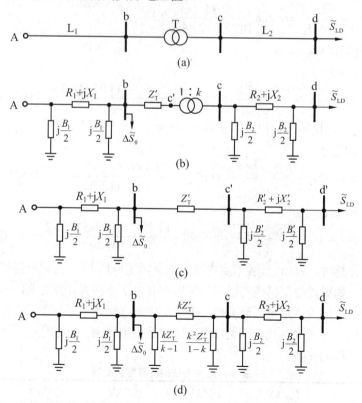

图 3-9 两级电压开式网络及其等值电路

③ 将变压器表示为 Π 形等值电路，得到如图 3-9(d)所示的等值电路。这种方法得到的等值电路与一级电压的开式网络的完全一样，各元件的参数、各节点电压以及各支路电流都不

需要归算。

手工计算时，采用前两种方法比较方便。手工计算习惯采用有名值，则前两种方法中方法①比较方便，它无须进行线路参数的折算，又能直接求出网络各点的实际电压值。

3.3 简单闭式网络的功率分布计算

3.3.1 两端供电网络的功率分布

如图 3-10 所示的两端电源供电网络中，根据基尔霍夫电压定律和电流定律，可列写方程如下

$$\begin{cases} \dot{U}_a - \dot{U}_b = Z_{a1}\dot{I}_{a1} + Z_{12}\dot{I}_{12} - Z_{b2}\dot{I}_{b2} \\ \dot{I}_{a1} - \dot{I}_{12} = \dot{I}_1 \\ \dot{I}_{12} + \dot{I}_{b2} = \dot{I}_2 \end{cases} \quad (3\text{-}21)$$

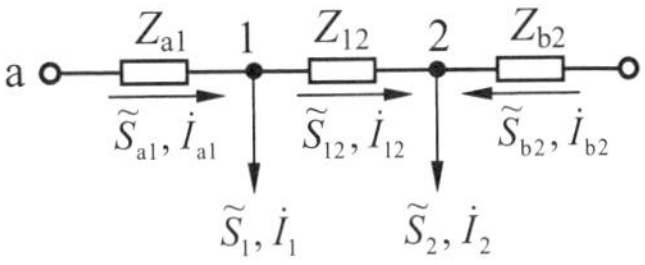

图 3-10 两端供电网络

如果已知电源点电压 $\dot{U}_a$ 和 $\dot{U}_b$ 以及负荷点电流 $\dot{I}_1$ 和 $\dot{I}_2$，解得

$$\begin{cases} \dot{I}_{a1} = \dfrac{(Z_{12} + Z_{b2})\dot{I}_1 + Z_{b2}\dot{I}_2}{Z_{a1} + Z_{12} + Z_{b2}} + \dfrac{\dot{U}_a - \dot{U}_b}{Z_{a1} + Z_{12} + Z_{b2}} \\ \dot{I}_{b2} = \dfrac{Z_{a1}\dot{I}_1 + (Z_{a1} + Z_{12})\dot{I}_2}{Z_{a1} + Z_{12} + Z_{b2}} - \dfrac{\dot{U}_a - \dot{U}_b}{Z_{a1} + Z_{12} + Z_{b2}} \end{cases} \quad (3\text{-}22)$$

以上确定的电流分布是精确的。但沿线有电压降落，导致沿线各点的功率不同。为求功率分布，可以采用近似的方法，先忽略线路中的功率损耗，并设网络中各点电压均相同，为 $\dot{U} = U_N \angle 0°$，将式(3-22)两端取共轭后乘以 $\dot{U}$，得

$$\begin{cases} \tilde{S}_{a1} = \dfrac{(\hat{Z}_{12} + \hat{Z}_{b2})\tilde{S}_1 + \hat{Z}_{b2}\tilde{S}_2}{\hat{Z}_{a1} + \hat{Z}_{12} + \hat{Z}_{b2}} + \dfrac{(\hat{U}_a - \hat{U}_b)U_N}{\hat{Z}_{a1} + \hat{Z}_{12} + \hat{Z}_{b2}} = \tilde{S}_{a1.LD} + \tilde{S}_{cir} \\ \tilde{S}_{b2} = \dfrac{\hat{Z}_{a1}\tilde{S}_1 + (\hat{Z}_{a1} + \hat{Z}_{12})\tilde{S}_2}{\hat{Z}_{a1} + \hat{Z}_{12} + \hat{Z}_{b2}} - \dfrac{(\hat{U}_a - \hat{U}_b)U_N}{\hat{Z}_{a1} + \hat{Z}_{12} + \hat{Z}_{b2}} = \tilde{S}_{b2.LD} - \tilde{S}_{cir} \end{cases} \quad (3\text{-}23)$$

由式(3-23)可见，每个电源点送出的功率都包含两部分，第一部分与负荷有关；第二部分与两个电源点的电压差有关，称为循环功率。当两个电源点的电压相等时，式(3-23)右端只剩下前一项，该项与力学的力矩平衡原理类似，两端供电网络可以看作承担多个集中负荷的单跨梁，两个支点的反作用力相当于电源点输出的功率。计算循环功率时，由于电力网络两端电源电压的相位未知，实际上各点电压的相位差很小，可以直接用有效值计算。

式(3-23)对于单相和三相系统都适用，单相系统用相电压和单相功率，三相系统用线电压和三相功率。

求出供电点输出的功率后，根据各节点的功率平衡条件，就可以求出整个电力网络的功率分布。电力网络中功率由两个方向流入的节点称为功率分点，并用符号▼标出，如图 3-11(a)所示的节点 2。有功功率和无功功率分点可能不同，则用▼和▽分别表示有功功率分点和无功功率分点。

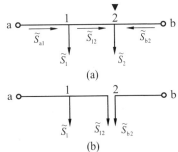

图 3-11 两端供电网络的功率分布

上述求出的功率分布是在不计功率损耗情况下电力网络的初步功率分布，为了求出线路中的功率损耗，进而求出各段线路首端的功率，需要从功率分点(节点 2)把两端供电网络解开，变成两个开式电力网络。将功率分点处的负荷 $\tilde{S}_1$ 分成 $\tilde{S}_{12}$ 和 $\tilde{S}_{b2}$ 两部分，分别接在两个开式网络的终端，如图 3-11(b)所示。然后按开式电力网络计算方法计算。当有功功率和无功功率分点不一致时，常选电压较低的分点将网络拆开。

用于带两个负荷的两端供电网络的式(3-23)，可以推广到如图 3-12 所示的接有 n 个负荷的两端供电网络，不计功率损耗时，两个电源点送入线路的功率分别为

$$\begin{cases} \tilde{S}_{a1} = \dfrac{\sum\limits_{i=1}^{n} \hat{Z}_i \tilde{S}_i}{\hat{Z}_\Sigma} + \dfrac{(\hat{U}_a - \hat{U}_b)U_N}{\hat{Z}_\Sigma} = \tilde{S}_{a1.LD} + \tilde{S}_{cir} \\[4mm] \tilde{S}_{bn} = \dfrac{\sum\limits_{i=1}^{n} \hat{Z}'_i \tilde{S}_i}{\hat{Z}_\Sigma} - \dfrac{(\hat{U}_a - \hat{U}_b)U_N}{\hat{Z}_\Sigma} = \tilde{S}_{bn.LD} - \tilde{S}_{cir} \end{cases} \qquad (3\text{-}24)$$

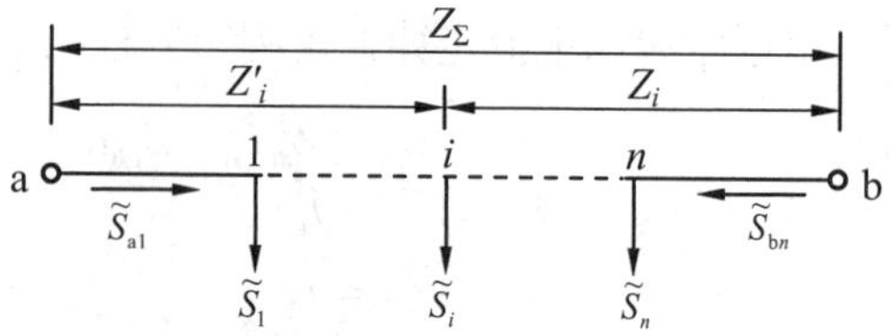

图 3-12 带多个负荷的两端供电网络

式中：Z_Σ 为整条线路的总阻抗；Z_i 为第 i 个负荷到供电点 b 的总阻抗；Z'_i 为第 i 个负荷到供电点 a 的总阻抗。

如果网络中各段线路的电抗和电阻之比都相等，则称为均一电力网。

对于均一电力网，式(3-24)的 $\tilde{S}_{a1.LD}$ 为

$$\tilde{S}_{a1.LD} = \frac{\sum\limits_{i=1}^{n} \tilde{S}_i(R_i - jX_i)}{R_\Sigma - jX_\Sigma} = \frac{\sum\limits_{i=1}^{n} \tilde{S}_i R_i}{R_\Sigma} = \frac{\sum\limits_{i=1}^{n} \tilde{S}_i X_i}{X_\Sigma} = \frac{\sum\limits_{i=1}^{n} P_i R_i}{R_\Sigma} + j\frac{\sum\limits_{i=1}^{n} Q_i R_i}{R_\Sigma} \qquad (3\text{-}25)$$

由此可见，均一电力网络中有功功率和无功功率的分布彼此无关，且可以只用各线段的电阻或电抗分别计算。

若均一电力网各段线路的单位长度电阻相同，则式(3-25)可简化为

$$\tilde{S}_{a1.LD} = \frac{\sum\limits_{i=1}^{n} \tilde{S}_i l_i}{l_\Sigma} \qquad (3\text{-}26)$$

式中：l_i 为第 i 条线路长度。

简单环网是指每一节点都只同两条支路相接的环形网络。简单环网通常可以经过一些简单的变换转化为两端供电网络。如图 3-13(a)所示的简单环网，当接在 B 侧发电机的发电功率为指定值 $\tilde{S}_{LD2}$ 时，欲求网络中的节点电压和功率分布，可以在电源点 A 将网络拆开变成如图 3-13(b)所示的两端供电网络进行计算。

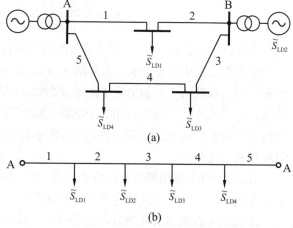

图 3-13 简单环网拆成两端供电网络

3.3.2 多级电压闭式网络计算

由变压器构成的不同电压等级的闭式网络，习惯上称电磁环网。图 3-14(a)是由两台变压器构成的电磁环网。变压器的变比分别为 k_1 和 k_2，其值可能相等，也可能不等。为便于分析，

略去变压器及线路的导纳。把变压器阻抗归算到二次侧与线路阻抗合并形成如图 3-14(b)所示的等值网络。将网络从电源点 A 处分开，可得到如图 3-14(c)所示的两端供电网络。

如果已知变压器一次侧的电压 $\dot{U}_A$，则有

$$\dot{U}_{A1} = \dot{U}_A / k_1, \quad \dot{U}_{A2} = \dot{U}_A / k_2$$

如果变比 $k_1 \neq k_2$，产生电压降落，称为环路电动势，为

$$\Delta \dot{E} = \dot{U}_{A1} - \dot{U}_{A2} = \dot{U}_A \left(\frac{1}{k_1} - \frac{1}{k_2} \right) \tag{3-27}$$

如果式(3-27)中 $\dot{U}_A$ 未知，可以用相应电压等级的额定电压 U_N 代替。

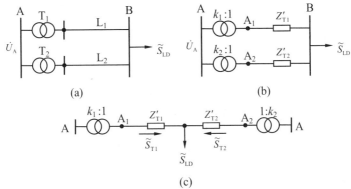

图 3-14　简单电磁环网

也可以用戴维南定理求取环路电动势。为求图 3-14(a)所示网络的环路电流，令网络空载且在变压器 T_2 副边侧断开，如图 3-15(a)所示，从断口处看过去的戴维南等值电路如图 3-15(b)所示。环路电动势恰好是环网空载时，断口处的戴维南等值电路的开路电压，戴维南等值的等值阻抗为 $Z_{Eq} = Z'_{T1} + Z'_{T2}$，见图 3-15(b)虚框部分。

如果变压器用 Π 形等值电路表示，就转化成了简单的一个电压等级的闭式电力网络。

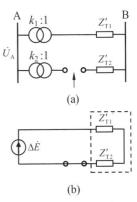

图 3-15　环路电动势表示图

例 3-2　图 3-16 为两台变压器经两条线路向负荷供电的两级电压环网，变压器变比为 $k_1 = 110/11$ kV，$k_2 = 115.5/11$ kV，变压器归算到低压侧的阻抗与线路阻抗之和为 $Z_1 = Z_2 = $ j2 Ω，导纳忽略不计。已知用户负荷 $\tilde{S}_{LD} = 16 + $ j12 MVA。低压母线电压为 10 kV。求功率分布及高压侧电压。

解： (1) 设变压器变比相同时，功率分布为

$$\tilde{S}_{1.LD} = \tilde{S}_{2.LD} = \frac{\hat{Z}_2 \tilde{S}_{LD}}{\hat{Z}_1 + \hat{Z}_2} = \frac{1}{2} \tilde{S}_{LD} = \frac{1}{2} \times (16 + j12) = 8 + j6 \text{ (MVA)}$$

(2) 计算环路电动势，由于高压侧电压未知，近似用 $U_{A.N}$ 代替。

$$\Delta E = U_{A.N} \left(\frac{1}{k_1} - \frac{1}{k_2} \right) = 110 \times \left(\frac{1}{110/11} - \frac{1}{115.5/11} \right) = 0.524 \text{ (kV)}$$

(3) 循环功率为

$$\tilde{S}_{cir} = \frac{U_B \Delta E}{\hat{Z}_1 + \hat{Z}_2} = \frac{10 \times 0.524}{-j2 - j2} = j1.31 \text{ (MVA)}$$

(4) 计算两台变压器的实际功率分布。

$$\tilde{S}_{T1} = \tilde{S}_{1.LD} + \tilde{S}_{cir} = 8 + j6 + j1.31 = 8 + j7.31 \text{ (MVA)}$$

$$\tilde{S}_{T2} = \tilde{S}_{2.LD} - \tilde{S}_{cir} = 8 + j6 - j1.31 = 8 + j4.69 \text{ (MVA)}$$

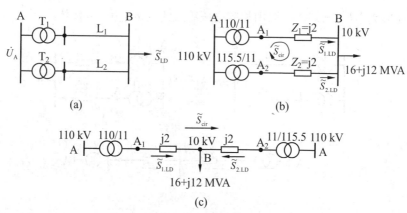

图 3-16 例 3-2 的电路及其功率分布

(5) 计算高压侧电压。不计电压降落的横分量,按变压器 T_1 计算高压侧母线电压为

$$U_A = \left(U_B + \frac{Q_{T1}X_1}{U_B}\right)k_1 = \left(10 + \frac{7.31 \times 2}{10}\right) \times \frac{110}{11} = 114.62 \text{ (kV)}$$

按变压器 T_2 计算高压侧母线电压为

$$U_A = \left(U_B + \frac{Q_{T2}X_2}{U_B}\right)k_2 = \left(10 + \frac{4.69 \times 2}{10}\right) \times \frac{115.5}{11} = 114.85 \text{ (kV)}$$

(6) 计算变压器损耗及高压侧母线输入变压器的功率。

$$\Delta Q_{T1} = \frac{P_{T1}^2 + Q_{T1}^2}{U_N^2} X_1 = \frac{8^2 + 7.31^2}{10^2} \times j2 = j2.35 \text{ (Mvar)}$$

$$\Delta Q_{T2} = \frac{P_{T2}^2 + Q_{T2}^2}{U_N^2} X_2 = \frac{8^2 + 4.69^2}{10^2} \times j2 = j1.72 \text{ (Mvar)}$$

$$\tilde{S}'_{T1} = \tilde{S}_{T1} + \Delta Q_{T1} = 8 + j7.31 + j2.35 = 8 + j9.66 \text{ (MVA)}$$

$$\tilde{S}'_{T2} = \tilde{S}_{T2} + \Delta Q_{T2} = 8 + j4.69 + j1.72 = 8 + j6.41 \text{ (MVA)}$$

(7) 电源总功率。

$$\tilde{S}' = \tilde{S}'_{T1} + \tilde{S}'_{T2} = 8 + j9.66 + 8 + j6.41 = 16 + j16.07 \text{ (MVA)}$$

3.4 复杂电力系统的潮流计算

从上一节可以看到，即使仅有几个节点的电力系统，手工计算就已经相当费时费力了。实际电力系统不仅节点非常多，网络结构也十分复杂，手工计算显然不可能胜任如此复杂的计算工作。为了快速准确地得到计算结果只能借助于计算机。目前计算机潮流计算最常用的方法是牛顿–拉夫逊法和 PQ 分解法。

3.4.1 潮流计算的数学模型

(1) 功率方程

第 2 章的节点方程式(2-73)是潮流计算的基本方程。把式(2-73)写成展开式，则节点 i 的电流为

$$\dot{I}_i = \sum_{k=1}^{n} Y_{ik}\dot{U}_k \quad (i=1,\cdots,n) \tag{3-28}$$

式中：n 为电力系统的节点数。

如果已知节点电流，直接求解式(3-28)就可以求得节点电压，得到网络内电流或功率的分布。但是实际上，电力系统中已知量往往是节点功率，而不是节点电流，需要由节点功率和节点电压求出节点电流

$$\dot{I}_i = \left(\frac{\tilde{S}_i}{\dot{U}_i}\right)^{\wedge} \tag{3-29}$$

将式(3-29)代入式(3-28)得

$$P_i + \mathrm{j}Q_i = \dot{U}_i \sum_{k=1}^{n} \hat{Y}_{ik}\hat{U}_k \quad (i=1,\cdots,n) \tag{3-30}$$

式中：P_i、Q_i 分别为节点 i 的有功功率和无功功率。如果注入节点 i 的功率给定，为 P_{is} 和 Q_{is}，则

$$\begin{cases} P_{is} = P_{Gi} - P_{LDi} \\ Q_{is} = Q_{Gi} - Q_{LDi} \end{cases} \tag{3-31}$$

式中：P_{Gi}、Q_{Gi} 分别为节点 i 的电源发出的有功功率和无功功率；P_{LDi}、Q_{LDi} 分别为节点 i 的负荷消耗的有功功率和无功功率。

式(3-30)是一组关于电压的非线性复数方程，如果把实部和虚部分开，可以得到 $2n$ 个实数方程。

(2) 节点类型

潮流计算的功率方程式(3-30)共有 $2n$ 个实数方程。每个节点都有 4 个变量，即 P_i、Q_i、U_i、δ_i。由于功率方程只有 $2n$ 个，只能求解 $2n$ 个变量，其余 $2n$ 个变量必须给定。根据电力系统的实际运行条件，按给定变量的不同，一般把节点分为三类。

①PQ 节点

这类节点的有功功率 P_i 和无功功率 Q_i 是给定的，节点电压幅值 U_i 和相角 δ_i 是待求量。通常变电所母线都是这类节点，当某个发电厂输送的功率固定时，其母线也属于此类节点。

在电力系统中，PQ 节点是最多的。

②PV 节点

这类节点的有功功率 P_i 和电压幅值 U_i 是给定的，节点无功功率 Q_i 和电压相角 δ_i 是待求量。这类节点必须有足够的无功功率调节能力，以维持给定的电压幅值。具有一定无功储备的发电厂和装有可连续调节的无功补偿设备的变电所可以选作此类节点。在电力系统中，PV 节点较少。

③平衡节点

在功率分布算出之前，网络中的功率损耗是未知的，因此，网络中至少有一个节点的有功功率 P_i 不能确定，这个节点要承担系统的有功功率平衡的任务，故称为平衡节点。此外分析交流电路时，还要选择一个节点的相位值(一般为零)作为其他节点电压相位的参考，这个节点称为基准节点。为了计算方便，通常将平衡节点和基准节点选为同一个节点，习惯上还称为平衡节点。一般选择电力系统中的主调频厂的母线作为平衡节点。有时为了提高潮流计算的收敛性，也可以选择出线数目最多的发电厂母线作为平衡节点。

从电力系统节点分类的讨论可以看出，并不是所有节点的有功功率 P_i 和无功功率 Q_i 都已知，这也是一般都把潮流计算的功率方程分成有功功率方程和无功功率方程联立求解，而不是直接求解复数方程的原因。

3.4.2 牛顿-拉夫逊法的基本原理

式(3-30)是一组关于电压的非线性方程，牛顿-拉夫逊法是求解非线性方程最常用、最有效的方法。

(1) 牛顿-拉夫逊法求解一元非线性方程

设单变量非线性方程

$$f(x) = 0 \tag{3-32}$$

为了了解此方程，先给出解的近似值 $x^{(0)}$，它与真解的误差为 $\Delta x^{(0)}$，则 $x = x^{(0)} + \Delta x^{(0)}$ 将满足方程式(3-32)，即

$$f(x^{(0)} + \Delta x^{(0)}) = 0 \tag{3-33}$$

将式(3-33)左边的函数在 $x^{(0)}$ 处展开成泰勒级数，得

$$f(x^{(0)} + \Delta x^{(0)}) = f(x^{(0)}) + f'(x^{(0)})\Delta x^{(0)} + \frac{f''(x^{(0)})}{2!}(\Delta x^{(0)})^2 + \cdots + \frac{f^{(n)}(x^{(0)})}{n!}(\Delta x^{(0)})^n + \cdots \tag{3-34}$$

式中：$f'(x^{(0)})$、$f''(x^{(0)})$、$f^{(n)}(x^{(0)})$ 分别为函数 $f(x)$ 在 $x^{(0)}$ 处的一阶导数、二阶导数、n 阶导数。

如果初值 $x^{(0)}$ 非常接近真实解 x，则误差 $\Delta x^{(0)}$ 很小，式(3-34)中 $\Delta x^{(0)}$ 的二次及以上阶次的项均可忽略，式(3-33)可简化为线性方程

$$f(x^{(0)}) + f'(x^{(0)})\Delta x^{(0)} = 0 \tag{3-35}$$

此方程通常称为修正方程，解此方程，得

$$\Delta x^{(0)} = -\frac{f(x^{(0)})}{f'(x^{(0)})} \tag{3-36}$$

因为式(3-36)所得到的 $\Delta x^{(0)}$ 是方程式(3-33)略去 $\Delta x^{(0)}$ 的二次及以上阶次的项后求出的近似

值，所以用它修正 $x^{(0)}$ 得到的值并不是非线性方程真实解 x，而是一个新的近似解

$$x^{(1)} = x^{(0)} + \Delta x^{(0)} = x^{(0)} - \frac{f(x^{(0)})}{f'(x^{(0)})} \tag{3-37}$$

为了得到更精确的解，可以反复进行上述过程，这一过程称为迭代。迭代通式为

$$x^{(k+1)} = x^{(k)} - \frac{f(x^{(k)})}{f'(x^{(k)})} \tag{3-38}$$

所得到的 $x^{(k+1)}$ 是否满足要求，通过下列收敛判据校验

$$| f(x^{(k)}) | < \varepsilon_1 \tag{3-39}$$

或

$$| \Delta x^{(k)} | < \varepsilon_2 \tag{3-40}$$

式中：ε_1、ε_2 为预先给定的小正数。

　　如果收敛判据得到满足，表明求解过程收敛，即可用得到的计算解 $x^{(k+1)}$ 作为真实解。如果收敛判据不能满足，表明求解过程发散，无法得到方程的真实解。牛顿-拉夫逊法求解非线性方程能否收敛，初值的选择非常关键。

　　为便于理解，可以用图 3-17 阐述牛顿-拉夫逊法的几何意义。图中曲线 $y = f(x)$ 为非线性函数，$f(x)$ 与 x 轴的交点即为方程 $f(x) = 0$ 的解。给定初值 $x^{(0)}$，过点 $[x^{(0)}, f(x^{(0)})]$ 作曲线 $f(x)$ 的切线，切线与 x 轴的交点就是第一次迭代得到的近似解 $x^{(1)}$。再过点 $[x^{(1)}, f(x^{(1)})]$ 作曲线 $f(x)$ 的切线，切线与 x 轴的交点就是第二次迭代得到的近似解 $x^{(2)}$。重复上述过程，就能逐渐逼近真实解。由此可见，牛顿-拉夫逊法就是用切线逐渐寻找真实解的过程，是切线法，是一种逐步线性化的方法。

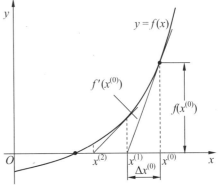

图 3-17　牛顿-拉夫逊法的几何解释

　　(2) 牛顿-拉夫逊法求解非线性方程组

　　牛顿-拉夫逊法不仅用于求解单变量非线性方程，它也是求解多变量非线性方程组的有效方法。

　　对于非线性方程组

$$\begin{cases} f_1(x_1, x_2, \cdots, x_n) = 0 \\ f_2(x_1, x_2, \cdots, x_n) = 0 \\ \quad\vdots \\ f_n(x_1, x_2, \cdots, x_n) = 0 \end{cases} \tag{3-41}$$

　　式(3-41)中，设各变量的初值为 $x_1^{(0)}$，$x_2^{(0)}$，…，$x_n^{(0)}$，并令 $\Delta x_1^{(0)}$，$\Delta x_2^{(0)}$，…，$\Delta x_n^{(0)}$ 为各变量的修正量，则式(3-41)可表示为

$$\begin{cases} f_1(x_1^{(0)} + \Delta x_1^{(0)}, x_2^{(0)} + \Delta x_2^{(0)}, \cdots, x_n^{(0)} + \Delta x_n^{(0)}) = 0 \\ f_2(x_1^{(0)} + \Delta x_1^{(0)}, x_2^{(0)} + \Delta x_2^{(0)}, \cdots, x_n^{(0)} + \Delta x_n^{(0)}) = 0 \\ \vdots \\ f_n(x_1^{(0)} + \Delta x_1^{(0)}, x_2^{(0)} + \Delta x_2^{(0)}, \cdots, x_n^{(0)} + \Delta x_n^{(0)}) = 0 \end{cases} \tag{3-42}$$

将式(3-42)左边的多元函数在初始值处分别展开成泰勒级数,并略去各修正量的二次及以上阶次的项,得

$$\begin{cases} f_1(x_1^{(0)}, x_2^{(0)}, \cdots, x_n^{(0)}) + \dfrac{\partial f_1}{\partial x_1}\bigg|_0 \Delta x_1^{(0)} + \dfrac{\partial f_1}{\partial x_2}\bigg|_0 \Delta x_2^{(0)} + \cdots + \dfrac{\partial f_1}{\partial x_n}\bigg|_0 \Delta x_n^{(0)} = 0 \\ f_2(x_1^{(0)}, x_2^{(0)}, \cdots, x_n^{(0)}) + \dfrac{\partial f_2}{\partial x_1}\bigg|_0 \Delta x_1^{(0)} + \dfrac{\partial f_2}{\partial x_2}\bigg|_0 \Delta x_2^{(0)} + \cdots + \dfrac{\partial f_2}{\partial x_n}\bigg|_0 \Delta x_n^{(0)} = 0 \\ \vdots \\ f_n(x_1^{(0)}, x_2^{(0)}, \cdots, x_n^{(0)}) + \dfrac{\partial f_n}{\partial x_1}\bigg|_0 \Delta x_1^{(0)} + \dfrac{\partial f_n}{\partial x_2}\bigg|_0 \Delta x_2^{(0)} + \cdots + \dfrac{\partial f_n}{\partial x_n}\bigg|_0 \Delta x_n^{(0)} = 0 \end{cases} \tag{3-43}$$

式中:$\dfrac{\partial f_i}{\partial x_j}\bigg|_0$ 为函数 $f_i(x_1, x_2, \cdots, x_n)$ 对自变量 x_j 的偏导在初始值处的值。

式(3-43)写成矩阵形式

$$\begin{bmatrix} f_1(x_1^{(0)}, x_2^{(0)}, \cdots, x_n^{(0)}) \\ f_2(x_1^{(0)}, x_2^{(0)}, \cdots, x_n^{(0)}) \\ \vdots \\ f_n(x_1^{(0)}, x_2^{(0)}, \cdots, x_n^{(0)}) \end{bmatrix} = - \begin{bmatrix} \dfrac{\partial f_1}{\partial x_1}\bigg|_0 & \dfrac{\partial f_1}{\partial x_2}\bigg|_0 & \cdots & \dfrac{\partial f_1}{\partial x_n}\bigg|_0 \\ \dfrac{\partial f_2}{\partial x_1}\bigg|_0 & \dfrac{\partial f_2}{\partial x_2}\bigg|_0 & \cdots & \dfrac{\partial f_2}{\partial x_n}\bigg|_0 \\ \vdots & \vdots & \ddots & \vdots \\ \dfrac{\partial f_n}{\partial x_1}\bigg|_0 & \dfrac{\partial f_n}{\partial x_2}\bigg|_0 & \cdots & \dfrac{\partial f_n}{\partial x_n}\bigg|_0 \end{bmatrix} \begin{bmatrix} \Delta x_1^{(0)} \\ \Delta x_2^{(0)} \\ \vdots \\ \Delta x_n^{(0)} \end{bmatrix} \tag{3-44}$$

式(3-44)是关于修正量 $\Delta x_1^{(0)}$,$\Delta x_2^{(0)}$,…,$\Delta x_n^{(0)}$ 的方程组,称为牛顿–拉夫逊法的修正方程。此方程为线性方程,可以用高斯消去法或三角分解法求解。求出修正量后,对初始值进行修正,得

$$x_i^{(1)} = x_i^{(0)} + \Delta x_i^{(0)} \qquad (i = 1, 2, \cdots, n) \tag{3-45}$$

如此反复迭代,在进行第 $k+1$ 次迭代时,修正方程为

$$\begin{bmatrix} f_1(x_1^{(k)}, x_2^{(k)}, \cdots, x_n^{(k)}) \\ f_2(x_1^{(k)}, x_2^{(k)}, \cdots, x_n^{(k)}) \\ \vdots \\ f_n(x_1^{(k)}, x_2^{(k)}, \cdots, x_n^{(k)}) \end{bmatrix} = - \begin{bmatrix} \dfrac{\partial f_1}{\partial x_1}\bigg|_k & \dfrac{\partial f_1}{\partial x_2}\bigg|_k & \cdots & \dfrac{\partial f_1}{\partial x_n}\bigg|_k \\ \dfrac{\partial f_2}{\partial x_1}\bigg|_k & \dfrac{\partial f_2}{\partial x_2}\bigg|_k & \cdots & \dfrac{\partial f_2}{\partial x_n}\bigg|_k \\ \vdots & \vdots & \ddots & \vdots \\ \dfrac{\partial f_n}{\partial x_1}\bigg|_k & \dfrac{\partial f_n}{\partial x_2}\bigg|_k & \cdots & \dfrac{\partial f_n}{\partial x_n}\bigg|_k \end{bmatrix} \begin{bmatrix} \Delta x_1^{(k)} \\ \Delta x_2^{(k)} \\ \vdots \\ \Delta x_n^{(k)} \end{bmatrix} \tag{3-46}$$

解式(3-46)求出修正量 $\Delta x_1^{(k)}$,$\Delta x_2^{(k)}$,…,$\Delta x_n^{(k)}$ 后,对各变量进行修正,得

$$x_i^{(k+1)} = x_i^{(k)} + \Delta x_i^{(k)} \qquad (i = 1, 2, \cdots, n) \tag{3-47}$$

式(3-46)和式(3-47)缩写为

$$\boldsymbol{F}(\boldsymbol{X}^{(k)}) = -\boldsymbol{J}^{(k)} \Delta \boldsymbol{X}^{(k)} \tag{3-48}$$

$$\boldsymbol{X}^{(k+1)} = \boldsymbol{X}^{(k)} + \Delta \boldsymbol{X}^{(k)} \tag{3-49}$$

式中：$\boldsymbol{X}$ 为 n 维变量列向量；$\Delta \boldsymbol{X}$ 为 n 维修正量列向量；$\boldsymbol{F}(\boldsymbol{X})$ 为 n 维多元函数列向量；$\boldsymbol{J}$ 为 $n \times n$ 阶雅可比矩阵，其元素 $J_{ij} = \partial f_i / \partial x_j$。

收敛判据为

$$\max\{| f_i(x_1^{(k)}, x_2^{(k)}, \cdots, x_n^{(k)}) |\} < \varepsilon_1 \tag{3-50}$$

或

$$\max\{| \Delta x_i^{(k)} |\} < \varepsilon_2 \tag{3-51}$$

式中：ε_1、ε_2 为预先给定的小正数。

当牛顿-拉夫逊法用于潮流计算时，潮流计算功率方程式(3-30)中的导纳矩阵元素一般采用直角坐标表示，而节点电压则可以采用不同的坐标系表示，这样就得到了不同形式的牛顿-拉夫逊法潮流计算。

3.4.3 直角坐标系下的牛顿-拉夫逊法潮流计算

采用直角坐标时，节点电压表示为

$$\dot{U}_i = e_i + \mathrm{j} f_i \tag{3-52}$$

导纳矩阵元素表示为

$$Y_{ij} = G_{ij} + \mathrm{j} B_{ij} \tag{3-53}$$

将式(3-52)和式(3-53)代入式(3-30)，实部和虚部分开，得到潮流计算的功率方程

$$\begin{cases} P_i = e_i \sum_{k=1}^{n} (G_{ik} e_k - B_{ik} f_k) + f_i \sum_{k=1}^{n} (G_{ik} f_k + B_{ik} e_k) \\ Q_i = f_i \sum_{k=1}^{n} (G_{ik} e_k - B_{ik} f_k) - e_i \sum_{k=1}^{n} (G_{ik} f_k + B_{ik} e_k) \end{cases} \tag{3-54}$$

假设系统节点数为 n，其中 1 个平衡节点，编号为 n；m 个 PQ 节点，编号为 $1, 2, \ldots, m$；PV 节点的编号为 $m+1, m+2, \ldots, n-1$。平衡节点的电压给定，不参加迭代，对 PQ 节点和 PV 节点列写潮流计算方程。

PQ 节点的潮流方程为

$$\begin{cases} \Delta P_i = P_{is} - e_i \sum_{k=1}^{n} (G_{ik} e_k - B_{ik} f_k) - f_i \sum_{k=1}^{n} (G_{ik} f_k + B_{ik} e_k) = 0 \\ \Delta Q_i = Q_{is} - f_i \sum_{k=1}^{n} (G_{ik} e_k - B_{ik} f_k) + e_i \sum_{k=1}^{n} (G_{ik} f_k + B_{ik} e_k) = 0 \end{cases} \tag{3-55}$$

式中：ΔP_i、ΔQ_i 分别为节点 i 的有功功率不平衡量和无功功率不平衡量；P_{is}、Q_{is} 分别为节点 i 的给定有功功率和无功功率。

PV 节点的潮流方程为

$$\begin{cases} \Delta P_i = P_{is} - e_i \sum_{k=1}^{n} (G_{ik} e_k - B_{ik} f_k) - f_i \sum_{k=1}^{n} (G_{ik} f_k + B_{ik} e_k) = 0 \\ \Delta U_i^2 = U_{is}^2 - e_i^2 - f_i^2 = 0 \end{cases} \tag{3-56}$$

式中：ΔU_i^2 为节点 i 的节点电压不平衡量；U_{is} 为节点 i 的节点电压给定值。

直角坐标系下的牛顿-拉夫逊法潮流计算的修正方程为

$$
\begin{bmatrix} \Delta P_1 \\ \Delta Q_1 \\ \vdots \\ \Delta P_m \\ \Delta Q_m \\ \Delta P_{m+1} \\ \Delta U_{m+1}^2 \\ \vdots \\ \Delta P_{n-1} \\ \Delta U_{n-1}^2 \end{bmatrix} = -
\begin{bmatrix}
H_{11} & N_{11} & \cdots & H_{1m} & N_{1m} & H_{1,m+1} & N_{1,m+1} & \cdots & H_{1,n-1} & N_{1,n-1} \\
M_{11} & L_{11} & \cdots & M_{1m} & L_{1m} & M_{1,m+1} & L_{1,m+1} & \cdots & M_{1,n-1} & L_{1,n-1} \\
\vdots & \vdots & \ddots & \vdots & \vdots & \vdots & \vdots & \ddots & \vdots & \vdots \\
H_{m1} & N_{m1} & \cdots & H_{mm} & N_{mm} & H_{m,m+1} & N_{m,m+1} & \cdots & H_{m,n-1} & N_{m,n-1} \\
M_{m1} & L_{m1} & \cdots & M_{mm} & L_{mm} & M_{m,m+1} & L_{m,m+1} & \cdots & M_{m,n-1} & L_{m,n-1} \\
H_{m+1,1} & N_{m+1,1} & \cdots & H_{m+1,m} & N_{m+1,m} & H_{m+1,m+1} & N_{m+1,m+1} & \cdots & H_{m+1,n-1} & N_{m+1,n-1} \\
R_{m+1,1} & S_{m+1,1} & \cdots & R_{m+1,m} & S_{m+1,m} & R_{m+1,m+1} & S_{m+1,m+1} & \cdots & R_{m+1,n-1} & S_{m+1,n-1} \\
\vdots & \vdots & \ddots & \vdots & \vdots & \vdots & \vdots & \ddots & \vdots & \vdots \\
H_{n-1,1} & N_{n-1,1} & \cdots & H_{n-1,m} & N_{n-1,m} & H_{n-1,m+1} & N_{n-1,m+1} & \cdots & H_{n-1,n-1} & N_{n-1,n-1} \\
R_{n-1,1} & S_{n-1,1} & \cdots & R_{n-1,m} & S_{n-1,m} & R_{n-1,m+1} & S_{n-1,m+1} & \cdots & R_{n-1,n-1} & S_{n-1,n-1}
\end{bmatrix}
\begin{bmatrix} \Delta e_1 \\ \Delta f_1 \\ \vdots \\ \Delta e_m \\ \Delta f_m \\ \Delta e_{m+1} \\ \Delta f_{m+1} \\ \vdots \\ \Delta e_{n-1} \\ \Delta f_{n-1} \end{bmatrix}
\tag{3-57}
$$

式(3-57)简记为

$$
\begin{bmatrix} \Delta \boldsymbol{P} \\ \Delta \boldsymbol{Q} \\ \Delta \boldsymbol{U}^2 \end{bmatrix} = -
\begin{bmatrix} \boldsymbol{H} & \boldsymbol{N} \\ \boldsymbol{M} & \boldsymbol{L} \\ \boldsymbol{R} & \boldsymbol{S} \end{bmatrix}
\begin{bmatrix} \Delta \boldsymbol{e} \\ \Delta \boldsymbol{f} \end{bmatrix}
\tag{3-58}
$$

式(3-57)中雅可比矩阵的各元素，可以通过对式(3-55)和式(3-56)求偏导获得

$$
H_{ij} = \frac{\partial \Delta P_i}{\partial e_j} = -G_{ij} e_i - B_{ij} f_i \qquad (i \neq j)
$$

$$
H_{ii} = \frac{\partial \Delta P_i}{\partial e_i} = -\sum_{k=1}^{n} (G_{ik} e_k - B_{ik} f_k) - G_{ii} e_i - B_{ii} f_i
$$

$$
N_{ij} = \frac{\partial \Delta P_i}{\partial f_j} = -G_{ij} f_i + B_{ij} e_i \qquad (i \neq j)
$$

$$
N_{ii} = \frac{\partial \Delta P_i}{\partial f_i} = -\sum_{k=1}^{n} (G_{ik} f_k + B_{ik} e_k) - G_{ii} f_i + B_{ii} e_i
$$

$$
M_{ij} = \frac{\partial \Delta Q_i}{\partial e_j} = -G_{ij} f_i + B_{ij} e_i \qquad (i \neq j)
$$

$$
M_{ii} = \frac{\partial \Delta Q_i}{\partial e_i} = \sum_{k=1}^{n} (G_{ik} f_k + B_{ik} e_k) - G_{ii} f_i + B_{ii} e_i
$$

$$
L_{ij} = \frac{\partial \Delta Q_i}{\partial f_j} = G_{ij} e_i + B_{ij} f_i \qquad (i \neq j)
$$

$$
L_{ii} = \frac{\partial \Delta Q_i}{\partial f_i} = -\sum_{k=1}^{n} (G_{ik} e_k - B_{ik} f_k) + G_{ii} e_i + B_{ii} f_i
$$

$$
R_{ij} = \frac{\partial \Delta U_i^2}{\partial e_j} = 0 \qquad (i \neq j)
$$

$$
R_{ii} = \frac{\partial \Delta U_i^2}{\partial e_i} = -2 e_i
$$

$$
S_{ij} = \frac{\partial \Delta U_i^2}{\partial f_j} = 0 \qquad (i \neq j)
$$

$$S_{ii} = \frac{\partial \Delta U_i^2}{\partial f_i} = -2f_i$$

分析上述雅可比矩阵元素表达式可以看到，雅可比矩阵具有以下特点：

①雅可比矩阵元素是节点电压的函数，每次迭代时其值都要随电压变化而变化。

②雅可比矩阵不对称，其各子块 H、N、M、L 也不对称。

③雅可比矩阵为稀疏矩阵，只要导纳矩阵元素 $Y_{ij} = 0$，则必有 $J_{ij} = 0$。

直角坐标系下的牛顿-拉夫逊法潮流计算的流程图如图 3-18 所示。计算步骤如下：

①输入潮流计算的原始数据，并根据输电线路、变压器支路和无功补偿参数形成节点导纳矩阵。

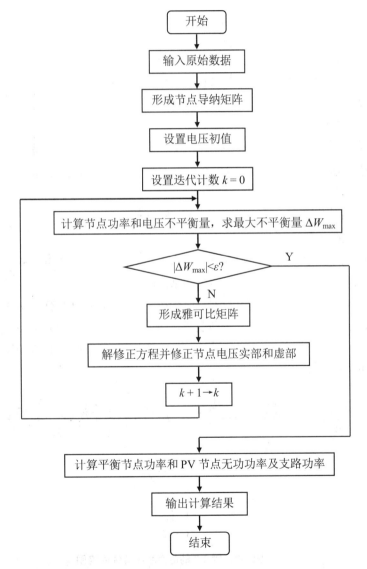

图 3-18　直角坐标系下的牛顿-拉夫逊法潮流计算的流程图

②设置电压初值。潮流计算电压初值采用平启动设置，即平衡节点和 PV 节点的电压幅

值设置为给定值，PQ 节点的电压幅值设置为 1.0；所有节点的电压相角设置为 0.0。

③设置迭代计数 $k= 0$。

④计算各 PQ 节点的不平衡量 $\Delta P_i^{(k)}$、$\Delta Q_i^{(k)}$ 及各 PV 节点的不平衡量 $\Delta P_i^{(k)}$、$\Delta U_i^{2(k)}$，并计算最大不平衡量 $\Delta W_{\max}$，即各节点不平衡量绝对值的最大值。

⑤判断是否满足 $|\Delta W_{\max}|<\varepsilon$，进行收敛条件校验。如果收敛，则计算平衡节点的功率和 PV 节点的无功功率及各支路功率，输出计算结果，结束。不收敛则继续计算。

⑥计算雅可比矩阵元素，形成雅可比矩阵。

⑦解修正方程，求出各节点电压的修正量 $\Delta e_i^{(k)}$ 和 $\Delta f_i^{(k)}$。

⑧修正各节点电压

$$\begin{cases} e_i^{(k+1)} = e_i^{(k)} + \Delta e_i^{(k)} \\ f_i^{(k+1)} = f_i^{(k)} + \Delta f_i^{(k)} \end{cases} \tag{3-59}$$

⑨迭代计数加 1，返回步骤④，进行下一次迭代。

迭代结束后，还需要计算平衡节点的发电功率、PV 节点的无功功率和支路功率。平衡节点的发电功率和 PV 节点的无功功率通过式(3-54)和式(3-31)计算。

输电线路支路的等值电路如图 3-19 所示，其支路功率为

$$\begin{cases} \tilde{S}_{ij} = P_{ij} + jQ_{ij} = U_i^2 \hat{y}_{ij0} + \dot{U}_i(\hat{U}_i - \hat{U}_j)\hat{y}_{ij} \\ \tilde{S}_{ji} = P_{ji} + jQ_{ji} = U_j^2 \hat{y}_{ji0} + \dot{U}_j(\hat{U}_j - \hat{U}_i)\hat{y}_{ij} \end{cases} \tag{3-60}$$

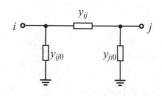

图 3-19 输电线路支路的等值电路

变压器支路的等值电路如图 3-20 所示，其支路功率为

$$\begin{cases} \tilde{S}_{ij} = P_{ij} + jQ_{ij} = \dot{U}_i(\hat{U}_i - \hat{U}_j/k)\hat{y}_T \\ \tilde{S}_{ji} = P_{ji} + jQ_{ji} = (\dot{U}_j/k)(\hat{U}_j/k - \hat{U}_i)\hat{y}_T \end{cases} \tag{3-61}$$

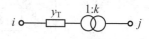

图 3-20 变压器支路的等值电路

例 3-3 在例 2-7 的电力系统中，节点 2 为平衡节点，电压 $\dot{U}_{2s} = 1.05\angle 0°$，节点 1 为 PV 节点，电压幅值 $U_{1s} = 1.03$，发电机输出的有功功率为 $P_{G1} = 5.0$，节点 3、节点 4、节点 5 为 PQ 节点，负荷复功率分别为 $\tilde{S}_{LD3} = 1.6 + j0.8$、$\tilde{S}_{LD4} = 2.0 + j1.0$、$\tilde{S}_{LD5} = 3.7 + j1.3$。试用直角坐标系下的牛顿-拉夫逊法计算功率分布，收敛精度 $\varepsilon = 10^{-5}$。除角度外，所有单位均为标幺值。

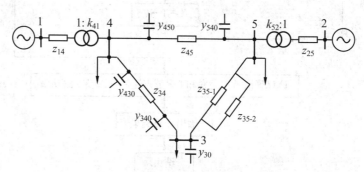

图 3-21 例 3-3 的电力系统等值网络图

解: (1) 例 2-7 已经根据网络参数计算出节点导纳矩阵如下:

$$Y = \begin{bmatrix} -j66.666\,7 & 0 & 0 & j63.492\,1 & 0 \\ 0 & -j33.333\,3 & 0 & 0 & j31.746\,0 \\ 0 & 0 & 2.133\,5 - j8.633\,2 & -0.624\,0 + j3.900\,2 & -1.509\,4 + j5.283\,0 \\ j63.492\,1 & 0 & -0.624\,0 + j3.900\,2 & 1.453\,9 - j67.030\,8 & -0.829\,9 + j3.112\,0 \\ 0 & j31.746\,0 & -1.509\,4 + j5.283\,0 & -0.829\,9 + j3.112\,0 & 2.339\,3 - j38.379\,4 \end{bmatrix}$$

(2) 用平启动设置各节点电压初值。

$e_1^{(0)} = 1.03$，$e_2^{(0)} = 1.05$，$e_3^{(0)} = e_4^{(0)} = e_5^{(0)} = 1.0$，$f_1^{(0)} = f_2^{(0)} = f_3^{(0)} = f_4^{(0)} = 0.0$。

(3) 前两次迭代时雅可比矩阵。

按式(3-57)形成的雅可比矩阵，每行元素中绝对值最大的值都不在对角线上。为了减少计算过程中的舍入误差，把雅可比矩阵的奇数列和偶数列互换。前两次迭代时雅可比矩阵分别为

$$J^{(0)} = \begin{bmatrix} -63.492\,1 & 0 & 0 & 0 & 65.396\,8 & 0 & 0 & 0 \\ 0 & -2.060\,0 & 0 & 0 & 0 & 0 & 0 & 0 \\ 0 & 0 & -9.183\,2 & -2.133\,5 & 3.900\,2 & 0.624\,0 & 5.283\,0 & 1.509\,4 \\ 0 & 0 & 2.133\,5 & -8.083\,2 & -0.624\,0 & 3.900\,2 & -1.509\,4 & 5.283\,0 \\ 63.492\,1 & 0 & 3.900\,2 & 0.624\,0 & -72.409\,0 & -1.453\,9 & 3.112\,0 & 0.829\,9 \\ 0 & 63.492\,1 & -0.624\,0 & 3.900\,2 & 1.453\,9 & -61.652\,6 & -0.829\,9 & 3.112\,0 \\ 0 & 0 & 5.283\,0 & 1.509\,4 & 3.112\,0 & 0.829\,9 & -41.728\,4 & -2.339\,3 \\ 0 & 0 & -1.509\,4 & 5.283\,0 & -0.829\,9 & 3.112\,0 & 2.339\,3 & -35.030\,4 \end{bmatrix}$$

$$J^{(1)} = \begin{bmatrix} -68.897\,8 & 22.874\,2 & 0 & 0 & 65.396\,8 & -28.560\,4 & 0 & 0 \\ -0.899\,7 & -2.060\,0 & 0 & 0 & 0 & 0 & 0 & 0 \\ 0 & 0 & -9.487\,2 & -1.037\,1 & 3.946\,6 & 0.832\,3 & 5.312\,5 & 1.804\,8 \\ 0 & 0 & 4.181\,9 & -7.909\,1 & -0.832\,3 & 3.946\,6 & -1.804\,8 & 5.312\,5 \\ 68.897\,8 & -22.874\,2 & 4.457\,0 & -0.728\,0 & -73.803\,7 & 26.509\,0 & 3.676\,0 & -0.220\,6 \\ 22.874\,2 & 68.897\,8 & 0.728\,0 & 4.457\,0 & -18.633\,8 & -72.719\,5 & 0.220\,6 & 3.676\,0 \\ 0 & 0 & 5.485\,7 & 1.961\,6 & 3.235\,5 & 1.092\,8 & -41.552\,6 & -1.654\,4 \\ 0 & 0 & -1.961\,6 & 5.485\,7 & -1.092\,8 & 3.235\,5 & 8.592\,3 & -39.341\,7 \end{bmatrix}$$

(4) 迭代过程中不平衡量变化情况。

迭代过程中不平衡量变化情况如表 3-2 所示。

表 3-2　迭代过程中不平衡量变化情况

迭代序号	ΔP_1	ΔU_1^2	ΔP_3	ΔQ_3	ΔP_4	ΔQ_4	ΔP_5	ΔQ_5
0	5.000 000	0.000 000	−1.600 000	−0.250 000	−2.00 000	4.378 193	−3.700 000	2.049 017
1	−2.431 625	−0.202 344	0.043 344	−0.074 195	2.077 539	1.006 851	0.046 682	−0.369 668
2	−0.125 223	−0.008 705	−0.000 078	−0.010 220	0.117 465	0.066 961	0.002 853	−0.009 664
3	−0.000 413	−0.000 018	−0.000 021	−0.000 064	0.000 414	0.000 084	0.000 002	−0.000 014
4	-3.15×10^{-9}	-7.45×10^{-11}	-6.50×10^{-10}	-1.63×10^{-9}	3.44×10^{-9}	-1.46×10^{-9}	-1.24×10^{-11}	-8.97×10^{-11}

(5) 迭代过程中节点电压变化情况。

迭代过程中节点电压的实部和虚部变化情况如表 3-3 所示。

表 3-3 迭代过程中节点电压的实部和虚部变化情况

迭代序号	e_1	f_1	e_3	f_3	e_4	f_4	e_5	f_5
1	1.030 000	0.449 827	1.019 932	−0.050 216	1.085 140	0.360 269	1.058 083	−0.069 000
2	0.957 333	0.391 305	0.955 298	−0.066 007	1.014 074	0.330 177	1.033 868	−0.076 260
3	0.953 500	0.389 558	0.951 195	−0.066 186	1.010 559	0.330 273	1.032 708	−0.076 444
4	0.953 492	0.389 555	0.951 178	−0.066 187	1.010 550	0.330 275	1.032 704	−0.076 445

(6) 各节点电压及发电机和负荷功率。

各节点电压及发电机和负荷功率如表 3-4 所示。

表 3-4 各节点电压及发电机和负荷功率

节点号	U	$\theta(°)$	P_{LD}	Q_{LD}	P_G	Q_G
1	1.030 00	22.222 78	0.000 00	0.000 00	5.000 00	1.379 89
2	1.050 00	0.000 00	0.000 00	0.000 00	2.548 16	2.326 52
3	0.953 48	−3.980 46	−1.600 00	−0.800 00	0.000 00	0.000 00
4	1.063 15	18.098 81	−2.000 00	−1.000 00	0.000 00	0.000 00
5	1.035 53	−4.233 54	−3.700 00	−1.300 00	0.000 00	0.000 00

(7) 各支路功率。

各支路功率如表 3-5 所示。

表 3-5 各支路功率

支路号	首节点 i	末节点 j	P_{ij}	Q_{ij}	P_{ji}	Q_{ji}
1	1	4	5.000 00	1.379 89	−5.000 00	−0.999 49
2	2	5	2.548 16	2.326 52	−2.548 16	−2.002 55
3	3	4	−1.504 97	−0.061 96	1.605 25	0.280 86
4	3	5	−0.047 52	−0.209 92	0.052 61	0.227 76
5	3	5	−0.047 52	−0.209 92	0.052 61	0.227 76

3.4.4 极坐标系下的牛顿-拉夫逊法潮流计算

采用极坐标时，节点电压表示为

$$\dot{U}_i = U_i \angle \delta_i = U_i \cos\delta_i + jU_i \sin\delta_i \tag{3-62}$$

将式(3-62)和式(3-53)代入式(3-30)，实部和虚部分开，得到潮流计算的功率方程

$$\begin{cases} P_i = U_i \sum_{k=1}^{n} U_k (G_{ik}\cos\delta_{ik} + B_{ik}\sin\delta_{ik}) \\ Q_i = U_i \sum_{k=1}^{n} U_k (G_{ik}\sin\delta_{ik} - B_{ik}\cos\delta_{ik}) \end{cases} \tag{3-63}$$

式中：$\delta_{ik}=\delta_i-\delta_k$，为节点 i、k 两节点电压的相角差。

假设系统节点数为 n，其中 1 个平衡节点，编号为 n；m 个 PQ 节点，编号为 1, 2, …, m；PV 节点的编号为 $m+1, m+2, …, n-1$。平衡节点的电压给定，不参加迭代，对 PQ 节点和 PV 节点列写潮流计算方程。

PQ 节点和 PV 节点的有功功率不平衡量方程为

$$\Delta P_i = P_{iS} - U_i \sum_{k=1}^{n} U_k (G_{ik}\cos\delta_{ik} + B_{ik}\sin\delta_{ik}) = 0 \quad (i=1,\cdots,n-1) \tag{3-64}$$

PQ 节点的无功功率不平衡量方程为

$$\Delta Q_i = Q_{iS} - U_i \sum_{k=1}^{n} U_k (G_{ik}\sin\delta_{ik} - B_{ik}\cos\delta_{ik}) \quad (i=1,\cdots,m) \tag{3-65}$$

极坐标系下的牛顿-拉夫逊法潮流计算的修正方程为

$$
\begin{bmatrix}
\Delta P_1 \\
\vdots \\
\Delta P_{n-1} \\
\Delta Q_1 \\
\vdots \\
\Delta Q_m
\end{bmatrix}
= -
\begin{bmatrix}
H_{11} & \cdots & H_{1,n-1} & N_{11} & \cdots & N_{1,m} \\
\vdots & \ddots & \vdots & \vdots & \ddots & \vdots \\
H_{n,1} & \cdots & H_{n-1,n-1} & N_{n-1,1} & \cdots & N_{n-1,m} \\
M_{1,1} & \cdots & M_{1,n-1} & L_{1,1} & \cdots & L_{1,m-1} \\
\vdots & \ddots & \vdots & \vdots & \ddots & \vdots \\
M_{m,1} & \cdots & M_{m,n-1} & L_{m,1} & \cdots & L_{m,m}
\end{bmatrix}
\begin{bmatrix}
\Delta\delta_1 \\
\vdots \\
\Delta\delta_{n-1} \\
\Delta U_1 / U_1 \\
\vdots \\
\Delta U_m / U_m
\end{bmatrix}
\tag{3-66}
$$

式(3-66)写成分块矩阵形式

$$
\begin{bmatrix}
\Delta P \\
\Delta Q
\end{bmatrix}
= -
\begin{bmatrix}
H & N \\
M & L
\end{bmatrix}
\begin{bmatrix}
\Delta\delta \\
U_{\mathrm{D2}}^{-1}\Delta U
\end{bmatrix}
\tag{3-67}
$$

式中：J 为雅可比矩阵，H、N、M、L 分别为雅可比矩阵的分块子矩阵；ΔU 为节点电压幅值修正量列向量；$\Delta\delta$ 为节点电压相角修正量列向量；$U_{\mathrm{D2}} = \mathrm{diag}(U_1, U_2, \ldots, U_m)$。

式(3-66)中雅可比矩阵的各元素，可以通过对式(3-64)和式(3-65)求偏导获得

$$H_{ij} = \frac{\partial \Delta P_i}{\partial \delta_j} = -U_i U_j (G_{ii}\sin\delta_{ij} - B_{ij}\cos\delta_{ij}) \quad (i \neq j)$$

$$H_{ii} = \frac{\partial \Delta P_i}{\partial \delta_i} = U_i \sum_{\substack{k=1 \\ k \neq i}}^{n} U_k (G_{ik}\sin\delta_{ik} - B_{ik}\cos\delta_{ik}) = Q_i + U_i^2 B_{ii}$$

$$N_{ij} = \frac{\partial \Delta P_i}{\partial U_j} U_j = -U_i U_j (G_{ii}\cos\delta_{ij} + B_{ij}\sin\delta_{ij}) \quad (i \neq j)$$

$$N_{ii} = \frac{\partial \Delta P_i}{\partial U_i} U_i = -U_i \sum_{\substack{k=1 \\ k \neq i}}^{n} U_k (G_{ik}\cos\delta_{ik} + B_{ik}\sin\delta_{ik}) - 2U_i^2 G_{ii} = -U_i^2 G_{ii} - P_i$$

$$M_{ij} = \frac{\partial \Delta Q_i}{\partial \delta_j} = U_i U_j (G_{ii}\cos\delta_{ij} + B_{ij}\sin\delta_{ij}) \quad (i \neq j)$$

$$M_{ii} = \frac{\partial \Delta Q_i}{\partial \delta_i} = -U_i \sum_{\substack{k=1 \\ k \neq i}}^{n} U_k (G_{ik}\cos\delta_{ik} + B_{ik}\sin\delta_{ik}) = U_i^2 G_{ii} - P_i$$

$$L_{ij} = \frac{\partial \Delta Q_i}{\partial U_j} U_j = -U_i U_j (G_{ii}\sin\delta_{ij} - B_{ij}\cos\delta_{ij}) \quad (i \neq j)$$

$$L_{ii} = \frac{\partial \Delta Q_i}{\partial U_i} U_i = -U_i \sum_{\substack{k=1 \\ k \neq i}}^{n} U_k (G_{ik}\sin\delta_{ik} - B_{ik}\cos\delta_{ik}) + 2U_i^2 B_{ii} = U_i^2 B_{ii} - Q_i$$

从上述雅可比矩阵元素的表达式可见，雅可比矩阵中功率不平衡量对电压幅值的偏导乘以电压幅值，可以使得雅可比矩阵元素的表达式具有比较整齐的形式。

极坐标系下的牛顿-拉夫逊法潮流计算的流程与直角坐标形式的流程相似。

例3-4 试用极坐标系下的牛顿-拉夫逊法对例 3-3 重新计算。

解： (1) 例 2-7 已经根据网络参数计算出节点导纳矩阵。

(2) 用平启动设置各节点电压初值。

$U_1^{(0)}=1.03$，$U_2^{(0)}=1.05$，$U_3^{(0)}=U_4^{(0)}=U_5^{(0)}=1.0$，$\delta_1^{(0)}=\delta_2^{(0)}=\delta_3^{(0)}=\delta_4^{(0)}=\delta_5^{(0)}=0.0$。

(3) 前两次迭代时雅可比矩阵。

前两次迭代时雅可比矩阵分别为

$$
\boldsymbol{J}^{(0)}=\begin{bmatrix}
-65.396\,8 & 0.000\,0 & 65.396\,8 & 0.000\,0 & 0.000\,0 & 0.000\,0 & 0.000\,0 \\
0.000\,0 & -9.183\,2 & 3.900\,2 & 5.283\,0 & -2.133\,5 & 0.624\,0 & 1.509\,4 \\
65.396\,8 & 3.900\,2 & -72.409\,0 & 3.112\,0 & 0.624\,0 & -1.453\,9 & 0.829\,9 \\
0.000\,0 & 5.283\,0 & 3.112\,0 & -41.728\,4 & 1.509\,4 & 0.829\,9 & -2.339\,3 \\
0.000\,0 & 2.133\,5 & -0.624\,0 & -1.509\,4 & -8.083\,2 & 3.900\,2 & 5.283\,0 \\
0.000\,0 & -0.624\,0 & 1.453\,9 & -0.829\,9 & 3.900\,2 & -61.652\,6 & 3.112\,0 \\
0.000\,0 & -1.509\,4 & -0.829\,9 & 2.339\,3 & 5.283\,0 & 3.112\,0 & -35.030\,4
\end{bmatrix}
$$

$$
\boldsymbol{J}^{(1)}=\begin{bmatrix}
-70.757\,4 & 0.000\,0 & 70.757\,4 & 0.000\,0 & 0.000\,0 & -5.420\,4 & 0.000\,0 \\
0.000\,0 & -9.413\,3 & 3.682\,4 & 5.730\,9 & -0.561\,3 & 2.355\,8 & 1.521\,6 \\
70.757\,4 & 4.233\,6 & -78.636\,5 & 3.645\,5 & -1.089\,3 & 0.286\,4 & -0.620\,8 \\
0.000\,0 & 5.669\,9 & 2.852\,4 & -43.707\,6 & 1.735\,7 & 2.353\,5 & -1.283\,0 \\
0.000\,0 & 3.877\,4 & -2.355\,8 & -1.521\,6 & -8.548\,3 & 3.682\,4 & 5.730\,9 \\
-5.420\,4 & 1.089\,3 & 3.710\,4 & 0.620\,8 & 4.233\,6 & -79.224\,9 & 3.645\,5 \\
0.000\,0 & -1.735\,7 & -2.353\,5 & 6.520\,9 & 5.669\,7 & 2.852\,4 & -42.226\,9
\end{bmatrix}
$$

(4) 迭代过程中不平衡量变化情况。

迭代过程中不平衡量变化情况如表 3-6 所示。

表 3-6 迭代过程中不平衡量变化情况

迭代序号	ΔP_1	ΔP_3	ΔQ_3	ΔP_4	ΔQ_4	ΔP_5	ΔQ_5
0	5.000 000	-1.600 000	-0.250 000	-2.00 000	4.378 193	-3.700 000	2.049 017
1	-0.420 414	0.058 036	-0.367 501	-0.001 640	-1.294 183	0.201 996	-0.559 675
2	-0.006 099	-0.003 125	-0.026 041	-0.009 124	-0.031 684	0.007 261	-0.017 554
3	-0.000 002	-0.000 058	-0.000 147	-0.000 020	-0.000 030	0.000 031	-0.000 039
4	1.97×10^{-11}	-3.28×10^{-9}	-4.97×10^{-9}	5.72×10^{-10}	1.99×10^{-12}	1.17×10^{-9}	-7.74×10^{-10}

(5) 迭代过程中节点电压变化情况。

迭代过程中节点电压的相角和幅值变化情况如表 3-7 所示。

表 3-7 迭代过程中节点电压的相角和幅值变化情况

迭代序号	δ_1	U_3	δ_3	U_4	δ_4	U_5	δ_5
1	0.436 725	1.019 932	-0.050 216	1.085 140	0.360 269	1.058 083	-0.069 000
2	0.389 812	0.958 139	-0.067 978	1.063 907	0.317 798	1.036 594	-0.073 510
3	0.387 865	0.953 505	-0.069 462	1.063 155	0.315 888	1.035 535	-0.073 887
4	0.387 861	0.953 478	-0.069 472	1.063 152	0.315 884	1.035 530	-0.073 889

(6) 各节点电压及发电机功率和负荷功率、各支路功率与例 3-3 相同。

3.4.5　PQ 分解法潮流计算

牛顿-拉夫逊法潮流计算的收敛速度很快，但由于每一次迭代都要重新计算雅可比矩阵，并求解修正方程，因此计算量很大。为了减少计算量，根据电力系统运行状态的物理特点，对极坐标系下的牛顿-拉夫逊法潮流计算的数学模型进行合理的简化，形成 PQ 分解法潮流计算方法。

电力网络，尤其是高压电网具有以下特点：

①输电线路或变压器的电抗要比电阻大得多，计算时电阻可以忽略；

②输电线路两端电压的相角差一般不大，不超过 $10° \sim 20°$，计算时可以认为 $\sin\delta_{ij} = 0$，$\cos\delta_{ij} = 1$；

③系统各节点无功功率等值的电纳远小于该节点自导纳的虚部，即 $B_{iS} = Q_{iS}/U_i^2 << B_{ii}$。

考虑以上的特点，可以对式(3-66)所示修正方程的雅可比矩阵元素进行简化，得到：$H_{ii} = L_{ii} = U_i^2 B_{ii}$，$H_{ij} = L_{ij} = U_i U_j B_{ij}$，$N_{ii} = M_{ii} = 0$，$N_{ij} = M_{ij} = 0$。这样原来耦合在一起的方程式(3-67)就可以变成两个解耦的方程式

$$\begin{cases} \Delta \boldsymbol{P} = -\boldsymbol{H}\Delta\boldsymbol{\delta} \\ \Delta \boldsymbol{Q} = -\boldsymbol{L}\boldsymbol{U}_{D2}^{-1}\Delta\boldsymbol{U} \end{cases} \tag{3-68}$$

式(3-68)表明节点的有功功率不平衡量只用来修正电压的相位，节点的无功功率不平衡量只用来修正电压的幅值。这恰好反映电力系统实际运行状态，即系统中母线有功功率的变化主要受电压相位的影响，无功功率的变化主要受电压幅值的影响。式(3-68)中第一个方程式展开为

$$\begin{bmatrix} \Delta P_1 \\ \Delta P_2 \\ \vdots \\ \Delta P_{n-1} \end{bmatrix} = -\begin{bmatrix} U_1 B_{11} U_1 & U_1 B_{12} U_2 & \cdots & U_1 B_{1,n-1} U_{n-1} \\ U_2 B_{21} U_1 & U_2 B_{22} U_2 & \cdots & U_2 B_{2,n-1} U_{n-1} \\ \vdots & \vdots & \ddots & \vdots \\ U_{n-1} B_{n-1,1} U_1 & U_{n-1} B_{n-1,2} U_2 & \cdots & U_{n-1} B_{n-1,n-1} U_{n-1} \end{bmatrix} \begin{bmatrix} \Delta\delta_1 \\ \Delta\delta_2 \\ \vdots \\ \Delta\delta_{n-1} \end{bmatrix}$$

$$= -\begin{bmatrix} U_1 & 0 & \cdots & 0 \\ 0 & U_2 & \cdots & 0 \\ \vdots & \vdots & \ddots & \vdots \\ 0 & 0 & \cdots & U_{n-1} \end{bmatrix} \begin{bmatrix} B_{11} & B_{12} & \cdots & B_{1,n-1} \\ B_{21} & B_{22} & \cdots & B_{2,n-1} \\ \vdots & \vdots & \ddots & \vdots \\ B_{n-1,1} & B_{n-1,2} & \cdots & B_{n-1,n-1} \end{bmatrix} \begin{bmatrix} U_1 & 0 & \cdots & 0 \\ 0 & U_2 & \cdots & 0 \\ \vdots & \vdots & \ddots & \vdots \\ 0 & 0 & \cdots & U_{n-1} \end{bmatrix} \begin{bmatrix} \Delta\delta_1 \\ \Delta\delta_2 \\ \vdots \\ \Delta\delta_{n-1} \end{bmatrix} \tag{3-69}$$

式(3-69)写成

$$\begin{bmatrix} U_1 & 0 & \cdots & 0 \\ 0 & U_2 & \cdots & 0 \\ \vdots & \vdots & \ddots & \vdots \\ 0 & 0 & \cdots & U_{n-1} \end{bmatrix}^{-1} \begin{bmatrix} \Delta P_1 \\ \Delta P_2 \\ \vdots \\ \Delta P_{n-1} \end{bmatrix} = -\begin{bmatrix} B_{11} & B_{12} & \cdots & B_{1,n-1} \\ B_{21} & B_{22} & \cdots & B_{2,n-1} \\ \vdots & \vdots & \ddots & \vdots \\ B_{n-1,1} & B_{n-1,2} & \cdots & B_{n-1,n-1} \end{bmatrix} \begin{bmatrix} U_1 & 0 & \cdots & 0 \\ 0 & U_2 & \cdots & 0 \\ \vdots & \vdots & \ddots & \vdots \\ 0 & 0 & \cdots & U_{n-1} \end{bmatrix} \begin{bmatrix} \Delta\delta_1 \\ \Delta\delta_2 \\ \vdots \\ \Delta\delta_{n-1} \end{bmatrix} \tag{3-70}$$

式(3-70)经过运算，得

$$\begin{bmatrix} \Delta P_1 / U_1 \\ \Delta P_2 / U_2 \\ \vdots \\ \Delta P_{n-1} / U_{n-1} \end{bmatrix} = -\begin{bmatrix} B_{11} & B_{12} & \cdots & B_{1,n-1} \\ B_{21} & B_{22} & \cdots & B_{2,n-1} \\ \vdots & \vdots & \ddots & \vdots \\ B_{n-1,1} & B_{n-1,2} & \cdots & B_{n-1,n-1} \end{bmatrix}\begin{bmatrix} U_1\Delta\delta_1 \\ U_2\Delta\delta_2 \\ \vdots \\ U_{n-1}\Delta\delta_{n-1} \end{bmatrix} \tag{3-71}$$

式(3-71)简记为

$$U_{D1}^{-1}\Delta P = -B'(U_{D1}\Delta\delta) \tag{3-72}$$

式中：$U_{D1} = \mathrm{diag}(U_1, U_2, \cdots, U_{n-1})$。

同理，可得

$$U_{D2}^{-1}\Delta Q = -B''\Delta U \tag{3-73}$$

式(3-72)和式(3-73)就是 PQ 分解法的修正方程式。其系数矩阵都是由导纳矩阵的虚部构成，但阶数不同，矩阵 B' 为 $n-1$ 阶，不包含平衡节点对应的行和列，矩阵 B'' 为 m 阶，仅包含 PQ 节点对应的行和列。由于修正方程的系数矩阵都是常数矩阵，只需对系数矩阵做一次三角分解，每次迭代时仅需对不平衡量进行计算量很小的前代和回代，就可以求出方程的解，大大减少了潮流计算的计算量。

PQ 分解法所做的各种简化只涉及解题过程，而收敛条件的校验仍然和牛顿-拉夫逊法是一样的，所以计算结果的精度是不受影响的。

PQ 分解法的种类很多，其中快速分解法收敛性能最好。快速分解法的改进在于形成 B' 时略去了输电线路的电阻和对地导纳、变压器支路的电阻和变比，仅用输电线路、变压器支路或无功补偿元件的电抗值形成 B'。

PQ 分解法潮流计算的流程图如图 3-22 所示。计算中，一次完整迭代包括一次 $P \sim \delta$ 迭代和一次 $Q \sim U$ 迭代过程，收敛精度分别为 ε_P 和 ε_Q，通常两者相同。

例 3-5 试用快速分解法潮流计算对例 3-3 重新计算。

解： (1) 例 2-7 已经根据网络参数计算出节点导纳矩阵。

(2) 用平启动设置各节点电压初值。

$U_1^{(0)} = 1.03$，$U_2^{(0)} = 1.05$，$U_3^{(0)} = U_4^{(0)} = U_5^{(0)} = 1.0$，$\delta_1^{(0)} = \delta_2^{(0)} = \delta_3^{(0)} = \delta_4^{(0)} = \delta_5^{(0)} = 0.0$。

(3) 形成系数矩阵 B' 和 B''。

$$B' = \begin{bmatrix} -66.6667 & 0.0000 & 66.6667 & 0.0000 \\ 0.0000 & -9.7143 & 4.0000 & 5.7143 \\ 66.6667 & 4.0000 & -74.0000 & 3.3333 \\ 0.0000 & 5.7143 & 3.3333 & -42.3810 \end{bmatrix}$$

$$B'' = \begin{bmatrix} -8.6332 & 3.9002 & 5.2830 \\ 3.9002 & -67.0308 & 3.1120 \\ 5.2830 & 3.1120 & -38.3794 \end{bmatrix}$$

(4) 对系数矩阵 B' 和 B'' 进行 Crout 三角分解，形成因子表 F' 和 F''，对角线存放 $1/c_{ii}$，c_{ii} 为 Crout 三角分解的对角元。

$$F' = \begin{bmatrix} -0.015\,0 & 0.000\,0 & -1.000\,0 & 0.000\,0 \\ 0.000\,0 & -0.102\,9 & -0.411\,8 & -0.588\,2 \\ 66.666\,7 & 4.000\,0 & -0.175\,9 & -1.000\,0 \\ 0.000\,0 & 5.714\,3 & 5.686\,3 & -0.030\,0 \end{bmatrix}$$

$$F'' = \begin{bmatrix} -0.115\,8 & -0.451\,8 & -0.611\,9 \\ 3.900\,2 & -0.015\,3 & -0.084\,2 \\ 5.283\,0 & 5.498\,7 & -0.028\,8 \end{bmatrix}$$

(5) 迭代过程中不平衡量。

迭代过程中不平衡量变化情况如表 3-8 所示。

表 3-8 迭代过程中不平衡量变化情况

迭代序号	ΔP_1	ΔP_3	ΔQ_3	ΔP_4	ΔQ_4	ΔP_5	ΔQ_5
0	5.000 000	-1.600 000	-0.792 541	-2.00 000	4.230 957	-3.700 000	1.426 327
1	-0.054 658	0.073 217	-0.038 719	0.040 504	0.076 510	-0.073 660	-0.008 364
2	-0.003 053	0.006 629	-0.002 314	0.004 405	0.001 072	-0.014 987	-0.004 956
3	0.000 108	0.000 198	-0.000 317	0.000 435	-0.000 102	-0.002 052	-0.000 636
4	0.000 026	-0.000 027	-0.000 064	0.000 077	-0.000 024	-0.000 244	-0.000 077
5	0.000 005	-0.000 007	-0.000 013	0.000 015	-0.000 005	-0.000 035	-0.000 012
6	9.25×10^{-7}	-1.39×10^{-6}	-2.43×10^{-6}	2.90×10^{-6}	-8.65×10^{-7}	-6.33×10^{-6}	-2.15×10^{-6}

(6) 迭代过程中节点电压。

迭代过程中节点电压的相角和幅值变化情况如表 3-9 所示。

表 3-9 迭代过程中节点电压的相角和幅值变化情况

迭代序号	δ_1	U_3	δ_3	U_4	δ_4	U_5	δ_5
1	0.385 560	0.958 761	-0.079 087	1.062 417	0.312 744	1.036 548	-0.073 369
2	0.387 377	0.953 926	-0.070 320	1.063 172	0.315 357	1.035 734	-0.073 658
3	0.387 853	0.953 527	-0.069 502	1.063 156	0.315 878	1.035 553	-0.073 848
4	0.387 922	0.953 471	-0.069 475	1.063 150	0.315 946	1.035 529	-0.073 886
5	0.387 933	0.953 461	-0.069 477	1.063 149	0.315 956	1.035 525	-0.073 891
6	0.387 935	0.953 459	-0.069 477	1.063 148	0.315 958	1.035 525	-0.073 892

(7) 各节点电压及发电机功率和负荷功率、各支路功率与例 3-3 相同。

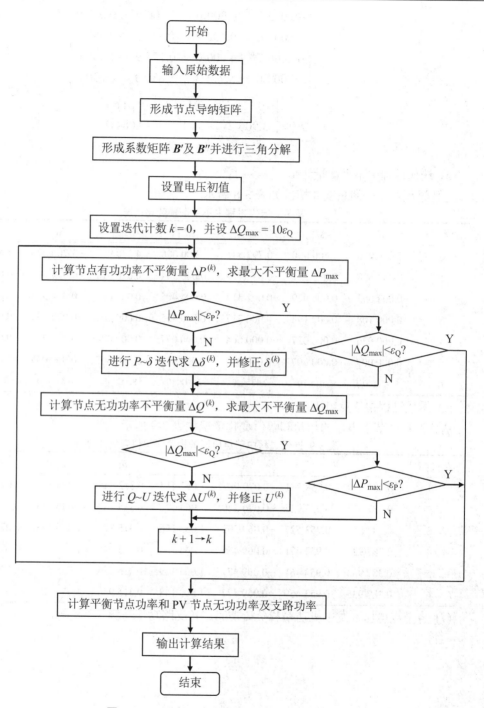

图 3-22 PQ 分解法潮流计算流程图

第 4 章　电力系统有功功率平衡与频率调整

4.1　概述

电力系统运行的根本目的是在保证电能质量的条件下，连续不断地供给用户需要的功率，实现电力系统的功率平衡，包括有功功率平衡和无功功率平衡。本章讨论有功功率平衡和频率调整。

衡量电能质量的指标有 3 个，其中交流电的频率 f 是一个重要指标。我国电力系统采用的标准频率是 50 Hz，且允许有 $\pm 0.2 \sim \pm 0.5$ Hz 的偏移。同样的频率偏差对不同规模的电力系统的威胁是不一样的，一般来说，规模越大的电力系统对频率控制的要求越严。

4.1.1　频率偏移的影响

频率偏移超出允许的范围将使用户遭受损失，对发电厂、电力系统本身也十分有害。例如：

①由于频率变化引起异步电动机转速变化，将影响用户产品质量，如纺织及造纸行业可能产生次品及废品。

频率降低还引起电动机输出功率降低，将影响电动机驱动设备的正常运行。

②用电源频率作时间基准的电子设备会受影响。

③发电厂本身有许多由异步电动机拖动的重要设备，如给水泵、循环水泵、风机等。频率降低将使它们的出力降低，造成水压、风力不足，从而使发电机组降低发电能力，进一步导致频率下降，若不采取必要措施，系统频率将不能维持。

另外，频率降低，因汽轮机处在低于额定速度的运动状态，会使汽轮机叶片产生共振，使叶片寿命降低，严重时产生断裂，造成重大事故等。因此必须设法使系统频率保持在规定的范围内，这就要求进行频率的控制。

4.1.2　引起频率偏移的原因

电力系统中并联运行的发电机保持同步，频率与发电机转速有严格的关系。发电机的转速是由作用在机组转轴上的转矩(或功率)平衡所确定的。原动机输入的机械功率扣除了励磁损耗和各种机械损耗后，如果能与发电机输出的电磁功率严格地保持平衡，发电机的转速就恒定不变。但是发电机输出的电磁功率是由系统的运行状态决定的，全系统发电机输出的有功功率总和，在任何时刻都是同系统的有功负荷(包括厂用电有功负荷)及网络上的有功功率损耗相平衡，称之为有功功率平衡。由于电能不能大规模存储，负荷功率的任何变化都会立即引起发电机输出功率的相应变化。这种变化是经常的、瞬时出现的。原动机输入功率由于调节系统和发电机组(发电机和原动机)的惯性，很难跟上发电机电磁功率的瞬时变化，因而将导致原动机的机械功率与发电机的电磁功率的不平衡，于是发电机的转速将发生变化，电力系统的频率也随之变化。由于电力系统的运行状态经常变化，严格地维持发电机转速不变或频率不变是很困难的。但是把频率偏差限制在一个相当小的范围内则是必要的，也是可以实现的。我国电力系统的额定频率是 50 Hz，允许频率偏差范围为±0.2 ~ ±0.5 Hz。

4.1.3 有功功率平衡和备用容量

电力系统运行过程中，所有发电厂发出的有功功率总和应该与用户的有功负荷、厂用电有功负荷及网络的有功损耗相平衡。要达到有功功率平衡，就需要掌握负荷变化规律，用负荷预测的方法得到未来的负荷曲线，用以安排发电计划。安排发电计划就是确定各发电机在每段时间应发的功率，进行功率分配。安排发电计划是为了做到有功功率的平衡，即发电机发出的有功功率等于用户的有功负荷、厂用电有功负荷及网络的有功损耗之和。

为了维持频率稳定，满足用户对电功率的要求，电力系统装设的发电机的额定容量必须大于当前的负荷，即必须装设备用的发电设备容量，以便在发电设备、供电设备发生故障或进行检修时，以及系统负荷增长后仍有充足的发电设备容量向用户供电。

备用设备容量一般为最大发电负荷的 15% ~ 25%。按用途可分成以下几种：

①负荷备用，是指预测负荷和实际负荷不等，为了能及时向增加的负荷供电，需设有备用。由于负荷预测偏差可能在 2% ~ 5%范围内，因此负荷备用容量也不应小于该值。

②事故备用，是指防止因部分机组由于系统或本身发生事故退出运行时不致影响供电而增设的容量。其大小要根据系统中机组台数、容量、故障率及可靠性指标确定，一般取最大发电负荷的 5% ~ 10%，但不能小于最大一台机组的容量。

③检修备用，是指机组必须按计划检修，一部分机组因检修退出运行时，不致影响供电而留有的备用容量。一般为最大发电负荷的 4% ~ 5%。

④国民经济备用，是指考虑国民经济各部门用电逐月、逐年上升而增加的备用容量。一般为最大发电负荷的 3% ~ 5%。

上述四种备用有的处于运行状态，称为热备用或旋转备用；有的处于停机待命状态，称为冷备用。一般检修备用、国民经济备用及部分事故备用采用冷备用状态，而负荷备用及部分事故备用处于旋转备用状态。

本章所述的电力系统经济功率分配和频率调整就是在系统具有备用的前提下进行的。

4.2 电力系统的频率特性

4.2.1 电力系统负荷的有功功率—频率静态特性

接入电力系统中的用电设备从系统中取用的有功功率的多少与用户的生产状态有关，与接入点的系统电压有关，还与系统的频率有关。设前两种因素不变，仅考虑负荷的有功功率随频率变化的静态关系，就称为负荷的频率静特性。

整个系统的负荷功率与频率的关系可以写成

$$P_{\mathrm{L}} = a_0 P_{\mathrm{LN}} + a_1 P_{\mathrm{LN}}\left(\frac{f}{f_{\mathrm{N}}}\right) + a_2 P_{\mathrm{LN}}\left(\frac{f}{f_{\mathrm{N}}}\right)^2 + a_3 P_{\mathrm{LN}}\left(\frac{f}{f_{\mathrm{N}}}\right)^3 + \cdots \tag{4-1}$$

式中：P_{L} 为频率等于 f 时的有功功率；P_{LN} 为频率等于额定值 f_{N} 时的有功功率；a_i 为与频率的 i 次方成正比的负荷在 P_{LN} 中所占的份额，有

$$a_0 + a_1 + a_2 + a_3 + \cdots = 1$$

式(4-1)通常只取到频率的三次方，与频率的更高次方成正比的负荷所占的比重很小，可以忽略。当频率偏离额定值不大时，负荷的静态频率特性用一条直线近似表示，如图 4-1 所示，直线的斜率

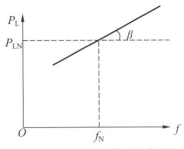

$$K_L = \frac{\Delta P_L}{\Delta f} \qquad (4-2)$$

式中：K_L 为负荷的频率调节效应系数，或简称为负荷的频率调节效应。

负荷的频率调节效应标志了随频率的升降负荷消耗有功功率增加或减少的程度。它的标幺值为

图 4-1 有功负荷的静态频率特性

$$K_{L*} = \frac{\Delta P_L / P_{LN}}{\Delta f / f_N} = K_L \frac{f_N}{P_{LN}} \qquad (4-3)$$

电力系统负荷的频率调节效应 K_{L*} 大致为 1.5。负荷的单位调节效应是负荷的自然属性，不需要专门的调节设备，而发电机的单位调节效应就需要专门的设备来完成，并可以整定。

4.2.2 发电机组的有功功率—频率静态特性

当发电机组所带的负荷变化时，发电机转速要发生改变，结果频率也随之改变。为了保持系统频率在允许的范围，就要进行速度控制。发电机的速度调节是由原动机附设的调速器来实现的，调速器分为机械液压式和电气液压式两大类，在早期的发电机组上安装的基本是机械式的。图 4-2 为最简单的机械式调速系统原理图。汽轮发电机组和水轮发电机组的调速系统基本相同，只是水轮发电机组的调速系统多一个缓冲机构。调速系统工作原理如下：

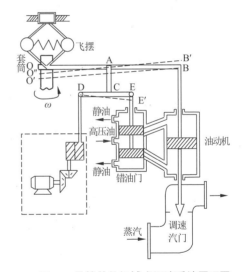

设在初始状态下，发电机输出功率与汽轮机出力平衡，离心飞摆的转速不变，此时错油门保持在中间位置，油动机亦将调速汽门的开度保持在一定的位置上。

当发电机负荷突然增加时，原动机输入功率不变，发电机轴上转矩出现不平衡，原动机转速

图 4-2 最简单的机械式调速系统原理图

下降，反映原动机转速的套筒转速也下降。调速器的离心飞摆，由套筒带动旋转，因转速下降，飞摆在弹簧拉力作用下相互靠拢，使 O 点下降到 O′点，此时油动机活塞两侧压力相等，故 B 点不动。结果 OB 绕 B 点逆时针转动带动 A 点下降。因调频器不动，D 点也不动，E 点移到 E′点，错油门被打开。高压油经导管进入油动机活塞下部推动活塞上移，使汽轮机调节汽门开度增大，因而增大了进汽量。随 B 点的上移，C 点也上移，又使错油门关闭，油动机活塞上移停止，调节过程结束。由于开大了汽门，转速上升，套筒由 O′点上升至 O″点，但恢复不到 O 点。因为转速恢复不到原有的额定转速，故该调节系统形成如图 4-3 所示的有差

调节特性。可以看出，机组频率随发电机功率增大而下降，此特性就是原动机功率-频率静态特性或称发电机功频静特性。一般大型汽轮发电机组由空载到满载的范围内，频率约有 4%的变化，即满载 $f_*=1$，空载 $f_*=1.04$。

从以上分析可见，当系统负荷发生变化，仅靠各台机组的调速器进行调频，不能使系统频率恢复到原有额定值，这种调节称为有差调节。为使负荷增加时各机组维持额定转速需要进行二次调频，二次调频能够做到无差调节。

二次调频是通过调频器来实现的。如欲提高系统的频率，就给出一个升高频率的信号使伺服电动机旋转，带动 D 点上升，于是杠杆 DCE 以 C 点为支点而使 E 点下降，打开错油门让压力油进入油动机下部，使油动机活塞上移，调速汽门开大，则原动机转速上升。离心飞摆使 O″ 上到 O 点。由于油动机活塞上移，杠杆 OB 又绕 O 点逆时针转动，再次使 CE 上升，而堵住错油门小孔，调速过程结束。

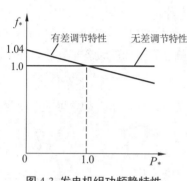

图 4-3 发电机组功频静特性

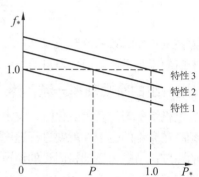

图 4-4 调频器调节时功频静特性的变化

由调频器调节使 D 点上下移动，其效果是改变发电机组的功频静特性，使其平行上下移动，如图 4-4 所示。

功频静特性的斜率 R_* 称为发电机组的调差系数，表达式为

$$R_* = -\frac{\Delta f_*}{\Delta P_{G*}} \tag{4-4}$$

式(4-4)中的负号表示发电机输出功率的变化和频率变化的方向相反。

调差系数也可用频率变化的百分数形式表示为

$$R\% = \frac{f_0 - f_N}{f_N} \times 100\% \tag{4-5}$$

式中：f_0 为空载时的频率；f_N 为额定负荷时的频率。

调差系数 R_* 的倒数

$$K_{G*} = \frac{1}{R_*} = -\frac{\Delta P_{G*}}{\Delta f_*} \tag{4-6}$$

称为发电机功频静特性系数，也称为发电机的单位调节功率。换成有名值时为

$$K_G = -\frac{\Delta P_G}{\Delta f} = K_{G*} \frac{P_{GN}}{f_N} \tag{4-7}$$

由于调速器不同，K_{G*} 也不同，汽轮发电机为 25～16.7，水轮发电机为 50～25。

当系统中有 n 台机装有调速器时，需要计算全系统的等值单位调节功率(平均单位调节功率)K_{G*}。当频率发生 Δf 变化时，各发电机组的功率变化 ΔP_{Gi} 为

$$\Delta P_{Gi} = -K_{Gi}\Delta f \qquad (i = 1, 2, \cdots, n) \tag{4-8}$$

系统的发电功率变化为

$$\Delta P_G = \sum_{i=1}^{n} \Delta P_{Gi} = -\sum_{i=1}^{n} K_{Gi}\Delta f = -K_G \Delta f \tag{4-9}$$

因此 n 台机组的等值单位调节功率为

$$K_G = \sum_{i=1}^{n} K_{Gi} = \frac{1}{f_N} \sum_{i=1}^{n} K_{G*} P_{GiN} \tag{4-10}$$

等值单位调节功率的标幺值为

$$K_{G*} = \frac{\sum\limits_{i=1}^{n} K_{Gi*} P_{GiN}}{P_{GN}} \tag{4-11}$$

当第 i 发电机满载时，其 $K_{Gi}=0$，该发电机就没有增加发电功率的空间了。

4.3 电力系统的频率调整

实际电力系统中的负荷无时无刻不在变动，它的实际变动规律如图 4-5 中的 P_Σ 曲线。它大致可分解成三种不同变化规律的曲线，或者说电力系统负荷 P_Σ 是由三种成分合成的。第一种成分 P_1 幅值最小，周期最短，主要是由中小型用电设备的投入切除引起，带有很大的随机性。第二种成分 P_2 幅度较大，周期较长，属于这一部分的负荷主要有电炉、压延机械、电气机车等带有冲击性的负荷。第三种负荷 P_3 是日负荷曲线的基本部分，它由工厂的作息制度、人们的生活规律和气象条件的变化等决定。P_3 可通过研究过去的负荷资料和负荷的变化趋势加以预测。

据此，电力系统的有功功率和频率调整大体上也可分一次、二次、三次调频三种。一次调频或频率的一次调整是指由发电机组的调速器进行的、对第一种负荷变动引起的频率偏移的调整。二次调频或频率的二次调整是指由发电机的调频器进行的、对第二种负

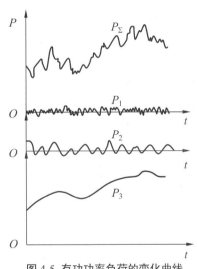

图 4-5　有功功率负荷的变化曲线

荷变动引起的频率偏移的调整。三次调频就是按最优化准则在各发电厂、发电机间分配第三种有规律变动的负荷。

4.3.1 系统频率的一次调整

为清楚说明一次调频概念，首先假定系统只有一台发电机，相应的汽轮机装有调速器。进行一次调频时，调速器动作，调频器不动作。

频率的一次调整如图 4-6 所示，图中曲线 P_G 为发电机功频特性，曲线 P_L 为负荷功频特

性。其交点 M 是初始运行点，此时的系统负荷 P_L 与发电机输出功率相平衡，系统频率为 f_N。

若系统负荷增加 ΔP_{L0}，负荷功频静特性变为 P'_L 曲线，因调频器不动作，发电机功频静特性不变，新的交点 N 即为最新的运行点。此时负荷变为 P'_L，频率为 f。频率变化量为

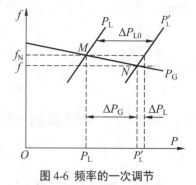

$$\Delta f = f - f_N$$

根据式(4-8)算出发电机功率增量为

$$\Delta P_G = -K_G \Delta f \tag{4-12}$$

负荷本身的调节作用改变的有功功率消耗

$$\Delta P_L = K_L \Delta f \tag{4-13}$$

图 4-6 频率的一次调节

因为 f 下降，Δf 是负值，所以 ΔP_L 本身是负值，故对发电机而言，系统的负荷增量实际为

$$\Delta P_{L0} + \Delta P_L = \Delta P_G \tag{4-14}$$

把式(4-12)、式(4-13)代入式(4-14)，得

$$\Delta P_{L0} = -K_G \Delta f - K_L \Delta f = -(K_G + K_L)\Delta f = -K\Delta f \tag{4-15}$$

式(4-15)表明：系统负荷增加时，一方面通过发电机有差调整增加输出功率，另一方面系统负荷本身也要按负荷的功频静特性降低从系统取用的功率，因此调节是由发电机和负荷共同完成的。

上式中的 K 值

$$K = K_G + K_L = -\frac{\Delta P_{L0}}{\Delta f} \tag{4-16}$$

称为整个电力系统的功率-频率静态特性系数，或称电力系统的单位调节功率。它说明，在一次调频作用下，单位频率的变化可能承受多少系统负荷的变化。因而，当已知 K 值时，可以根据允许的频率偏移范围计算出系统能够承受的负荷变化范围，或者根据负荷变化计算出系统可能产生的频率变化。显然 K 值大，负荷变化引起的频率变化的范围就小。因 K_L 不能调节，增大 K 值只能通过减少调差系数解决。但是调差系数过小，将使系统工作不稳定。

采用标幺值时

$$K_{G*}\frac{P_{GN}}{f_N} + K_{L*}\frac{P_{LN}}{f_N} = -\frac{\Delta P_{L0}}{\Delta f} \tag{4-17}$$

上式两端都除以 P_{LN}/f_N，得

$$K_* = k_r K_{G*} + K_{L*} = -\frac{\Delta P_{L0*}}{f_*} \tag{4-18}$$

式中：$k_r = P_{GN}/P_{LN}$ 为备用系数。

由式(4-10)可见，增加发电机的运行台数也可提高 K 值。但运行的机组多，效率降低，经济性较差。

例 4-1 某电力系统中，一半机组的容量已完全利用；其余 25%为火电厂，有 10%备用容量，其单位调节功率为 16.6；25%为水电厂，有 20%的备用容量，其单位调节功率为 25；

系统有功负荷的频率调节效应系数 K_{L*}=1.5。试求：(1)系统的单位调节功率 K_*；(2)负荷功率增加 5%时的稳态频率 f；(3)如频率容许降低 0.2 Hz，系统能够承担的负荷增量。

解：(1) 计算系统的单位调节功率。

令系统中发电机组的总额定容量等于 1，利用式(4-11)可算出全部发电机组的等值单位调节功率为

$$K_{G*} = 0.5 \times 0 + 0.25 \times 16.6 + 0.25 \times 25 = 10.4$$

系统负荷功率为

$$P_L = 0.5 + 0.25 \times (1 - 0.1) + 0.25 \times (1 - 0.2) = 0.925$$

系统备用系数为

$$k_r = 1/0.925 = 1.081$$

于是

$$K_* = k_r K_{G*} + K_{L*} = 1.081 \times 10.4 + 1.5 = 12.742$$

(2) 系统负荷增加 5%时的频率偏移为

$$\Delta f_* = -\Delta P_{G*} / K_* = -0.05/12.742 = -3.924 \times 10^{-2}$$

一次调整后的稳态频率为

$$f = (50 - 0.0039\ 24 \times 50) = 49.804\ (\text{Hz})$$

(3) 频率降低 0.2 Hz，Δf_*=-0.004，则系统能够承担的负荷增量

$$\Delta P_* = -K_{G*}\Delta f_* = -12.742 \times (-0.004) = 5.097 \times 10^{-2}，\text{即}\ \Delta P = 5.097\%。$$

4.3.2 系统频率的二次调整

电力系统负荷变化引起的频率变化，仅依靠一次调频是不能消除的，需要通过二次调频才能解决。二次调频就是以手动或自动方式调节调频器，平行移动发电机的功频静特性，以达到调频目的。

电力系统中各发电机均装有调速器，所以每台运行机组都参与一次调频(除了机组已满载)。二次调频则不同，一般只是选定系统中部分电厂的发电机担任二次调频。按照是否承担二次调频，可将所有电厂分为主调频厂、辅助调频厂和非调频厂三类。其中，主调频厂(一般是 1~2 个电厂)负责全系统的频率调整(即二次调频)；辅助调频厂只在系统频率超过某一规定的偏移范围时才参与频率调整，这样的电厂一般也只有少数几个；非调频厂在系统正常运行情况下则按预先给定的负荷曲线发电。

在选择主调频厂(机组)时，主要满足以下条件：

①拥有足够的调整容量及调整范围。

②调频机组具有与负荷变化速度相适应的调整速度。

③调整出力时符合安全及经济的原则。此外，还应考虑由于调频所引起的联络线上交换功率的波动，以及网络中某些中枢点的电压波动是否超出允许范围。

水轮机组具有较宽的出力调整范围，一般可达额定容量的 50%以上，负荷的增长速度也较快，一般在 1 min 以内即可从空载状态过渡到满载状态，而且操作方便、安全。

火力发电厂的锅炉和汽轮机都受最小技术负荷的限制，其中锅炉约为 25% (中温中压) ~70% (高温高压)的额定容量，汽轮机为 10% ~15%的额定容量。因此，火力发电厂的出力调整范围

不大；而且发电机组的负荷增减速度也受汽轮机各部分热膨胀的限制，不能过快，在50%～100%额定负荷范围内，每分钟仅能上升2%～5%。

所以，从出力调整范围和调整速度来看，水电厂最适宜承担调频任务。但是在安排各类电厂的负荷时，还应考虑整个电力系统运行的经济性。在枯水季节，宜选水电厂作为主调频厂，火电厂中效率较低的机组则承担辅助调频的任务；在丰水季节，为了充分利用水力资源，避免弃水，水电厂宜带稳定的负荷，而由效率不高的凝汽式火电厂作为主调频厂，承担调频任务。

下面仍以只有一台发电机的系统说明二次调频的过程。

如图4-7所示，初始运行状态时，发电机功频静特性与负荷频率静特性相交于 A 点。系统负荷增加 ΔP_{L0} 时，两个功频静特性交于 B 点，频率由 f_N 降为 f'，变化量为 $\Delta f = f' - f_N$。

二次调频通过调频器的作用将发电机功频静特性移到 P'_G 处，运行点移到 D 点，此时系统的频率回升到 f''。与初始运行点比较，频率降低，变化量为 $\Delta f = f'' - f_N$。

系统负荷的增量 ΔP_{L0} 由三部分调节功率对它进行了平衡：

①由一次调频的作用增发的功率 $-K_G\Delta f$（见图4-7上的 $\overline{EF}$ 线段）。

②由二次调频作用增发的功率 $\Delta P_{G0} = \overline{AE}$ 线段。

③系统负荷按功频静特性自身调节少取用的功率 $-K_L\Delta f = \overline{FC}$ 线段。所以

$$\Delta P_{L0} = \Delta P_{G0} - K_G\Delta f - K_L\Delta f \qquad (4\text{-}19)$$

改写成

$$\Delta P_{L0} - \Delta P_{G0} = -K_G\Delta f - K_L\Delta f = -K\Delta f \qquad (4\text{-}20)$$

上述两式为具有二次调频的功率平衡方程式。由式(4-20)，得

$$\Delta f = -\frac{\Delta P_{L0} - \Delta P_{G0}}{K} \qquad (4\text{-}21)$$

上述分析表明，二次调频提高了发电机的发电功率，减少了频率的下降，因而是调频的重要手段。由上式可见，当二次调频增发的功率 ΔP_{G0} 与系统的负荷增量 ΔP_{L0} 相同时，频率将始终不变，即 $\Delta f = 0$，此时所对应的就是无差调节。

当系统中有多个调频厂时，式(4-19)～式(4-21)仍然成立，所不同的只是公式中的 ΔP_{G0} 为各调频厂增发功率的和。

4.3.3 互联系统的频率调整

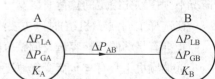

图4-8 互联系统的功率交换

大型电力系统的供电地区幅员宽广，电源和负荷的分布情况比较复杂，频率调整难免引起网络中潮流的重新分布。如果把整个电力系统看作是由若干个分系统通过联络线连接而成的互联系统，那么在调整频率时，还必须注意联络线交换功率的控制问题。

图4-8表示系统 A 和 B 通过联络线组成互联系统。假定系统 A 和 B 的负荷变化量分别

为 ΔP_{LA} 和 ΔP_{LB}；由二次调整得到的发电功率增量分别为 ΔP_{GA} 和 ΔP_{GB}；单位调节功率分别为 P_A 和 P_B。联络线交换功率增量为 ΔP_{AB}，以由 A 至 B 为正方向。分析图 4-8 所示互联系统的频率变化时，可以把 A 和 B 两系统看作一个系统来分析；分析联络线交换功率增量 ΔP_{AB} 时，可以用系统 A 或系统 B 来分析，ΔP_{AB} 对系统 A 相当于负荷增量；对于系统 B 相当于发电功率增量。这样多子系统的互联系统频率调整分析问题就变成单个系统频率调整的问题了。

例 4-2 如图 4-8 所示互联系统，正常运行时联络线上没有交换功率流通。两系统的容量分别为 1 500 MW 和 1 000 MW，单位调节功率(分别以两系统容量为基准的标幺值)为 $K_{GA*}=25$，$K_{LA*}=1.5$，$K_{GB*}=20$，$K_{LB*}=1.3$。设 A 系统负荷增加 100 MW，试计算下列情况的频率变化增量和联络线上流过的交换功率。(1)A、B 两系统的机组都参加一、二次调频，A、B 两系统都增发 50 MW；(2)A、B 两系统的机组都参加一次调频，A 系统有机组参加二次调频，增发 60 MW；(3)A、B 两系统的机组都参加一次调频，B 系统有机组参加二次调频，增发 60 MW；(4)A 系统所有机组都参加一次调频，且有部分机组参加二次调频，增发 60 MW，B 系统有一半机组参加一次调频，另一半机组不能参加调频。

解: (1)A、B 两系统机组都参加一、二次调频，且都增发 50 MW 时

$\Delta P_{GA}=50 \,(MW)$，$\Delta P_{LA}=100\,(MW)$，$\Delta P_{GB}=50\,(MW)$，$\Delta P_{LB}=0$

$K_{GA}=25\times1\,500/50=750\,(MW/Hz)$，$K_{LA}=1.5\times1\,500/50=45\,(MW/Hz)$

$K_{GB}=20\times1\,000/50=400\,(MW/Hz)$，$K_{LB}=1.3\times1\,000/50=26\,(MW/Hz)$

$K_A=K_{GA}+K_{LA}=750+45=795\,(MW/Hz)$，$K_B=K_{GB}+K_{LB}=400+26=426\,(MW/Hz)$

$\Delta P_A=\Delta P_{LA}-\Delta P_{GA}=100-50=50\,(MW)$，$\Delta P_B=\Delta P_{LB}-\Delta P_{GB}=0-50=-50\,(MW)$

$$\Delta f=-\frac{\Delta P_A+\Delta P_B}{K_A+K_B}=-\frac{-50+50}{795+426}=0$$

$\Delta P_A+\Delta P_{AB}=-K_A\Delta f$，$\Delta P_{AB}=-\Delta P_A-K_A\Delta f=-50-795\times0=-50\,(MW)$

这种情况说明，由于进行二次调频，互联系统中发电机增发功率的总和与负荷增量平衡，系统频率无偏移，B 系统增发的功率全部通过联络线输往 A 系统。

(2)A、B 两系统机组都参加一次调频，且 A 系统有部分机组参加二次调频，增发 60 MW 时

$\Delta P_{GA}=60\,(MW)$，$\Delta P_{LA}=100\,(MW)$，$\Delta P_{GB}=0$，$\Delta P_{LB}=0$

$\Delta P_A=\Delta P_{LA}-\Delta P_{GA}=100-40=40\,(MW)$，$\Delta P_B=\Delta P_{LB}-\Delta P_{GB}=0-0=0$

$$\Delta f=-\frac{\Delta P_A+\Delta P_B}{K_A+K_B}=-\frac{40+0}{795+426}=-0.032\,8\,(Hz)$$

$\Delta P_{AB}=-\Delta P_A-K_A\Delta f=-40-795\times(-0.032\,8)=-13.956\,(MW)$

这种情况较理想，频率偏移很小，通过联络线由 B 系统输往 A 系统的交换功率也较小。

(3)A、B 两系统机组都参加一次调频，且 B 系统有部分机组参加二次调频，增发 60 MW 时

$\Delta P_{GA}=0$，$\Delta P_{LA}=100\,(MW)$，$\Delta P_{GB}=60\,(MW)$，$\Delta P_{LB}=0$

$\Delta P_A=\Delta P_{LA}-\Delta P_{GA}=100-0=100\,(MW)$，$\Delta P_B=\Delta P_{LB}-\Delta P_{GB}=0-60=-60\,(MW)$

$$\Delta f=-\frac{\Delta P_A+\Delta P_B}{K_A+K_B}=-\frac{100-60}{795+426}=-0.032\,8\,(Hz)$$

$$\Delta P_{AB} = -\Delta P_A - K_A \Delta f = -100 - 795 \times (-0.032\,8) = -73.956 \text{ (MW)}$$

这种情况和上一种情况相比，频率偏移相同，因互联系统的功率缺额都是 40 MW。由于 B 系统部分机组进行二次调频，联络线上流过的交换功率增加了 60 MW。一般不希望联络线上传输功率的变化增量太大。

(4) A 系统所有机组都参加一次调频，并有部分机组参加二次调频，增发 60 MW，B 系统仅有一半机组参加一次调频时

$$\Delta P_{GA} = 60 \text{ (MW)}, \quad \Delta P_{LA} = 100 \text{ (MW)}, \quad \Delta P_{GB} = 0, \quad \Delta P_{LB} = 0$$

$$\Delta P_A = \Delta P_{LA} - \Delta P_{GA} = 100 - 60 = 40 \text{ (MW)}, \quad \Delta P_B = \Delta P_{LB} - \Delta P_{GB} = 0 - 0 = 0$$

$$K_A = K_{GA} + K_{LA} = 750 + 45 = 795 \text{ (MW/Hz)},$$

$$K_B = K_{GB} / 2 + K_{LB} = 400 / 2 + 26 = 226 \text{ (MW/Hz)}$$

$$\Delta f = -\frac{\Delta P_A + \Delta P_B}{K_A + K_B} = -\frac{40 + 0}{795 + 226} = -0.039\,2 \text{ (Hz)}$$

$$\Delta P_{AB} = -\Delta P_A - K_A \Delta f = -40 - 795 \times (-0.039\,2) = -8.854 \text{ (MW)}$$

这种情况说明，由于 B 系统中有一半机组不能参加调频，频率的偏移将增大，但也正由于有一半机组不能参加调频，B 系统通过联络线向 A 系统传输的交换功率有所减少。

4.4 电力系统有功功率经济分配

电力系统中有功功率的最优分配有两个内容，即有功功率电源的最优组合和有功功率负荷的经济分配。

4.4.1 各类发电厂负荷的合理分配

有功功率电源的最优组合是指系统中发电设备或发电厂的合理组合，也就是机组的合理开停。它大体上包括：机组的最优组合顺序、机组的最优组合数量和机组的最优开停时间三个部分。它涉及的是电力系统中冷备用容量的合理分布问题。

电力系统中的发电厂主要有火力发电厂、水力发电厂和核能发电厂三类。各类发电厂由于设备容量，机组规格和使用的动力资源的不同有着不同的技术经济特性。必须结合它们的特点，合理地组织这些发电厂的运行方式，恰当安排它们在电力系统日负荷曲线和年负荷曲线中的位置，以提高系统运行的经济性。各类发电厂的组合顺序示意图如图 4-9 所示。

火力发电厂的主要特点如下：

①火电厂在运行中需要支付燃料费用，但它的运行不受自然条件的影响。

②火力发电设备的效率同蒸汽参数有关，高温高压设备的效率高，中温中压设备效率较低。

③受锅炉和汽轮机的最小技术负荷的限制。火电厂有功出力的调整范围比较小，其中高温高压设备可以灵活调节的范围最窄，中温中压设备的略宽。负荷的增减速度也慢。机组投入和退出运行花费的时间长，消耗能量多，且易损坏设备。

④带有热负荷的火电厂称为热电厂，它采用抽汽供热，其总效率要高于一般的凝汽式火电厂。但是与热负荷相适应的那部分发电功率是不可调节的强迫功率。

水力发电厂的特点如下：

①不用支付燃料费用，而且水能是可以再生的资源。但水电厂的运行因水库调节性能的不同在不同程度上受自然条件(水文条件)的影响。有调节水库的水电厂按水库的调节周期可分为：日调节、季调节、年调节和多年调节等几种，调节周期越长，水电厂的运行受自然条件影响越小。有调节水库的水电厂主要是按调度部门给定的耗水量安排出力。无调节水库的径流式水电厂只能按实际来水流量发电。

②水轮发电机的出力调整范围较宽，负荷增减速度相当快，机组投入和退出运行需要的时间都很少，操作简便安全，无须额外的耗费。

③水力枢纽往往兼有防洪、发电、航运、灌溉、养殖、供水和旅游等多方面的效益。水库的发电用水量通常按水库的综合效益来考虑安排，不一定同电力负荷的需要相一致。因此，只有在火电厂的适当配合下才能充分发挥水力发电的经济效益。

抽水蓄能电站是一种特殊的水力发电厂，它有上下两级水库，在日负荷曲线的低谷期间，它作为负荷系统吸取有功功率，将下级水库的水抽到上级水库；在高峰负荷期间，由上级水库向下级水库放水，作为发电厂运行向系统发出有功功率。抽水蓄能电站的主要作用是调节电力系统有功负荷的峰谷差，其调峰作用如图 4-9 所示。在现代电力系统中，核能发电厂、高参数大容量火力发电机组日益增多，系统的调峰容量日显不足，而且随着社会的发展，用电结构的变化，日负荷曲线的峰谷差还有增大的趋势，建设抽水蓄能电站对于改善电力系统的运行条件具有很重要的意义。

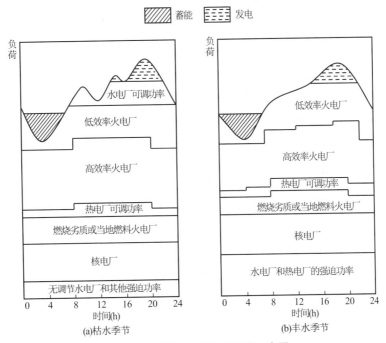

图 4-9　各类发电厂的组合顺序示意图

核能发电厂同火力发电厂相比，一次性投资大，运行费用小，在运行中也不宜带急剧变动的负荷。反应堆和汽轮机组退出运行和再度投入都很费时，且要增加能量消耗。

为了合理地利用国家的动力资源，降低发电成本，必须根据各类发电厂的技术经济特点，恰当地分配它们承担的负荷，安排好它们在日负荷曲线中的位置。径流式水电厂的发电功率，利用防洪、灌溉、航运、供水等其他社会需要的放水量的发电功率，以及在洪水期为避免弃水而满载运行的水电厂的发电功率，都属于水电厂的不可调功率，必须用于承担基本负荷；热电厂应承担与热负荷相适应的电负荷；核电厂应带稳定负荷。它们都必须安排在日负荷曲线的基本部分，然后对凝汽式火电厂按其效率的高低依次由下往上安排。

在丰水期，因水量充足，为了充分利用水力资源，水电厂功率基本上属于不可调功率。在枯水期，来水较少，水电厂的不可调功率明显减少，仍带基本负荷。水电厂的可调功率应安排在日负荷曲线的尖峰部分，其余各类电厂的安排顺序不变。抽水蓄能电站的作用主要是削峰填谷。

4.4.2 火电厂间有功功率负荷的经济分配

有功功率负荷的经济分配是指系统的有功功率负荷在各个正在运行的发电设备或发电厂之间的合理分配。这方面涉及的是电力系统中热备用容量的合理分布问题。

(1) 机组耗量特性

火电厂内多台机组并列运行向负荷供电时，由于各机组耗量特性不同，每台机发出的功率应按经济功率分配方法确定，这样才能使能源消耗最小。

发电机组在单位时间内消耗的能源与发出的有功功率的关系称为机组的耗量特性，它是实现发电机组间经济功率分配的基础。锅炉的输入是燃料(标准煤 t/h)，输出是蒸汽(t/h)；汽轮发电机组的输入是蒸汽(t/h)，输出是电功率(MW)。整个火电厂的耗量特性如图 4-10 所示，其横坐标为电功率(MW)，纵坐标为燃料(t/h)。水电厂耗量特性曲线的形状也大致如此，但其输入是水(m^3/h)。为便于分析，假定耗量特性连续可导(实际的特性并不都是这样)。

耗量特性曲线上某点的纵坐标和横坐标之比，即输入与输出之比称为比耗量 $\mu = F/P$，其倒数 $\eta = P/F$，表示发电厂的效率。耗量特性曲线上某点切线的斜率称为该点的耗量微增量 $\lambda = \Delta F/\Delta P$，它表示在该点运行的输入增量与输出增量之比。

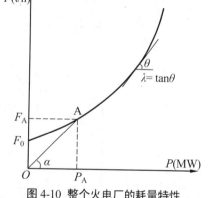

图 4-10 整个火电厂的耗量特性

比耗量与耗量微增率具有相同的单位，但两者概念不同；对于耗量特性曲线上的同一点，两数值一般也不相等。只有从原点向耗量特性做切线得到的切点上，才有 $\lambda=\mu$，该点比耗量最小。一般在机组的额定功率附近，此点为 $\mu_{\min}$ 点。

耗量特性用数学公式表示时是一个多项式，根据工程计算精度的要求，常用二次曲线来表示耗量特性。

(2) 目标函数和约束条件

电力系统中发电机组的经济运行特性是各不相同的，有的效率高，消耗能源少；有的效率低，耗能多，而且距用电中心的距离也不等。在如此千差万别的机组之间怎样将系统有功功率分摊给各机组，才能使电力系统总的能源消耗最低，这就是电力系统经济运行的任务。

电力系统经济运行又称经济调度，属于最优化问题，在数学上可表达为在等式约束条件

$$h(x,u,d) = 0 \qquad (4\text{-}22)$$

和不等式约束条件

$$g(x,u,d) \leqslant 0 \qquad (4\text{-}23)$$

限制下，使目标函数

$$F = F(x,u,d) \qquad (4\text{-}24)$$

达到最小值。式中：x 为状态变量；u 为控制变量；d 为扰动变量。

针对所讨论的经济功率分配问题，等式约束条件就是电力系统的功率平衡方程式。不等式约束条件一般指的是发电机发出的功率和各节点电压的幅值不能超过规定值的上下限等。目标函数则与发电机组的能源消耗特性有关。

设电厂内并联运行的机组有 n 台，电厂的总负荷为 P_L，每台发电机分配的负荷为 P_i，欲使 P_i 符合经济功率分配，需要确定约束条件、目标函数后，求解使目标函数最小的条件。

电厂内各机组的发电功率之和应与电厂总的负荷相等，所以等式约束条件为

$$P_L = \sum_{i=1}^{n} P_i \qquad (4\text{-}25)$$

运行中各机组功率不允许超过其上下限 $P_{i\min}$、$Q_{i\min}$、$P_{i\max}$、$Q_{i\max}$，所以不等式约束条件为

$$\begin{cases} P_{i\min} \leqslant P_i \leqslant P_{i\max} \\ Q_{i\min} \leqslant Q_i \leqslant Q_{i\max} \end{cases} \qquad (4\text{-}26)$$

若已知各机组的耗量特性为 $F_1(P_1), F_2(P_2), \cdots, F_n(P_n)$，发电厂总的煤耗量为

$$F = \sum_{i=1}^{n} F_i(P_i) \qquad (4\text{-}27)$$

此即目标函数。

(3) 等耗量微增率准则

求目标函数的最小值，在数学上是求多元函数的条件极值。可以应用拉格朗日乘数法求解，为此要列写出拉格朗日方程

$$L = F + \lambda \left(P_L - \sum_{i=1}^{n} P_i \right) \qquad (4\text{-}28)$$

式中：λ 为拉格朗日乘子。

这样变换后，把求目标函数的极小值转化为求拉格朗日函数 L 的极小值，使 L 有极值的必要条件为

$$\frac{\partial L}{\partial P_i} = \frac{\partial F}{\partial P_i} + \lambda \frac{\partial \left(P_L - \sum\limits_{i=1}^{n} P_i \right)}{\partial P_i} = 0 \qquad (i = 1,2,\cdots,n) \qquad (4\text{-}29)$$

进而得

$$\frac{\partial F}{\partial P_i} - \lambda = 0 \qquad (i = 1,2,\cdots,n) \qquad (4\text{-}30)$$

由于每个发电厂(机组)的燃料消耗只是该厂(机组)输出功率的函数，因此式(4-30)又可写成

$$\frac{dF_1}{dP_1} = \frac{dF_2}{dP_2} = \cdots = \frac{dF_n}{dP_n} = \lambda \tag{4-31}$$

该式是拉格朗日函数极值存在的条件，由于耗量特性通常都是上凹曲线，极值存在的条件也就是极小值存在的条件。故式(4-31)就是各机组间最优经济功率分配的条件。该条件表明：按各机组微增率 $dF_i/dP_i = \lambda$ 相等的原则分配机组的发电功率，能源消耗最小，故称为等耗量微增率准则。

式(4-28)对 λ 求偏导，得到等式约束条件，即式(4-25)。

等耗量微增率准则的物理意义，可通过只有两台机组的电厂加以说明。如图 4-11 所示，Ⅰ、Ⅱ两条曲线分别是 1 号机组与 2 号机组的耗量特性。电厂总负荷 P_L 以 OO' 表示，垂直 OO' 的直线与 OO' 交点确定了 1 号机组与 2 号机组的功率分配分别是 P_1、P_2，满足功率平衡关系

$$P_1 + P_2 = P_L \tag{4-32}$$

垂线与两条耗量特性的交点 B_1、B_2 的纵坐标之和

$$F = F_1(P_1) + F_2(P_2) \tag{4-33}$$

代表了两台机组总的燃料消耗。平行移动垂线 B_1B_2，可得到各种不同的功率分配方案，每种方案燃料总消耗量不同，B_1B_2 的长度最短分配方案与耗量最小相对应，可以看出，只有 B_1、B_2 两点的切线平行时，B_1B_2 的长度才最小。B_1、B_2 两点的切线平行就意味着两台机组的微增率相等，即 $dF_1/dP_1 = dF_2/dP_2$。

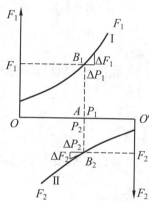

图 4-11 等耗量微增率分配准则的物理意义

假设运行中两台机组微增率不等，如令 $dF_1/dP_1 < dF_2/dP_2$，因 1 号机组要增加 ΔP_1 的输出功率必然要等量减少 2 号机组的输出功率 ΔP_2，因此可得到

$$|\Delta F_1| = \left| \frac{dF_1}{dP_1} \Delta P_1 \right| < |\Delta F_2| = \left| \frac{dF_2}{dP_2} \Delta P_2 \right| \tag{4-34}$$

该不等式表明，增加 1 号机组的输出功率而增加的燃料消耗小于 2 号机组减少同样功率节省的燃料消耗，故增加 1 号机组的输出功率,减少 2 号机组的输出功率将能减少总的燃料消耗。直到两机组运行点微增率相等后，由于改变两台机组的功率将出现 $|\Delta F_1| = |\Delta F_2|$，总的燃料消耗不再减少。

假定已知机组的耗量特性是用二次曲线表示的解析式，机组间的最优经济功率分配，可通过数学方法求解。下面举例说明。

例 4-3 已知某水电厂有两台机组，其耗量特性为 $Q_1 = 25 + 1.2P_1 + 0.01P_1^2$，$Q_2 = 10 + 1.5P_2 + 0.015P_2^2$，每台机组的额定容量均为 100 MW。试求：(1)电厂负荷为 120 MW 时，两台机组如何经济分配负荷。(2)当一台机组运行时，电厂负荷在什么范围内采用 2 号机组最经济。

解：(1) 先求两台机组的微增率

$$\frac{dQ_1}{dP_1} = 1.2 + 0.02P_1, \quad \frac{dQ_2}{dP_2} = 1.5 + 0.03P_2$$

根据等耗量微增率准则和功率约束条件有

$$\begin{cases} 1.2+0.02P_1=1.5+0.03P_2 \\ P_1+P_2=120 \end{cases}$$

解方程，得

$$P_1=78.00\,(\text{MW})，\quad P_2=42.00\,(\text{MW})$$

(2) 根据题意，列不等式如下

$$25+1.2P+0.01P^2>10+1.5P+0.03P^2$$

简化成

$$P^2+60P-3\,000<0$$

解方程式可得

$$P=-92.45\,(\text{MW})，\quad P=32.45\,(\text{MW})$$

根据水轮发电机的下限为 0，可得负荷在 0~32.45 MW 时采用 2 号机组最经济。

例 4-4 三个火电厂并联运行，各电厂的燃料消耗特性及功率约束条件如下：

$$F_1=4+0.3P_1+0.000\,7P_1^2\,(\text{t}/\text{h})，\quad 100\,\text{MW}\leqslant P_1\leqslant 200\,\text{MW}$$

$$F_2=3+0.32P_2+0.000\,4P_2^2\,(\text{t}/\text{h})，\quad 120\,\text{MW}\leqslant P_2\leqslant 250\,\text{MW}$$

$$F_3=3.5+0.3P_3+0.000\,45P_3^2\,(\text{t}/\text{h})，\quad 150\,\text{MW}\leqslant P_3\leqslant 300\,\text{MW}$$

当总负荷为 700 MW 时，试确定各电厂间功率的经济分配(不计网损的影响)。

解： (1) 按所给耗量特性得各厂的微增耗量特性为

$$\lambda_1=0.3+0.001\,4P_1，\quad \lambda_2=0.32+0.000\,8P_2，\quad \lambda_3=0.3+0.000\,9P_3$$

令 $\lambda_1=\lambda_2=\lambda_3$，可解出

$$P_1=14.29+0.572P_2=0.643P_3，\quad P_3=22.22+0.889P_2$$

(2) 总负荷为 700 MW，即 $P_1+P_2+P_3=700$。

将 P_1 和 P_3 都用 P_2 表示，便得

$$14.29+0.572P_2+P_2+22.22+0.889P_2=700$$

由此可算出 $P_2=270$ MW，已越出上限值，故应取 $P_2=250$ MW。剩余的负荷功率 450 MW 再由电厂 1 和电厂 3 进行经济分配，即 $P_1+P_3=450$。

将 P_1 用 P_3 表示，便得 $0.643P_3+P_3=450$。由此解出：$P_3=274$ MW 和 $P_1=450–274=176$ MW，都在限值以内。

等耗量微增率准则不仅可用于同一电厂各机组间的负荷分配，同样可应用于系统中只有火电厂或只有水电厂，且不计网络损耗时各电厂间的经济功率分配。

4.4.3 不计网损时一个水电厂和一个火电厂间负荷的经济分配

假定系统中只有一个水电厂和一个火电厂。水电厂运行的主要特点是，在指定的较短运行周期(一日、一周或一月)内总发电用水量 W_Σ 为给定值。水电厂、火电厂间最优运行的目标是：在整个运行周期内满足用户的电力需求，合理分配水电厂、火电厂的负荷，使总燃料(煤)耗量为最小。

用 P_T、$F(P_T)$ 分别表示火电厂的功率和耗量特性；用 P_H、$W(P_H)$ 分别表示水电厂功率和耗量特性。为简单起见，暂不考虑网损，且较短运行周期内水库水头认为不变。在此情况下，水电厂、火电厂间负荷的经济分配问题可表述如下。

在满足功率和用水量两等式约束条件：

$$P_H(t) + P_T(t) - P_L(t) = 0 \tag{4-35}$$

$$\int_0^T W[P_H(t)]dt - W_\Sigma = 0 \tag{4-36}$$

的情况下，使目标函数

$$F_\Sigma = \int_0^T F[P_T(t)]dt \tag{4-37}$$

为最小。

这是求泛函极值的问题，一般应用变分法来解决。在一定的简化条件下也可以用拉格朗日乘数法进行处理。

把指定的运行周期 T 划分为 s 个更短的时段，即

$$\tau = \sum_{k=1}^s \Delta t_k \tag{4-38}$$

在任一时段 Δt_k 内，假定负荷功率、水电厂和火电厂的功率不变，并分别记为 $P_{L.k}$、$P_{H.k}$ 和 $P_{T.k}$。这样，上述等式约束条件式(4-35)和式(4-36)将变为

$$P_{H.k} + P_{T.k} - P_{L.k} = 0 \qquad (k=1,2,\cdots,s) \tag{4-39}$$

$$\sum_{k=1}^s W(P_{H.k})\Delta t_k - W_\Sigma = \sum_{k=1}^s W_k \Delta t_k - W_\Sigma = 0 \tag{4-40}$$

共有 $s+1$ 个等式约束条件。目标函数为

$$F_\Sigma = \sum_{k=1}^s F(P_{T.k})\Delta t_k = \sum_{k=1}^s F_k \Delta t_k \tag{4-41}$$

应用拉格朗日乘数法，为式(4-39)设置乘数 $\lambda_k (k=1, 2, \ldots, s)$，为式(4-40)设置乘数 γ，构成拉格朗日函数

$$L = \sum_{k=1}^s F_k \Delta t_k - \sum_{k=1}^s \lambda_k (P_{H.k} + P_{T.k} - P_{L.k})\Delta t_k + \gamma(\sum_{k=1}^s W_k \Delta t_k - W_\Sigma) \tag{4-42}$$

上式的右端包含有 $P_{H.k}$、$P_{T.k}$、λ_k $(k = 1, 2, \cdots, s)$ 和 γ 共 $3s+1$ 个变量。将拉格朗日函数分别对这 $3s+1$ 个变量取偏导数，并令其为零，便得下列 $3s+1$ 个方程。

$$\frac{\partial L}{\partial P_{H.k}} = \gamma \frac{dW_k}{dP_{H.k}}\Delta t_k - \lambda_k \Delta t_k = 0 \qquad (k=1,2,\cdots,s) \tag{4-43}$$

$$\frac{\partial L}{\partial P_{T.k}} = \frac{dF_k}{dP_{T.k}}\Delta t_k - \lambda_k \Delta t_k = 0 \qquad (k=1,2,\cdots,s) \tag{4-44}$$

$$\frac{\partial L}{\partial \lambda_k} = -(P_{H.k} + P_{T.k} - P_{L.k})\Delta t_k = 0 \qquad (k=1,2,\cdots,s) \tag{4-45}$$

$$\frac{\partial L}{\partial \gamma} = \sum_{k=1}^s W_k \Delta t_k - W_\Sigma = 0 \tag{4-46}$$

式(4-45)和式(4-46)就是原来的等式约束条件。式(4-43)和式(4-44)可以合写成

$$\frac{dF_k}{dP_{T.k}} = \gamma \frac{dW_k}{dP_{H.k}} = \lambda_k \qquad (k=1,2,\cdots,s) \tag{4-47}$$

上式称为协调方程式。

如果时间段取得足够短，则认为任何瞬间都必须满足

$$\frac{dF}{dP_T} = \gamma \frac{dW}{dP_H} = \lambda \tag{4-48}$$

上式表明，在水电厂、火电厂间负荷的经济分配也符合等微增率准则。

下面说明系数 γ 的物理意义。当火电厂增加功率 ΔP 时，煤耗增量为

$$\Delta F = \frac{dF}{dP_T} \Delta P$$

当水电厂增加功率 ΔP 时，耗水增量为

$$\Delta W = \frac{dW}{dP_H} \Delta P$$

将两式相除并计及式(4-48)可得

$$\gamma = \frac{\Delta F}{\Delta W} \tag{4-49}$$

ΔF 的单位是 t/h，ΔW 的单位为 m^3/h，因此 γ 的单位为 t(煤)/ m^3(水)。这就是说，按发出相同数量的电功率进行比较，1 m^3 的水相当于 γ t 煤。因此，γ 又称为水煤换算系数。

把水电厂的水耗量乘以 γ，相当于把水换成了煤，水电厂就变成了等值的火电厂。然后直接套用火电厂间负荷分配的等微增率准则，就可得到式(4-48)。

若系统的负荷不变，让水电厂增发功率 ΔP，则忽略网损时，火电厂就可以少发功率 ΔP。这意味着用耗水增量 ΔW 来换取煤耗的节约量 ΔF。当在指定的运行周期内总耗水量给定，并且整个运行周期内 γ 值都相同时，煤耗的节约量为最大。这也是等微增率准则的一种应用。水耗微增率特性可从耗水量特性求出，它与火电厂的微增率特性曲线相似。

按等微增率准则在水电厂、火电厂间进行负荷分配时，需要适当选择 γ 的数值。一般情况下，γ 值的大小与该水电厂在指定的运行周期内给定的用水量有关。在丰水期给定的用水量较多，水电厂可以多带负荷，γ 应取较小的值，因而根据式(4-48)，水耗微增率就较大。由于水耗微增率特性曲线是上升曲线，较大的 dW/dP_H 对应较大的发电量和用水量。反之，在枯水期给定的用水量较少，水电厂应少带负荷。此时 γ 应取较大的值，使水耗微增率较小，从而对应较小的发电量和用水量。γ 值的选取应使给定的水量在指定的运行期间正好全部用完。

对于上述简单情况，计算步骤大致如下：

(1) 给定初值 $\gamma^{(0)}$，这就相当于把水电厂折算成了等值火电厂。设置迭代计数 $k = 0$。

(2) 计算全部时段的负荷分配。

(3) 校验总耗水量 $W^{(k)}$ 是否同给定值 W_Σ 相等，即判断是否满足

$$|W^{(k)} - W_\Sigma| < \varepsilon$$

若满足则计算结束，打印结果，否则做下一步计算。

(4) 若 $W^{(k)} > W_\Sigma$，则说明 $\gamma^{(k)}$ 值取得偏小，应取 $\gamma^{(k+1)} > \gamma^{(k)}$；若 $W^{(k)} < W_\Sigma$，则说明 $\gamma^{(k)}$ 值取得偏大，应取 $\gamma^{(k+1)} < \gamma^{(k)}$。然后迭代计数加 1，返回第 2 步，继续计算。

例4-5 一个火电厂和一个水电厂并联运行。火电厂的耗量特性为 $F = (3 + 0.4P_T + 0.000\,35P_T^2)$ t/h，水电厂的耗水量特性为 $W = (2 + 0.8P_H + 0.001\,5P_H^2)$ m^3/s，水电厂的给定日用水量为 W_Σ $= 1.5 \times 10^7 m^3$。系统的日负荷变化情况：0~8 时的负荷为 350 MW；8~18 时的负荷为 700 MW；

18~24 时的负荷为 500 MW。火电厂容量为 600 MW,水电厂容量为 450 MW。试确定水电厂、火电厂间的功率经济分配。

解： (1) 由已知的水电厂、火电厂耗量特性可得协调方程式：

$$0.4 + 0.000\,7P_T = \gamma(0.8 + 0.003P_H)$$

对于每一时段,有功功率平衡方程式为

$$P_H + P_T = P_L$$

由上述两方程可解出

$$P_H = \frac{0.4 - 0.8\gamma + 0.000\,7P_L}{0.003\gamma + 0.000\,7}, \quad P_T = \frac{0.8\gamma - 0.4 + 0.003\gamma P_L}{0.003\gamma + 0.000\,7}$$

(2) 选 γ 的初值取 $\gamma^{(0)} = 0.5$,按已知各个时段的负荷功率值 $P_{L1} = 350$ MW,$P_{L2} = 700$ MW 和 $P_{L3} = 500$ MW,即可算出水电厂、火电厂在各时段应分担的负荷为

$$P_{H1}^{(0)} = 111.36\,\text{MW}, \quad P_{H2}^{(0)} = 222.72\,\text{MW}, \quad P_{H3}^{(0)} = 159.09\,\text{MW}$$

$$P_{T1}^{(0)} = 238.64\,\text{MW}, \quad P_{T2}^{(0)} = 477.28\,\text{MW}, \quad P_{T3}^{(0)} = 340.91\,\text{MW}$$

利用所求出的功率值和水电厂的水耗特性计算全日的发电耗水量,得

$$W_\Sigma^{(0)} = 1.593\,6585 \times 10^7\,\text{m}^3$$

这个数值大于给定的日用水量,故宜增大 γ 值。

(3) 取 $\gamma^{(1)} = 0.52$,重新计算,求得

$$P_{H1}^{(1)} = 101.33\,\text{MW}, \quad P_{H2}^{(1)} = 209.73\,\text{MW}, \quad P_{H3}^{(1)} = 147.79\,\text{MW}, \quad W_\Sigma^{(1)} = 1.462\,809 \times 10^7\,\text{m}^3$$

这个数值比给定用水量小,γ 的取值应略为减小。取 $\gamma^{(1)} = 0.514$,继续迭代,将计算结果列于表 4-1。

表 4-1 迭代过程中系数 γ 和各厂功率及总耗水量的变化情况

γ	P_{H1}/MW	P_{H2}/MW	P_{H3}/MW	W_Σ/m^3
0.50	111.36	222.72	159.09	$1.593\,6858 \times 10^7$
0.52	101.33	209.73	147.79	$1.462\,8090 \times 10^7$
0.514	104.28	213.56	151.11	$1.500\,9708 \times 10^7$
0.514\,15	104.207	213.463	151.031	$1.500\,0051 \times 10^7$

第 4 次迭代计算后,水电厂的日用水量已很接近给定值,计算到此结束。

4.4.4 计及网损时若干个水电厂、火电厂间负荷的经济分配

设系统中有 m 个水电厂和 n 个火电厂,在指定的运行期间 T 内系统的负荷 $P_L(t)$ 已知,第 j 个水电厂的发电总用水量也已给定为 $W_{j\Sigma}$。对此,计及有功网络损耗 $\Delta P(t)$ 时,水、火电厂间负荷经济分配的目标是,在满足约束条件

$$\sum_{j=1}^{m} P_{Hj}(t) + \sum_{i=1}^{n} P_{Ti}(t) - \Delta P(t) - P_L(t) = 0 \tag{4-50}$$

和

$$\int_0^T W_j(P_{Hj})\mathrm{d}t - W_{j\Sigma} = 0 \quad (j = 1,2,\cdots,m) \tag{4-51}$$

的情况下，使目标函数

$$F_\Sigma = \sum_{i=1}^{n} \int_0^T F_i(P_{Ti}) dt \tag{4-52}$$

为最小。

仿照上一小节的处理方法，把运行周期划分为 s 个小段，每一个时间小段内假定各电厂的功率和负荷功率都不变，则式(4-50)~式(4-52)可以分别改写成

$$\sum_{j=1}^{m} P_{Hj.k} + \sum_{i=1}^{n} P_{Ti.k} - \Delta P_k - P_{L.k} = 0 \quad (k=1,2,\cdots,s) \tag{4-53}$$

$$\sum_{k=1}^{s} W_{j.k}(P_{Hj.k}) \Delta t_k - W_{j\Sigma} = 0 \quad (j=1,2,\cdots,m) \tag{4-54}$$

$$F_\Sigma = \sum_{i=1}^{n} \sum_{k=1}^{s} F_{i.k}(P_{Ti.k}) \Delta t_k \tag{4-55}$$

设置拉格朗日乘数 λ_k ($k=1, 2, …, s$)和 γ_j ($j=1, 2, …, m$)，构造拉格朗日函数

$$L = \sum_{i=1}^{n} \sum_{k=1}^{s} F_{i.k}(P_{Ti.k}) \Delta t_k - \sum_{k=1}^{s} \lambda_k (\sum_{j=1}^{m} P_{Hj.k} + \sum_{i=1}^{n} P_{Ti.k} - \Delta P_k - P_{L.k}) \Delta t_k + \sum_{j=1}^{m} \gamma_j [\sum_{k=1}^{s} W_{j.k}(P_{Hj.k}) \Delta t_k - W_{j\Sigma}] \tag{4-56}$$

将此函数 L 对 $P_{Hj.k}$、$P_{Ti.k}$、λ_k 和 γ_j 分别取偏导数，并令其等于零，便得

$$\frac{\partial L}{\partial P_{Hj.k}} = -\lambda_k \left(1 - \frac{\partial \Delta P_k}{\partial P_{Hj.k}}\right) \Delta t_k + \gamma_j \frac{dW_{j.k}(P_{Hj.k})}{dP_{Hj.k}} \Delta t_k = 0 \quad (j=1,2,\cdots,m; \ k=1,2,\cdots,s) \tag{4-57}$$

$$\frac{\partial L}{\partial P_{Ti.k}} = \frac{dF_{i.k}(P_{Ti.k})}{dP_{Ti.k}} \Delta t_k - \lambda_k \left(1 - \frac{\partial \Delta P_k}{\partial P_{Ti.k}}\right) \Delta t_k = 0 \quad (i=1,2,\cdots,n; \ k=1,2,\cdots,s) \tag{4-58}$$

$$\frac{\partial L}{\partial \lambda_k} = -(\sum_{j=1}^{m} P_{Hj.k} + \sum_{i=1}^{n} P_{Ti.k} - \Delta P_k - P_{L.k}) \Delta t_k = 0 \quad (k=1,2,\cdots,s) \tag{4-59}$$

$$\frac{\partial L}{\partial \gamma_j} = \sum_{k=1}^{s} W_{j.k}(P_{Hj.k}) \Delta t_k - W_{j\Sigma} = 0 \quad (j=1,2,\cdots,m) \tag{4-60}$$

以上共包含 $(m+n+1)s+m$ 个方程，从而可以解出所有的 $P_{Hj.k}$、$P_{Ti.k}$、λ_k 和 γ_j。后两个方程即是等式约束条件式(4-53)和式(4-54)。而前两个方程则可以合写成

$$\frac{dF_{i.k}(P_{Ti.k})}{dP_{Ti.k}} \frac{1}{\left(1 - \dfrac{\partial \Delta P_k}{\partial P_{Ti.k}}\right)} = \gamma_j \frac{dW_{j.k}(P_{Hj.k})}{dP_{Hj.k}} \frac{1}{\left(1 - \dfrac{\partial \Delta P_k}{\partial P_{Hj.k}}\right)} = \lambda_k \tag{4-61}$$

上式对任一时段均成立，故可写成

$$\frac{dF_i}{dP_{Ti}} \frac{1}{\left(1 - \dfrac{\partial \Delta P}{\partial P_{Ti}}\right)} = \gamma_j \frac{dW_j(P_{Hj})}{dP_{Hj}} \frac{1}{\left(1 - \dfrac{\partial \Delta P}{\partial P_{Hj}}\right)} = \lambda \tag{4-62}$$

这就是计及网损时，多个水电厂、火电厂负荷经济分配的条件，亦称为协调方程式。

与式(4-48)比较，式(4-62)除了添进网损修正系数以外，再没有什么差别，只是把等微增率准则推广应用到了更多个发电厂的情况。

第5章 电力系统无功功率平衡与电压调整

5.1 概述

5.1.1 电压偏移的影响

用电设备是按照额定电压设计的，当它们在额定电压下运行时，处于最佳运行状态，即具有最佳的技术经济指标；当运行电压偏离额定值较大时，技术经济指标就会恶化。

白炽灯在端电压变化时，其主要特性：当端电压低于额定电压5%时，光通量减少约15%，发光效率降低约10%；当电压降低10%时，光通量减少30%，发光效率降低约20%。当电压高于额定电压5%时，发光效率增加10%，寿命将减少一半。

异步电动机的转矩和端电压的平方成正比。如以额定电压下的最大转矩为100%，当端电压下降到额定电压的90%时，它的最大转矩将下降到额定电压下最大转矩的81%。电压降低过多时，带额定转矩负载的电动机可能停止运转，带有重载(如起重机、碎石机、磨煤机等)启动的电动机可能无法启动。电压过低将导致电动机电流显著增大，使绕组温度上升，加速绝缘老化，严重情况下，甚至使电动机烧毁；在发电厂中将影响汽轮机、锅炉的工作，严重情况下将酿成安全事故。

变压器的运行电压偏低，若负载功率不变，致使输出电流增加，绕组过热；电压偏高，励磁电流增大，致使铁芯损耗增加，温升增高，严重情况下引起高次谐波共振。

为了保证各种用电设备都能在正常情况下工作，应使电力网各节点电压为额定值。可是，系统中的节点很多，网络结构复杂，负荷分布又不均匀，要使所有节点电压都保持在额定值是不可能的。即使如图 5-1 所示的简单电力系统，因为线路 1—2 和 2—3 段均有电压损耗，各节点电压不会相同。节点 1 的电压 U_1 最高，节点 3 的电压 U_3 最低。若将节点 3 的电压维持在额定值，节

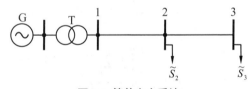

图 5-1 简单电力系统

点 1 和节点 2 的电压必定高于额定值，无法做到三个节点电压都保持在额定值。实际上一般的用电设备在运行中都允许其端电压出现偏移，只要偏移不超过规定的限度，就不会明显影响用电设备的正常工作。因此电力系统在运行过程中要经常调整节点电压，使其偏移在允许范围之内。一般规定节点电压偏移不超过电力网额定电压的±5%。

电压的波动对用户、电网和发电厂都有影响。

5.1.2 无功功率与电压的关系

电压的变化不仅影响用电设备的运行特性，而且还影响用电设备所取用的功率。在稳态运行情况下，用电设备所取用的功率随电压变化的关系称为负荷的电压静态特性。电力系统综合负荷的电压静态特性如图 5-2 所示。综合负荷包括各种不同的用电设备。

比较有功和无功负荷的静态特性可知，无功负荷对电压变动非常敏感，有功负荷不太敏感。从无功负荷的静态特性还可看出，要想维持负荷点的电压水平，就得向负荷供给它所需要的无功功率。若系统不能向负荷供应所需要的无功功率，负荷的端电压就会被迫降低。因此无功负荷静态特性给出了系统所能供给的无功功率与相应的电压水平的关系。系统所能提供的感性无功功率越少，电压就越低。

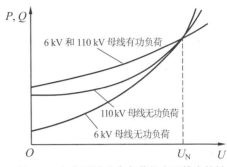

图 5-2　电力系统综合负荷的电压静态特性

综上所述，电力系统的电压偏离允许值给用户的用电设备和电网的运行带来影响。而系统中无功功率不平衡是引起电压偏移的原因，因此调整电压从建立无功功率平衡入手。

5.2 无功功率平衡

5.2.1 无功负荷

电力系统中的用电设备很多，除白炽灯和电阻加热设备外，其他用电设备一般都要消耗无功功率。在用电设备中，异步电动机占的比例最大，它所消耗的无功功率的占比也最大。

5.2.2 无功损耗

无功损耗是指在电网中变压器和线路产生的无功损耗。

变压器中的无功损耗分两部分，即励磁支路损耗和绕组漏抗中损耗。其中励磁支路损耗的百分值基本上等于空载电流 I_0 的百分值，约为 1%~2%；绕组漏抗中损耗，在变压器满载时，基本上等于短路电压 U_S 的百分值，约为 10%。因此对一台变压器或一级变压器的网络而言，变压器中的无功功率损耗并不大，满载时为其额定容量的百分之十几。但对于多电压级网络，变压器中的无功损耗就相当可观，有时超过 50%，较有功功率损耗大得多。

电力线路上的无功损耗也分两部分，即并联电纳和串联电抗中的无功损耗。并联电纳中的损耗又称为充电功率，与线路电压的平方成正比，呈容性。串联电抗中的损耗与负荷电流的平方成正比，呈感性。因此，线路作为电力系统的一个元件究竟是消耗容性无功功率，还是感性无功功率是不确定的。

5.2.3 无功电源

电力系统中无功电源有发电机、静电电容器和静止补偿器等。

(1) 发电机

同步发电机不仅是电力系统的有功电源，而且还是电力系统中主要的无功电源，它发出的无功功率是可以调节的。

图 5-3 中 $\overline{OA}$ 代表发电机额定电压 $\dot{U}_{GN}$，$\dot{I}_N$ 为额定负荷电流，它滞后电压 $\dot{U}_{GN}$ 一个 φ_N 角。$\overline{AC}$ 代表电流 $\dot{I}_N$ 在电抗 X_d 上引起的电压降，$\overline{OC}$ 为发电机电动势 $\dot{E}_q$，其长度正比于转子励磁电流。设发电机 U_{GN} 不变，则 $\overline{AC}$ 的长度正比于视在功率 S_N。那么，$\overline{AC}$ 在纵轴和横轴上的投影正比于有功功率 P_N 及无功功率 Q_N。

以上分析的是发电机的额定工作状态。当改变功率因数运行时，发电机电流受转子电流限制不能超过额定值；原动机功率也不能超过额定值，其可发出的视在功率要小于额定的视在功率。图中以 A 点为圆心，以 $\overline{AC}$ 为半径做圆弧 $\overset{\frown}{RC}$ 代表定子电流保持额定值的轨迹，以 O 为圆心以 $\overline{OC}$ 为半径的圆弧 $\overset{\frown}{BC}$ 表示转子电流保持额定值的轨迹。当发电机降低功率因数运行多发无功时，由于受到转子电流的限制，调节只能沿圆弧 $\overset{\frown}{BC}$ 运行。当提高功率因数运行时，发出的有功功率受汽轮机额定功率的限制，调节只能沿 $\overline{CD}$ 进行。由此可见，前一种情况

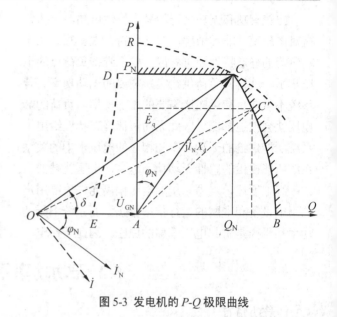

图 5-3 发电机的 P-Q 极限曲线

下定子电流没有得到充分利用；后一种情况下，定子和转子电流均得不到充分利用。因此在非额定的状态下运行，不能使发电机充分利用。

发电机正常运行时以滞后功率因数运行为主，必要时也可以减小励磁电流在超前功率因数下运行，即所谓进相运行，以吸收系统中多余的无功功率。当系统低负荷运行时，输电线路电抗中的无功功率损耗明显减少，线路电容产生的无功功率将有大量剩余，引起系统电压升高。在这种情况下有选择地安排部分发电机进相运行将有助于缓解电压调整的困难。进相运行时，发电机的 δ 角增大，为保证静态稳定，发电机的有功功率输出应随着电势的下降(即发电机吸收无功功率的增加)逐渐减小。图 5-3 中在 P-Q 平面的第 II 象限用虚线示意地画出了按静态稳定约束所确定的运行范围。进相运行时，定子端部漏磁增加，定子端部温升是限制发电机功率输出的又一个重要因素。发电机进相运行对定子端部温升的影响随发电机的类型、结构、容量和冷却方式的不同而异，很难精确计算。对于具体的发电机一般要通过现场试验来确定其进相运行的容许范围。

(2) 静电电容器

静电电容器只能向系统提供无功功率，所提供的无功功率和其端电压 U 的平方成正比，即

$$Q_C = \frac{U^2}{X_C}$$

式中：X_C 为电容器的电抗值。

当节点电压下降时，它供给系统的无功功率将减少。因此，当系统发生故障或由于其他原因电压下降时，电容器无功输出的减少将导致电压继续下降。换言之，电容器的无功功率调节性能比较差。

静电电容器的装设容量可大可小，而且既可集中使用，又可分散装设来就地供应无功功率，以降低网络的电能损耗。电容器每单位容量的投资费用较小且与总容量的大小无关，运

行时功率损耗亦较小，为额定容量的 0.3% ~ 0.5%。此外由于它没有旋转部件，维护也较方便。为了在运行中调节电容器的功率，可将电容器连接成若干组，根据负荷的变化，分组投入或切除，实现补偿功率的不连续调节。

(3) 同步调相机

同步调相机相当于空载运行的同步电动机。在过励磁运行时，它向系统供给感性无功功率，起无功电源的作用；在欠励磁运行时，它从系统吸取感性无功功率，起无功负荷作用。由于实际运行的需要和对稳定性的要求，欠励磁最大容量只有过励磁容量的 50% ~ 65%。装有自动励磁调节装置的同步调相机，能根据装设地点电压的数值平滑地改变输出(或吸取)的无功功率，进行电压调节。特别是有强行励磁装置时，在系统故障情况下，还能调整系统的电压，有利于提高系统的稳定性。但是同步调相机是旋转机械，运行维护比较复杂。它的有功功率损耗较大，在满负荷时约为额定容量的 1.5% ~ 5%，容量越小，百分值越大。小容量的调相机每 kvar 容量的投资费用也较大。故同步调相机宜于大容量集中使用。此外，同步调相机的响应速度较慢，难以适应动态无功控制的要求。20 世纪 70 年代以来已逐渐被静止无功补偿装置所取代。

(4) 静止无功补偿器

静止无功补偿器(Static Var Compensator,SVC)简称静止补偿器，由静电电容器与电抗器并联组成。电容器可发出无功功率，电抗器可吸收无功功率，两者结合起来，再配以适当的调节装置，就成为能够平滑地改变输出(或吸收)无功功率的静止补偿器。

参与组成静止补偿器的部件主要有饱和电抗器(SR)、固定电容器、晶闸管控制电抗器(TCR)和晶闸管投切电容器(TSC)。实际上应用的静止补偿器大多是由上述部件组成的混合型静止补偿器。图 5-4(a)为 TCR 型静止补偿器原理图，图 5-4(b)是它的伏安特性。

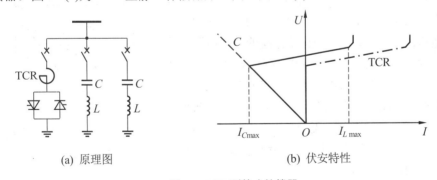

(a) 原理图　　　　　　　　　(b) 伏安特性

图 5-4 TCR 型静止补偿器

TCR 型静止补偿器由 TCR 和若干组不可控电容器组成。与电容器 C 串联的电感器 L 则与其构成串联谐振回路，兼作高次谐波的滤波器，滤去由 TCR 产生的 5、7、11，…等次谐波电流。仅有 TCR 时，补偿器的基波电流如图 5-4(b)中点划线所示，其值取决于晶闸管的触发角，而后者又取决于设定的控制规律和系统的运行状况等。仅有电容器 C 时，补偿器的电流如图虚线所示，即随其端电压的增大而增大。TCR 与电容器同时投入时，补偿器的电流如图中实线所示，这是补偿器的正常运行方式。因此，这种类型补偿器的运行范围就在图中 $I_{C\,max}$ 与 $I_{L\,max}$ 之间。

(5) 静止无功发生器

20 世纪 80 年代以来出现了一种更为先进的静止型无功补偿装置，这就是静止无功发生器(Static Var Generator, SVG)。它的主体部分是一个电压源型逆变器，逆变器中 6 个可关断晶闸管(GTO)分别与 6 个二极管反向并联，适当控制 GTO 的通断，可以把电容 C 上的直流电压转换成与电力系统电压同步的三相交流电压，逆变器的交流侧通过电抗器或变压器并联接入系统。适当控制逆变器的输出电压，就可以灵活地改变 SVG 的运行工况，使其处于容性负荷、感性负荷或零负荷状态。静止无功发生器也称为静止同步补偿器(STATCOM)或静止调相机(STATCON)。

与静止无功补偿器相比，静止无功发生器的优点是响应速度更快，运行范围更宽，谐波电流含量更少，尤其重要的是，电压较低时仍可向系统注入较大的无功电流，它的储能元件(如电容器)的容量远比它所提供的无功容量要小。

5.2.4 无功功率的平衡

电力系统中无功电源所发出的无功功率应与系统中的无功负荷及无功损耗相平衡，同时还应有一定的无功功率备用电源，即

$$Q_{GC} = Q_{LD} + \Delta Q + Q_R \tag{5-1}$$

式中 Q_{GC} 为无功电源容量的总和；Q_{LD} 为无功负荷的总和；ΔQ 为无功损耗的总和；Q_R 为无功备用容量。

电力系统中的负荷需要消耗大量的无功功率，同时电力网也会引起无功功率损耗。电力系统中的无功电源必须发出足够的无功功率以满足用户与电力网的需要，这就是无功功率平衡。这个平衡特指在一定节点电压下的平衡，如图 5-5 所示。如果系统电源所能供应的无功功率为 Q_{GCN}，由无功功率平衡的条件决定的电压为 U_N，设该电压对应于系统的正常电压水平。如系统电源所能供应的无功功率仅为 Q_{GC}，则无功功率虽也能平衡，平衡条件所决定的电压将为低于正常的电压 U。系统中无功功率电源不足时的无功功率平衡是由于全系统电压水平的下降、无功功率负荷(包括损耗)本身的具有正值的电压调节效应使全系统的无功功率需求 $(Q_{LD}+\Delta Q)$ 有所下降而达到的。

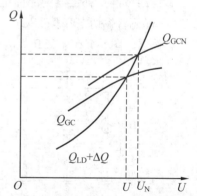

图 5-5 无功功率平衡和电压水平的关系

无功功率电源不足将导致节点电压下降，而且要满足众多的节点电压的要求，除了对全系统需要无功功率平衡以外，地区系统也需要无功功率平衡。无功功率应避免长距离输送而就地平衡。

如上所述，除了充分利用发电机的无功功率外，还应安装一些无功补偿设备，系统无功才能达到平衡。在电力系统中配置无功补偿设备时，除了应满足无功平衡要求外，还应照顾到降低电力网损耗和调压的需要，因此它是一个综合性技术经济问题。无功补偿装置应尽可能装在无功负荷中心，做到无功功率的就地平衡。一般情况下应优先使用电容器作为无功补偿设备。对大型轧钢机一类的冲击负荷，最好采用静止无功补偿器。

例 5-1 简单电力系统及其等值电路如图 5-6 所示。电网接线图中各元件的参数如下：发

电机：额定功率 2×25 MW，额定电压 10.5 kV，额定功率因数 $\cos\varphi = 0.85$；变压器 T_1：额定容量 2×31.5 MVA，变比 10.5/121 kV，空载损耗 $\Delta P_0 = 47$ kW，短路损耗 $\Delta P_S = 200$ kW，短路电压 $U_S\% = 10.5$，空载电流 $I_0\% = 2.7$；变压器 T_2：额定容量 2×20 MVA，变比 110/11 kV，空载损耗 $\Delta P_0 = 22$ kW，短路短路耗 $\Delta P_S = 35$ kW，短路电压 $U_S\% = 10.5$，空载电流 $I_0\% = 0.8$；线路

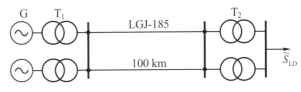

(a) 电网接线图

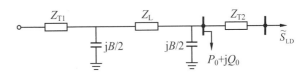

(b) 等值电路图

图 5-6 电力系统及其等值电路

L：型号 2×LGJ-185，$Z = 8.5 + j20.5\ \Omega$，$0.5B = 2.82 \times 10^{-4}$ S；负荷 $\tilde{S}_L = 30 + j22.5$ MVA 。对此系统做无功平衡计算。

解： 首先计算变压器 T_2 损耗：

空载无功损耗 $\Delta Q_0 = \dfrac{S_N I_0\%}{100} = \dfrac{20 \times 0.8}{100} = 0.16\ \text{(Mvar)}$

电抗上短路无功损耗 $\Delta Q_S = \dfrac{S_N U_S\%}{100} = \dfrac{20 \times 10.5}{100} = 2.1\ \text{(Mvar)}$

总的有功损耗 $\Delta P_{T2} = \dfrac{2P_0}{1000} + \dfrac{2\Delta P_S S_{LD}^2}{(2S_N)^2} = \dfrac{2 \times 22}{1000} + \dfrac{2 \times 0.135 \times (30^2 + 22.5^2)}{(2 \times 20)^2} = 0.281\ \text{(MW)}$

变压器 T_2 中总无功损耗

$$\Delta Q_{T2} = 2\Delta Q_0 + \frac{2\Delta Q_S S_{LD}^2}{(2S_N)^2} = 2 \times 0.16 + \frac{2 \times 2.1 \times (30^2 + 22.5^2)}{(2 \times 20)^2} = 4.01\ \text{(Mvar)}$$

线路末端充电功率

$$\Delta Q_L = \frac{1}{2} B U_N^2 = 2.82 \times 10^{-4} \times 110^2 = 3.41\ \text{(Mvar)}$$

线路传输的功率

$$\tilde{S}_L = \Delta P_{T2} + j(\Delta Q_0 + \Delta Q_{T2}) + \tilde{S}_{LD} - j\Delta Q_L = 0.281 + j4.17 + (30 + j22.5) - j3.41 =$$
$$30.281 + j23.26\ \text{(MVA)}$$

线路阻抗中的功率损耗

$$\Delta \tilde{S}_L = \frac{S_L^2 Z_L}{U_N^2} = \frac{(30.281^2 + 23.26^2) \times (8.5 + j20.5)}{110^2} = 1.024 + j2.47\ \text{(MVA)}$$

通过变压器 T_1 的功率

$$\tilde{S}_{T1} = \tilde{S}_L + \Delta \tilde{S}_L + \Delta Q_L = (30.281 + j23.26) + (1.024 + j2.47) - j3.41 = 31.305 + j22.32\ \text{(MVA)}$$

计算 T_1 变压器损耗

$$\Delta Q_0 = \frac{S_N I_0\%}{100} = \frac{31.5 \times 2.7}{100} = 0.851\ \text{(Mvar)}$$

$$\Delta Q_S = \frac{S_N U_S\%}{100} = \frac{31.5 \times 10.5}{100} = 3.308\ \text{(Mvar)}$$

$$\Delta P_{T1} = \frac{2P_0}{1\,000} + \frac{2\Delta P_S S_{T1}^2}{(2S_N)^2} = \frac{2\times47}{1\,000} + \frac{2\times0.2\times(31.305^2+22.32^2)}{(2\times31.5)^2} = 0.243\,(\text{MW})$$

$$\Delta Q_{T1} = 2\Delta Q_0 + \frac{2\Delta Q_S S_{T1}^2}{(2S_N)^2} = 2\times0.851 + \frac{2\times3.308\times(31.305^2+22.32^2)}{(2\times31.5)^2} = 4.166\,(\text{Mvar})$$

系统需总功率为

$$\tilde{S} = (\Delta P_{T1} + j\Delta Q_{T1}) + \tilde{S}_{T1} = (0.243 + j4.166) + (31.305 + j22.32) = 31.548 + j26.486\,(\text{MVA})$$

发电机以额定功率因数运行，可发无功功率

$$Q_G = P_G \tan\varphi = 31.548 \times \tan(\cos^{-1}0.85) = 19.56\,(\text{MVA})$$

应补偿无功功率为

$$Q_C = Q - Q_G = 26.486 - 19.56 = 6.926\,(\text{MVA})$$

5.3 电力系统中枢点的电压管理

5.3.1 造成用户端电压偏移的原因

用电设备最理想的工作电压就是它的额定电压，但是在电力系统中如果不采取调压措施，很难保持所有的用电设备都在接近于额定电压的状态下工作。以图 5-7 所示网络为例，若 O 点电压保持不变，用户端点 C 的电压将随着电力网中电压损耗的变化而变化。最大负荷时，沿线的电压偏移分布用 $OA_2B_2C_2$ 表示，最小负荷时用 $OA_1B_1C_1$ 表示。负荷在最大和最小之间变动时，C 点的电压

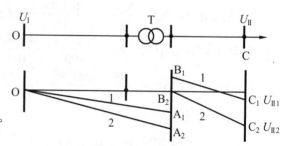

图 5-7 输送不同功率时沿线电压分布
1—小负荷电压分布；2—大负荷电压分布

变动将在 $U_{\text{II}1}$ 和 $U_{\text{II}2}$ 之间变动。若电力网中电压损耗不大，或者电压损耗虽数值大，但电压损耗的变动不大，负荷点C的电压可以通过合理选择变压器分接头控制在允许偏移范围之内。若电压损耗过大，同时电压损耗的变动也很大，以致在最大负荷时，C 点电压 $U_{\text{II}2}$ 与最小负荷的 $U_{\text{II}1}$ 相差很大，无法保证两者均在允许偏移范围之内，在这种情况下就得采取相应的调压措施，以保证供电的电压质量。可见用户端电压偏移程度不仅与电压损耗大小有关，还与电压损耗的变化量大小有关。

下列几种情况都将导致电压损耗的变化：

(1) 负荷大小的改变。电力系统的负荷在一年内的各个季节中以及一昼夜的各个小时内都是不同的。例如照明负荷在前半夜为100%，到白天往往要降到10%~20%，甚至更低。负荷大小的改变将引起电力网中电压损耗的相应改变。

(2) 个别设备因检修或故障退出工作，造成电力网阻抗的改变，从而造成电压损耗的改变。

(3) 电力系统接线方式的改变。有时为了适应某种要求，需要改变电力系统的接线方式，将引起电力网中功率分布和阻抗的改变，从而造成电压损耗的改变。

在较大的电力系统中，最大电压损耗的百分数值，可能达到20%～30%以上，并且往往电压损耗的变动也很大，所以如不采取调压措施就无法满足用户对电压质量的要求。

5.3.2 电压中枢点的选择

电力系统的调压目的是使用户的电压偏移保持在规定的范围内。

电力系统中的负荷点非常多，对其电压水平不可能也不必要一一进行监视。一般是选定少数有代表性的点作为电压监视的中枢点，在运行中只要对这些代表点进行电压控制，使其符合一定要求，其他各点的电压质量就能得到保证。总之，电压中枢点是指这样一些点，它们的电压一经确定之后，系统其他各点的电压也就确定了。中枢点一般选在区域性发电厂的高压母线、枢纽变电所的二次母线及有大量地方负荷的发电厂母线。

5.3.3 电压中枢点的电压允许变化范围

为了对中枢点的电压进行监视和调整，必须首先确定中枢点电压允许波动的范围。

有一简单电力网如图 5-8(a)所示，O 点为电源点，由 O 点向两个负荷点 a 和 b 供电，两负荷电压 U_a 和 U_b 的允许变化范围相同，都是$(0.95\sim1.05)U_N$。当功率分布和线路参数已知，O 点的电压一经确定，则 a 和 b 两点的电压也就确定了。控制 O 点的电压，也就能控制 a 和 b 两点的电压，因此可把 O 点确定为电压中枢点。下面以此电力网为例，说明确定中枢点电压偏移的允许范围的方法。

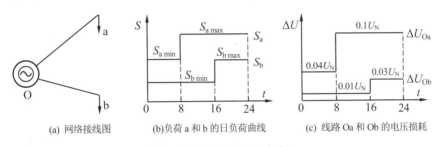

(a) 网络接线图　　(b)负荷 a 和 b 的日负荷曲线　　(c) 线路 Oa 和 Ob 的电压损耗

图 5-8　简单电力网电压损耗

分别以负荷 a 和负荷 b 出发求出中枢点 O 应维持的电压变动范围。

负荷 a 为最小负荷时(0~8 h)，中枢点 O 应维持的电压为

$$U_a + \Delta U_{Oa} = (0.95\sim1.05)U_N + 0.04U_N = (0.99\sim1.09)U_N$$

式中：$(0.95\sim1.05)U_N$ 为负荷 a 所允许的电压偏移；$0.04U_N$ 为最小负荷时的线路电压损耗。

负荷 a 为最大负荷时(8~24 h)，中枢点 O 应维持的电压为

$$U_a + \Delta U_{Oa} = (0.95\sim1.05)U_N + 0.1U_N = (1.05\sim1.15)U_N$$

负荷 b 为最小负荷时(0~16 h)，中枢点 O 应维持的电压为

$$U_b + \Delta U_{Ob} = (0.95\sim1.05)U_N + 0.01U_N = (0.96\sim1.06)U_N$$

负荷 b 为最大负荷时(16~24 h)，中枢点 O 应维持的电压为

$$U_b + \Delta U_{Ob} = (0.95\sim1.05)U_N + 0.03U_N = (0.98\sim1.08)U_N$$

考虑负荷 a 和负荷 b 对 O 点的要求可得出 O 点电压的容许变动范围，如图 5-9(a)所示。图中阴影部分为可同时满足负荷 a 和负荷 b 电压要求的 O 点电压的变动范围。尽管负荷 a 和负荷 b 允许电压偏移都是±5%，即有 10%的变动范围，但由于 ΔU_{Oa} 及 ΔU_{Ob} 的大小和变化规律不同，使得 8~16 h 中枢点允许电压变动范围只有 1%。由此可见，当电压损耗 ΔU_{Oa} 和 ΔU_{Ob} 变化大，彼此相差悬殊时，中枢点电压不易同时满足负荷 a 和负荷 b 电压的要求。如图 5-9(b)

所示的情况下，在8~16 h中枢点不论取什么值都不能满足要求。一旦出现这种情况，就必须在负荷点增设必要调压设备。

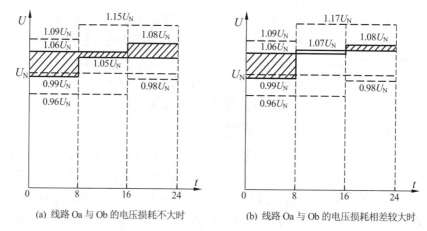

(a) 线路 Oa 与 Ob 的电压损耗不大时　　(b) 线路 Oa 与 Ob 的电压损耗相差较大时

图 5-9　中枢点 O 电压容许变动范围

5.3.4 中枢点电压的调整方式

在实际运行或规划设计中，由于缺乏必要的数据而无法确定中枢点电压控制范围时，可根据中枢点所管辖的电力网中负荷分布的远近及负荷变化的程度，对中枢点的电压调整方式提出原则性要求，以确定一个大致的电压变化范围。这种确定电压调整范围的方式一般分为三类：逆调压、顺调压和恒调压。

(1) 逆调压

对于大型网络，如果中枢点到负荷的线路较长，且负荷变化较大，则在大负荷时提高中枢点的电压，以抵偿线路上因负荷增大而增大的电压损耗；在小负荷时则将中枢点电压降低一些，以防止负荷点的电压过高，一般这种情况的中枢点实行逆调压。采用逆调压方式的中枢点电压，在最大负荷时较线路的额定电压高 5%，即 $1.05U_N$；在最小负荷时等于线路的额定电压，即 $1.0U_N$。中枢点采用逆调压可以改善负荷点的电压质量。但是从发电厂到某些中枢点(例如枢纽变电所)也有电压损耗。若发电机电压一定，则在大负荷时，电压损耗大，中枢点电压自然要低一些；在小负荷时，电压损耗小，中枢点电压要高一些。中枢点电压的这种自然变化规律与逆调压的要求恰好相反，所以从调压的角度来看，逆调压的要求较高，较难实现。实际上也没有必要对所有中枢点都采用逆调压方式。

(2) 顺调压

对于小型网络，如中枢点到负荷点的线路不长，负荷变化很小，线路上的电压损耗也很小，这种情况下，可对中枢点采用顺调压。采用顺调压方式的中枢点电压，在最大负荷时，允许中枢点电压低一些，但不低于线路额定电压的 102.5%，即 $1.025U_N$；在最小负荷时允许中枢点电压高一些，但不高于线路额定电压的 107.5%，即 $1.075U_N$。

(3) 恒调压

对于中型网络，负荷变化较小，线路上电压损耗也较小，这种情况只要把中枢点电压保持在较线路额定电压高 2%~5% 的数值，即 $(1.02\sim1.05)U_N$，不必随负荷变化来调整中枢点的电压，仍可保证负荷点的电压质量，这种调压方式称为恒调压，也称为常调压。

如果中枢点是发电机电压母线,则除了需要满足其所管辖的电力网中负荷的电压要求外,还受厂用电设备与发电机的最高允许电压以及为保持系统稳定的最低允许电压的限制。

在这三种调压方式中,逆调压方式要求最高,实现较难,恒调压次之,顺调压较容易实现。以上都是指系统正常运行时的调压方式。当系统发生事故时,因电压损耗比正常时大,故电压质量的要求允许降低一些,事故时负荷点的电压偏移允许较正常时再增大 5%。

5.4　电力系统的调压措施

电力系统电压的调整比频率的调整更为复杂,因为系统的每个节点电压都不相同,而且对电压要求也不一样,所以不可能在系统中只调整一两处电压就可以满足整个系统对电压水平的要求,而需要根据不同情况,在不同的节点,采用不同的调压方式,使得系统各点电压满足要求。

常采用的调压措施有以下几种:
(1) 调节励磁电流以改变发电机端电压;
(2) 改变变压器变比;
(3) 改变无功功率的分布;
(4) 改变输电线路的参数。

前两种措施是通过改变电压水平的方法来维持所需要的电压,后两种措施是用改变电压损耗的方法来达到调压的目的。

5.4.1 利用发电机进行调压

发电机的端电压可以用改变发电机励磁电流的方法进行调整,一般可在额定电压的±5%范围内进行。在直接用发电机电压向用户供电的系统中,如供电线路不长,电压损耗不大时,用发电机进行调压一般就可满足要求。图 5-10 为单电源电力系统的发电机做逆调压时的电压分布。

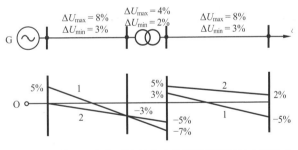

图 5-10　单电源电力系统的发电机做逆调压时的电压分布

当发电机电压恒定,且为最大负荷时,发电机母线到末端负荷点的总电压损耗为 20%;最小负荷时则为 8%,末端负荷点电压变动范围为 12%,电压质量不能满足要求。现在用发电机进行逆调压,为最大负荷时发电机电压升高 5%U_N,考虑到变压器二次侧空载电压较额定电压高 10%,那么,末端负荷点电压较额定电压低 5%。在最小负荷时发电机电压为 U_N,则末端负荷点电压比额定电压高 2%。这样,电压偏移在±5%范围之内,电压质量达到了要求。

当发电机经过多级电压向负荷供电,同时发电机电压母线上接有直馈负荷时,单依靠发电机进行调压就不能保证全部负荷对电压质量的要求。图 5-11 为多级电压相同的电压损耗。在最大负荷时,发电机母线到末端的电压损耗可达 34%,最小负荷时为 14%。在这两种情况下,电压损耗相差 20%。发电机进行逆调压也只能缩小 5%,电压损耗相差还是超过 10%,电压质量不能满足要求。在此情况下，必须再配合其他调压措施。

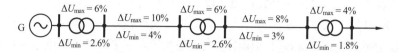

图 5-11 多级电压相同的电压损耗

对于有若干发电厂并列运行的电力系统，利用发电机调压会出现新的问题。前面提到过，节点的无功功率与节点的电压有密切的关系。例如，两个发电厂相距 60 km，由 110 kV 线路相连，如果要把一个电厂的 110 kV 母线的电压提高 5%，该电厂大约要多输出 25 Mvar 的无功功率。因而要求进行电压调整的电厂需有相当充裕的无关容量储备，这一般是不易满足的。此外，在系统内并列运行的发电厂中，调整个别发电厂的母线电压，会引起系统中无功功率的重新分配，这还可能同无功功率的经济分配发生矛盾。所以在大型电力系统中发电机调压一般只作为一种辅助性的调压措施。

5.4.2 改变变压器变比进行调压

双绕组变压器的高压侧绕组和三绕组变压器的高、中压侧绕组为了调整电压，都设有几个分接头供选择使用。

图 5-12 所示为一降压变压器。若通过功率为 $P+jQ$，高压侧实际电压为 U_1，归算到高压侧的变压器阻抗为 R_T+jX_T，归算到高压侧的变压器电压损耗为 ΔU_T，低压侧要求得到的电压为 U_2，则有

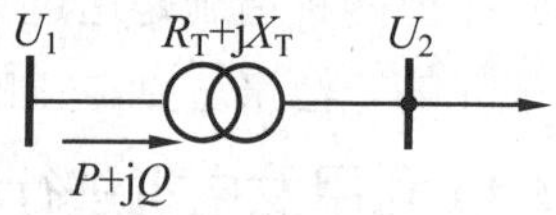

$$\Delta U_T = (PR_T + QX_T)/U_1$$
$$U_2 = (U_1 - \Delta U_T)/k \qquad (5-2)$$

图 5-12 降压变压器

式中：k 是变压器的变比，为高压绕组分接头电压 U_{1t} 与低压绕组额定电压 U_{2N} 之比。

将 k 代入式(5-2)，便得高压侧分接头电压

$$U_{1t} = \frac{U_1 - \Delta U_T}{U_2} U_{2N} \qquad (5-3)$$

当变压器通过不同的功率时，高压侧电压 U_1、电压损耗 ΔU_T，以及低压侧所要求的电压 U_2 都要发生变化。通过计算可以求出在不同的负荷下为满足低压侧调压要求所应选择的高压侧分接头电压。

普通的双绕组变压器的分接头只能在停电的情况下改变。在正常的运行中无论负荷怎样变化只能使用一个固定的分接头。这时可以分别算出最大负荷和最小负荷下所要求的分接头电压

$$U_{1t\max} = (U_{1\max} - \Delta U_{T\max})U_{2N}/U_{2\max} \qquad (5-4)$$
$$U_{1t\min} = (U_{1\min} - \Delta U_{T\min})U_{2N}/U_{2\min} \qquad (5-5)$$

然后取它们的算术平均值，即

$$U_{1t.av} = (U_{1t\max} + U_{1t\min})/2 \qquad (5-6)$$

根据 $U_{1t.av}$ 值选择一个与它最接近的分接头。然后根据所选取的分接头校验最大负荷和最小负荷时低压母线上的实际电压是否符合要求。

升压变压器分接头的选择方法与降压变压器的基本相同，只是把式(5-3)中 ΔU_T 前的符号

改为加号，即

$$U_{1t} = \frac{U_1 + \Delta U_T}{U_2} U_{2N} \qquad (5\text{-}7)$$

式中：U_2 为变压器低压侧的实际电压或给定电压；U_1 为高压侧所要求的电压。

例 5-2 某降压变电所的变压器的变比为 110±2×2.5%/10.5 kV，归算到高压侧阻抗为 $Z_T=2.44+j40\ \Omega$，最大负荷为 28+j14 MVA，高压侧电压为 113 kV，最小负荷为 10+j6 MVA，高压侧电压为 115 kV，低压侧母线电压允许变压范围为 10~11 kV。求变压器的分接头位置。

解： 先计算最大负荷及最小负荷时变压器的电压损耗

$$\Delta U_{T\max} = \frac{P_{\max}R_T + Q_{\max}X_T}{U_{1\max}} = \frac{28\times2.44 + 14\times40}{113} = 5.5\ (\text{kV})$$

$$\Delta U_{T\min} = \frac{P_{\min}R_T + Q_{\min}X_T}{U_{1\min}} = \frac{10\times2.44 + 6\times40}{115} = 2.3\ (\text{kV})$$

假定变压器在最大负荷和最小负荷运行时低压侧的电压分别取为 $U_{2\max}=6$ kV 和 $U_{2\min}=6.6$ kV，则由式(5-4)和式(5-5)可得

$$U_{1t\max} = (U_{1\max} - \Delta U_{T\max})\frac{U_{2N}}{U_{2\max}} = (113-5.5)\times\frac{10.5}{10} = 112.875(\text{kV})$$

$$U_{1t\min} = (U_{1\min} - \Delta U_{T\min})\frac{U_{2N}}{U_{2\min}} = (115-2.3)\times\frac{10.5}{11} = 107.22(\text{kV})$$

取算术平均值

$$U_{1t.av} = \frac{U_{1t\max} + U_{1t\min}}{2} = \frac{112.875+107.22}{2} = 110.22(\text{kV})$$

选最接近的分接头 $U_{1t}=110$ kV。按所选分接头校验低压母线的实际电压。

$$U_{2\max} = (U_{1\max} - \Delta U_{T\max})\frac{U_{2N}}{U_{1t}} = (113-5.5)\times\frac{10.5}{110} = 10.268(\text{kV})$$

$$U_{2\min} = (U_{1\min} - \Delta U_{T\min})\frac{U_{2N}}{U_{1t}} = (115-2.3)\times\frac{10.5}{110} = 10.76(\text{kV})$$

可见所选分接头是能满足调压要求的。

改变普通变压器的分接头很不方便，因为这需要使变压器从运行中退出。目前国内外广泛使用有载调压变压器。这种变压器的高压侧有可以调节分接头的调压绕组，能在带有负荷的情况下改变分接头，调压范围也比较大，一般在 15%以上。目前我国 220 kV 电压级的有载调压范围一般为 ±8×2.5%，有 17 个分接头。有载调压变压器通常有两种形式，一种是本身有调压绕组，一种是带有附加调压器的加压变压器。图 5-13 为内部有调压绕组的调压变压器的原理接线图。

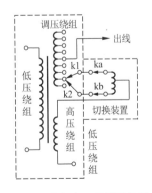

图 5-13 内部有调压绕组的调压变压器的原理接线图

有调压绕组的调压变压器装有能在带负荷情况下改变分接头的特殊切换装置。切换装置有四个可动触头。改变分接头时，先将一个动触头移到选定的分接头上，然后再将另一触头移到该分

接头上。为了避免切换过程中产生电弧使变压器油劣化，将可动触头 k1、k2 的支路上分别串联接触器的触头 ka、kb。当调节分接头时，先将接触器触头 ka 打开，将可动触头 k1 切换到选定的分接头上，然后接通 ka，再断开 kb，将 k2 切换到选定的分接头上，再接通 kb。

5.4.3 利用无功功率补偿调压

引起电压偏移的直接原因是线路和变压器上有电压损耗，如能设法减少电力网中的电压损耗，调压问题就可以在一定程度上得到解决。

线路的电压损耗可近似为电压降落的纵分量，为 $\Delta U = (PR + QX)/U$，包含两个分量：一个是有功功率 P 及电阻 R 产生的 PR/U 分量；另一个是无功负荷 Q 及电抗 X 产生的 QX/U 分量。利用无功补偿调压的效果与网络性质及负荷情况有关。在低压电力网中，一般导线截面积小，线路的电阻比电抗大，负荷的功率因数也高一些，因此 ΔU 中有功功率引起的 PR/U 分量所占的比重大；在高压电力网中，导线截面积较大，多数情况下，线路电抗比电阻大，再加上变压器的电抗远大于其电阻，这时 ΔU 中无功功率引起的 QX/U 分量就占很大的比重。例如某系统从水电厂到系统的高压电力网，包括升压和降压变压器在内，其电抗与电阻之比为 $8:1$。在这种情况下，减少输送无功功率可以产生比较显著的调压效果。反之，对截面积不大的架空线路和所有电缆线路，用这种方法调压就不合适。

改变电力网无功功率分布的办法是在输电线末端，靠近负荷处装设电容器或静止补偿器。下面讨论根据调压要求确定无功功率补偿容量的方法。

在图 5-14 中，若不计电压降落的横分量，未装无功补偿设备时发电机母线电压为

$$U_1 = U_2' + \frac{PR + QX}{U_2'}$$

式中：R、X 分别为归算到高压侧的电力网电阻和电抗；U_2' 为归算到高压侧的变电所低压母线电压。

装设容量为 Q_C 的无功补偿设备后，有

$$U_1 = U_{2C}' + \frac{PR + (Q - Q_C)X}{U_{2C}'}$$

式中：U_{2C}' 为装设无功补偿设备后，归算到高压侧的变电所低压母线电压。

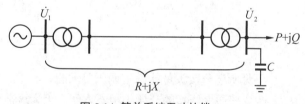

图 5-14 简单系统无功补偿

以上两种情况下，设发电机母线电压 U_1 保持不变，于是

$$U_2' + \frac{PR + QX}{U_2'} = U_{2C}' + \frac{PR + (Q - Q_C)X}{U_{2C}'}$$

由此可得补偿容量为

$$Q_C = \frac{U_{2C}'}{X}\left[(U_{2C}' - U_2') + \left(\frac{PR + QX}{U_{2C}'} - \frac{PR + QX}{U_2'}\right)\right] \tag{5-8}$$

上式右侧方括号内第二项的数值不大，一般可以略去，这样补偿容量为

$$Q_C = \frac{U_{2C}'}{X}(U_{2C}' - U_2') \tag{5-9}$$

如果补偿前、后的低压侧电压用 U_{2C} 和 U_2 表示，则有

$$Q_C = \frac{U_{2C}}{X}\left(U_{2C} - \frac{U_2'}{k}\right)k^2 \tag{5-10}$$

式中：k 为降压变压器变比。

由式(5-10)看出，补偿容量 Q_C 的大小，不仅取决于调压的要求，也取决于变压器的变比，因此在确定 Q_C 之前，要先确定 k，而变压器变比又与选择的无功补偿设备有关。选择静电电容器作为补偿设备时，应考虑最小负荷时将电容器全部或部分切除，而在最大负荷时全部投入。设最小负荷时电容器全部切除后低压侧要求的电压为 $U_{2C\min}$。则可求出变压器的分接头电压为

$$U_{1t\min} = U_{2\min}' \frac{U_{2N}}{U_{2C\min}}$$

那么变压器的变比为

$$k = \frac{U_{1t\min}}{U_{2N}}$$

根据最大负荷时对电压偏移的要求，可确定无功补偿容量为

$$Q_C = \frac{U_{2C\max}}{X_{\max}}\left(U_{2C\max} - \frac{U_{2\max}'}{k}\right)k^2$$

例 5-3 某简单电力系统如图 5-15 所示。降压变电所低压母线电压保持为 10.5 kV，所采用的无功补偿设备为静电电容器，求补偿容量。

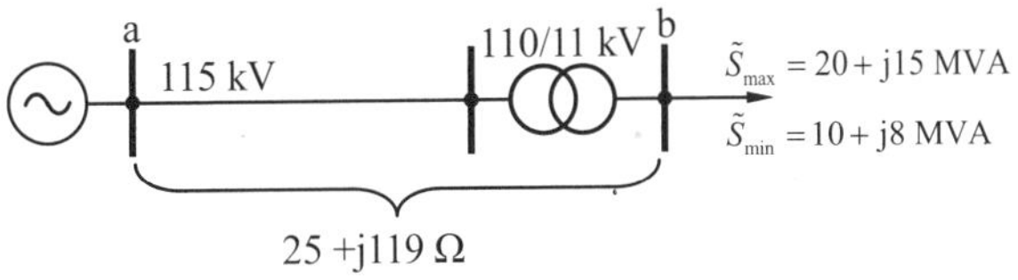

图 5-15　简单电力系统

解: 未进行补偿，且为最大负荷时，变电所低压母线折算到高压侧的电压为

$$U_{b2\max}' = U_a - \frac{P_{b\max}R + Q_{b\max}X}{U_a} = 115 - \frac{20\times25 + 15\times119}{115} = 95.13 \text{ (kV)}$$

最小负荷时，变电所低压母线电压折算到高压侧为

$$U_{b2\min}' = U_a - \frac{P_{b\min}R + Q_{b\min}X}{U_a} = 115 - \frac{10\times25 + 8\times119}{115} = 104.54 \text{ (kV)}$$

当采用静电电容器补偿且在最小负荷时，将电容器全部切除，选择分接头电压为

$$U_{1t\min} = U_{b2\min}' \frac{U_{b2N}}{U_{b2\min}} = 104.54\times\frac{11}{10.5} = 109.51 \text{ (kV)}$$

选用 110 kV 分接头，按最大负荷时的调压要求确定的 Q_C 为

$$Q_C = \frac{U_{b\max}}{X}(U_{b\max} - \frac{U_{b2\max}'}{k})k^2 = \frac{10.5}{119}\left(10.5 - \frac{95.13}{110/11}\right)\times\left(\frac{110}{11}\right)^2 = 8.7 \text{ (Mvar)}$$

验算电压偏移，在最大负荷时补偿装置全部投入，电压为

$$U_{b2\max}' = U_a - \frac{P_{b\max}R + (Q_{b\max} - Q_C)X}{U_a} = 115 - \frac{20\times25 + (15-8.7)\times119}{115} = 104.13 \text{ (kV)}$$

低压母线实际电压为

$$U_{b\,max} = U'_{b2\,max} / k = 104.13 \times \frac{11}{110} = 10.41\,(\text{kV})$$

最小负荷时，补偿设备全部退出，电压为

$$U_{b\,min} = U'_{b2\,min} / k = 104.54 \times \frac{11}{110} = 10.45\,(\text{kV})$$

最大负荷时电压偏移为

$$\frac{U - U_{\text{N}}}{U_{\text{N}}} \times 100\% = \frac{10.41 - 10.5}{10.5} \times 100\% = -0.857\%$$

最小负荷时电压偏移为

$$\frac{U - U_{\text{N}}}{U_{\text{N}}} \times 100\% = \frac{10.45 - 10.5}{10.5} \times 100\% = -0.476\%$$

满足了调压要求。

5.4.4 线路串联电容补偿调压

由电压损耗的公式可知，在传输功率不变的条件下，电压损耗值取决于线路参数 R 和 X 的大小，可见改变线路参数也同样能起到调压作用。

在低压电力网中，可用增大导线截面积的办法改变线路电阻，以减小电压损耗。在高压电力网中，通常 X 比 R 大得多，一般只能用串联电容器的办法改变线路电抗，以减小电压损耗。

对于图 5-16 所示的电力网，未装设串联电容器时的电压损耗为

$$\Delta U = \frac{P_1 R + Q_1 X}{U_1} \tag{5-11}$$

式中：X 为线路电抗；R 为线路电阻；P_1 为始端有功功率；Q_1 为始端无功功率；U_1 为始端电压。

而在线路上装置串联电容器后的电压损耗为

$$\Delta U_{\text{C}} = \frac{P_1 R + Q_1 (X - X_{\text{C}})}{U_1} \tag{5-12}$$

式中：X_{C} 为串联电容器的电抗。

串联电容器的效果是，减小了线路的电压损耗，提高了线路末端电压水平。电压提高的数值为补偿前后的电压损耗值之差，为

$$\Delta U - \Delta U_{\text{C}} = \frac{Q_1 X_{\text{C}}}{U_1} \tag{5-13}$$

由此可求得

$$X_{\text{C}} = \frac{U_1 (\Delta U - \Delta U_{\text{C}})}{Q_1} \tag{5-14}$$

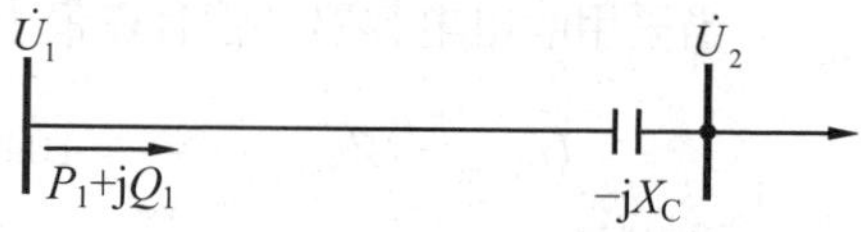

图 5-16 串联电容补偿原理图

如果始端电压 U_1 一定，假设末端所需要提高的电压已知，利用上式便可确定线路串联电容器的容抗值 X_{C}，由 X_{C} 值就可求得电容器的容量为

$$Q_{\text{C}} = 3I^2 X_{\text{C}} = \frac{P_1^2 + Q_1^2}{U_1^2} X_{\text{C}} \tag{5-15}$$

在负荷功率因数较低时，输电线上串联电容器调压效果较显著；对于负荷功率因数高的线路，线路电抗中的电压损耗所占的比重不大，串联电容器补偿的调压作用不大，不宜采用这种调压方式。

5.4.5 合理使用调压设备进行调压

电力系统的调压措施很多，为了满足某一调压要求，可以采用不同方案，同时调压措施又与无功功率分布有密切关系。因此，在选择调压措施和计算电力系统的电压调整时，应把各种调压措施综合考虑，求得合理配合，而且与无功功率的调整做统一安排。

利用发电机调压是广泛使用的调压措施，其特点是不需要任何附加投资，所以总是优先加以利用。当发电机母线没有负荷时，其端电压可在 95%～105%范围内调节；当发电机母线有负荷时，一般应进行逆调压。合理使用发电机调压通常可大大减轻其他调压措施的负担。

合理选择变压器的分接头能明显改善电力系统的电压质量，且不需要附加投资，所以应该得到充分利用。不过，普通变压器的分接头只在退出运行的条件下才能改变，操作不方便，不能经常调整。有载调压变压器的造价较高，但其优越的带负荷调压能力，使得有载调压变压器的应用越来越受到重视。

在系统无功功率不足的条件下，利用有载调压变压器并不能真正改善电压质量。虽然调压变压器能通过改变无功功率分布的方法使得局部地区的电压有所提高，但却使其他地区的无功功率不足，电压质量也因此更加下降，这是造成系统电压崩溃的的诱因之一。所以，对于无功功率不足的系统，首要的问题是增加无功功率电源，补充缺额的无功，取得无功功率的平衡。这种情况下采用电容器和静止补偿器调压更为有效。

对无功功率供应较充裕的系统，采用有载调压变压器调压就显得灵活而有效，特别是当供电范围较大，接线较复杂，负荷曲线以及负荷距电源的远近相差悬殊时，不采用调压变压器就很难普遍满足用户对电压质量的要求。

调压变压器可以集中装设，也可以分散装设。集中调压就是把调压变压器集中放在中央变电所，此时调压变压器的分接头要兼顾各变电所的要求。如果在各用户变电所均装设调压变压器，就构成了分散调压。集中调压所用设备少、投资省、较分散、调压经济，但有时因负荷曲线差别大，下一级变电所距中央变电所的距离彼此相差悬殊，在中央变电所调压难以做到统筹兼顾，就只能采用部分或全部分散调压方案。

最后指出，为了合理选择调压措施，还应对各方案进行技术经济比较，要求所选方案不仅应满足调压要求，而且要有最好的技术经济指标。

5.5　无功功率的经济分配

电力系统的无功功率经济分配与电力系统调压密切相关。当系统中无功电源不足时，会引起电压水平下降，为了提高电压水平就得增加无功补偿电源；而无功补偿电源的装设既要考虑容量大小，又要考虑其合理分布。产生无功功率并不消耗能源，但是无功功率在网络中传送则会产生有功功率损耗。电力系统的经济运行，首先是要求在各发电厂(或机组)间进行有功负荷的经济分配。在有功负荷分配已确定的前提下，调整各无功电源之间的负荷分布，使有功网损达到最小，这就是无功功率负荷经济分布的目标。

网络中的有功功率损耗可表示为所有节点注入功率的函数，即

$$\Delta P = f(P_1, P_2, \cdots, P_n, Q_1, Q_2, \cdots, Q_n) \qquad (5\text{-}16)$$

进行无功负荷经济分布时，除平衡机以外(因无功分布未定，总有功网损也未定)，所有

发电机的有功功率都已确定，各节点负荷的无功功率也是已知的，待求的是节点无功电源的功率。无功电源可以是发电机、同步调相机、静电电容器和静止补偿器等。假定这些无功功率电源接于节点 $1, 2, \cdots, m$，其出力和节点电压的变化范围都不受限制，则无功负荷经济分配问题的数学表述为在满足

$$\sum_{i=1}^{m} Q_{Gi} - \Delta Q - Q_{LD} = 0 \tag{5-17}$$

的条件下，使式(5-17)的 ΔP 达到最小。式(5-17)中 ΔQ 是网络的无功功率损耗。

应用拉格朗日乘数法，构造拉格朗日函数为

$$L = \Delta P - \lambda(\sum_{i=1}^{m} Q_{Gi} - \Delta Q - Q_{LD}) = 0 \tag{5-18}$$

将 L 分别对 Q_{Gi} 和 λ 取偏导数并令其等于零，便得

$$\frac{\partial L}{\partial Q_{Gi}} = \frac{\partial \Delta P}{\partial Q_{Gi}} - \lambda\left(1 - \frac{\partial \Delta Q}{\partial Q_{Gi}}\right) = 0 \quad (i = 1, 2, \cdots, m) \tag{5-19}$$

$$\frac{\partial L}{\partial \lambda} = -(\sum_{i=1}^{m} Q_{Gi} - \Delta Q - Q_{LD}) = 0 \tag{5-20}$$

共 $m+1$ 个方程。于是得到无功功率负荷经济分布的条件为

$$\frac{\partial \Delta P}{\partial Q_{Gi}} \cdot \frac{1}{1 - \dfrac{\partial \Delta Q}{\partial Q_{Gi}}} = \frac{\partial \Delta P}{\partial Q_{Gi}} \beta_i = \lambda \tag{5-21}$$

式中：偏导数 $\partial \Delta P / \partial Q_{Gi}$ 是网络有功损耗对第 i 个无功电源功率的微增率；$\partial \Delta Q / \partial Q_{Gi}$ 是无功网损对第 i 个无功电源功率的微增率；β_i 称为无功网损修正系数。

对比式(5-21)和式(4-62)可以看到，这两个公式完全相似。式(5-21)是等微增率准则在无功功率负荷经济分配问题中的具体应用。式(5-21)说明，当各无功电源点的网损微增率相等时，网损达到最小。

实际上，在按等网损微增率分配无功负荷时，还必须考虑以下的不等式约束条件。

$$Q_{Gi\,min} \leqslant Q_{Gi} \leqslant Q_{Gi\,max} \tag{5-22}$$

$$U_{i\,min} \leqslant U_i \leqslant U_{i\,max} \tag{5-23}$$

在计算过程中，必须逐次检验这些条件，并进行必要的处理。最后的结果可能只有一部分电源点是按等微增率条件式(5-21)进行负荷分配的，而另一部分电源点是按限值或调压要求分配无功负荷。这样，对于 $Q_i = Q_{i\,max}$ 的节点，其 λ 值必然偏小；对于 $Q_i = Q_{i\,min}$ 的节点则相反，其 λ 值可能偏大。所以，在实际系统中各节点的 λ 值往往不会全部相等。

第 6 章　同步发电机的基本方程

同步发电机是电力系统中的重要设备，其作用是将原动机的旋转机械能转化为同步发电机转子输出的电能。同步发电机是电力系统的主要电源。

在电力系统稳态分析中，主要分析电力系统的潮流分布。把发电机当作一个注入功率源，只关心发电机输出到系统中的有功功率和发电机节点的电压，而对发电机定子和转子绕组中的电流、磁链等内部的物理过程并不关心；同时在稳态中，同步发电机始终同步旋转，励磁绕组和定子绕组都处于稳定运行状态，对系统不会产生额外的影响。但在电力系统受到扰动后的暂态过程中，同步发电机的电磁功率、定子绕组和励磁绕组的电压和电流、转子的转速都将发生一系列复杂的机械和电磁过程，这两个暂态过程分别称为机电暂态和电磁暂态。这两个暂态过程是同时发生的，而且在暂态过程中相互影响，不但影响同步发电机本身，而且影响整个电力系统的暂态过程。因此掌握同步发电机内部的机械和电磁过程，建立同步发电机的电气模型和机电模型对于研究电力系统暂态行为的计算和分析至关重要。

6.1　基本前提

6.1.1　理想同步电机

为了便于分析，常采用以下的简化假设：

①忽略磁路饱和、磁滞、涡流等的影响，假设电机铁芯部分的磁导率为常数；

②电机转子在结构上对于纵轴和横轴分别对称；

③定子的 a、b、c 三相绕组的空间位置互差 120°电角度，在结构上完全相同，它们均在气隙中产生正弦分布的磁动势；

④电机空载，转子恒速旋转时，转子绕组的磁动势在定子绕组所感应的空载电势是时间的正弦函数；

⑤定子和转子的槽和通风沟不影响定子和转子的电感，即认为电机的定子和转子具有光滑的表面。

符合上述假设条件的电机称为理想同步电机。

在具有阻尼绕组的凸极同步电机中，共有 6 个有电磁耦合关系的线圈。在定子方面有静止的 3 个相绕组 a、b 和 c，在转子方面有一个励磁绕组 f 和用来代替阻尼绕组的等值绕组 D 和 Q，这 3 个转子绕组都随转子一起旋转，绕组 f 和绕组 D 位于纵轴向，绕组 Q 位于横轴向，对于没有装设阻尼绕组的隐极同步电机，它的实心转子所起的阻尼作用也可以用等值的阻尼绕组来代表。

6.1.2　假定正向的选取

图 6-1 所示为同步发电机的定子 a 相、b 相和 c 相回路，转子上的励磁回路 f 以及在转子纵轴和横轴方向的两个等值阻尼回路 D 和 Q。在建立这些回路的电压方程和磁链方程时，需要先规定回路中磁链、电势、电流和电压等量的正方向。如图 6-1 所示，定子电流的正方向

为由绕组中性点流向端点的方向，各相感应电势的正方向与相电流正方向相同，向外电路送出正向相电流的机端相电压是正的。在转子方面，各个绕组感应电势的正方向与本绕组电流的正方向相同。向励磁绕组提供正向励磁电流的外加励磁电压是正的。两个阻尼回路的外加电压均为零。图 6-2 示出了转子旋转的正方向，定子和转子各绕组的相对位置，以及各绕组轴线的正方向，转子横轴(q轴)落后纵轴(d轴)90°。各绕组轴线正方向为该绕组磁链的正方向，各相绕组磁链的正方向与该绕组正值电流产生的磁链方向相同。

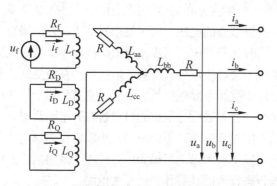
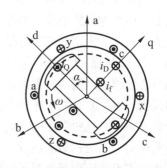

图 6-1 同步发电机的回路图　　　　图 6-2 同步发电机各绕组轴线正向示意图

6.2 同步发电机的原始方程

6.2.1 电势方程和磁链方程

根据以上规定的正方向，定子和转子各回路的电势方程可以写成

$$\begin{bmatrix} u_a \\ u_b \\ u_c \\ -u_f \\ 0 \\ 0 \end{bmatrix} = -\begin{bmatrix} \dot\psi_a \\ \dot\psi_b \\ \dot\psi_c \\ \dot\psi_f \\ \dot\psi_D \\ \dot\psi_Q \end{bmatrix} - \begin{bmatrix} R & 0 & 0 & & & \\ 0 & R & 0 & & \mathbf{0} & \\ 0 & 0 & R & & & \\ & & & R_f & 0 & 0 \\ & \mathbf{0} & & 0 & R_D & 0 \\ & & & 0 & 0 & R_Q \end{bmatrix} \begin{bmatrix} i_a \\ i_b \\ i_c \\ i_f \\ i_D \\ i_Q \end{bmatrix} \tag{6-1}$$

式中：u 为各绕组端电压；i 为各绕组电流；R 为定子每相绕组电阻；ψ 为各绕组的总磁链；$\dot\psi = \mathrm{d}\psi / \mathrm{d}t$ 为磁链对时间的导数。

式(6-1)写成分块矩阵形式，为

$$\begin{bmatrix} \boldsymbol{u}_{abc} \\ \boldsymbol{u}_{fDQ} \end{bmatrix} = -\begin{bmatrix} \dot{\boldsymbol{\psi}}_{abc} \\ \dot{\boldsymbol{\psi}}_{fDQ} \end{bmatrix} - \begin{bmatrix} \boldsymbol{R}_S & \mathbf{0} \\ \mathbf{0} & \boldsymbol{R}_R \end{bmatrix} \begin{bmatrix} \boldsymbol{i}_{abc} \\ \boldsymbol{i}_{fDQ} \end{bmatrix} \tag{6-2}$$

式中：$\boldsymbol{R}_S$ 和 $\boldsymbol{R}_R$ 分别为定子和转子电阻矩阵。

各绕组的磁链方程

$$\begin{bmatrix} \psi_a \\ \psi_b \\ \psi_c \\ \psi_f \\ \psi_D \\ \psi_Q \end{bmatrix} = \begin{bmatrix} L_{aa} & L_{ab} & L_{ac} & L_{af} & L_{aD} & L_{aQ} \\ L_{ba} & L_{bb} & L_{bc} & L_{bf} & L_{bD} & L_{bQ} \\ L_{ca} & L_{cb} & L_{cc} & L_{cf} & L_{cD} & L_{cQ} \\ L_{fa} & L_{fb} & L_{fc} & L_{ff} & L_{fD} & L_{fQ} \\ L_{Da} & L_{Db} & L_{Dc} & L_{Df} & L_{DD} & L_{DQ} \\ L_{Qa} & L_{Qb} & L_{Qc} & L_{Qf} & L_{QD} & L_{QQ} \end{bmatrix} \begin{bmatrix} i_a \\ i_b \\ i_c \\ i_f \\ i_D \\ i_Q \end{bmatrix} \tag{6-3}$$

式中：L_{aa} 为绕组 a 的自感系数；L_{ab} 为绕组 a 和绕组 b 之间的互感系数；其余类推。

式(6-3)写成分块矩阵形式，为

$$\begin{bmatrix} \boldsymbol{\psi}_{abc} \\ \boldsymbol{\psi}_{fDQ} \end{bmatrix} = \begin{bmatrix} \boldsymbol{L}_{SS} & \boldsymbol{L}_{SR} \\ \boldsymbol{L}_{RS} & \boldsymbol{L}_{RR} \end{bmatrix} \begin{bmatrix} \boldsymbol{i}_{abc} \\ \boldsymbol{i}_{fDQ} \end{bmatrix} \tag{6-4}$$

式(6-1)和式(6-3)共有 12 个方程，包含 6 个绕组的磁链、电流和电压共 18 个运行变量。一般电压作为给定量。

6.2.2 电感系数

转子旋转时，定子、转子绕组的相对位置不断地变化，在凸极机中有些磁通路径的磁导也随着转子的旋转做周期性变化。

(1) 定子各绕组的自感系数

以 a 相为例，当 a 相绕组存在正弦电流时，将产生正弦分布的磁势。但由于转子处于位置的不同，a 相磁通所经磁路的磁导不同，致使 a 相绕组的自感系数 L_{aa} 随着转子的位置角 α 呈周期性变化，周期为 π。如图 6-3 为 a 相绕组流过正值电流 i_a 时的情况，i_a 产生的磁链 ψ_{aa} 是负值。由式(6-3)，仅 a 相绕组存在电流时，有 $L_{aa} = -\psi_{aa}/i_a$，为正值。从图 6-3 可见，当 $\alpha = 0°$ 或 $\alpha = 180°$ 时，磁导最大，L_{aa} 有最大值；当 $\alpha = 90°$ 或 $\alpha = 270°$ 时，磁导最小，L_{aa} 有最小值。自感系数 L_{aa} 随 α 角的变化曲线示于图 6-4。

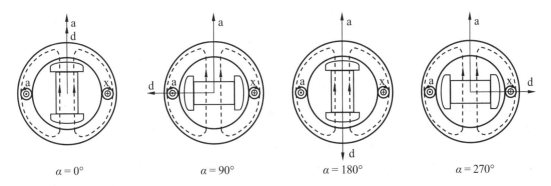

$\alpha = 0°$　　　　　$\alpha = 90°$　　　　　$\alpha = 180°$　　　　　$\alpha = 270°$

图 6-3　转子不同位置时 L_{aa} 的变化情况

定子各绕组自感为

$$\begin{cases} L_{aa} = l_0 + l_2 \cos 2\alpha \\ L_{bb} = l_0 + l_2 \cos 2(\alpha - 120°) \\ L_{cc} = l_0 + l_2 \cos 2(\alpha + 120°) \end{cases} \tag{6-5}$$

(2) 定子各绕组间的互感系数

a 相正值电流产生的磁链 ψ_{ba} 将从正方向穿入 b 相绕组。由式(6-3)，仅 a 相绕组存在电流时，有 $L_{ab}=-\psi_{ba}/i_a$，为负值。与定子绕组的自感系数的情况类似，凸极机定子绕组间的互感系数也是转子位置角 α 的周期函数，周期为 π。图 6-5 为转子处于四个不同位置时，a 相交链到 b 相的互磁通所经过的路径，当 $\alpha=-30°$ 或 $\alpha=150°$ 时，磁导最大，磁阻最小，L_{ab} 的绝对值为最大值；当 $\alpha=60°$ 或 $\alpha=240°$ 时，磁导最小，L_{ab} 的绝对值为最小值。互感系数 L_{ab} 随 α 角的变化曲线示于图

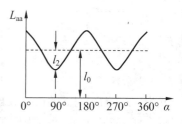

图 6-4 自感系数 L_{aa} 的变化规律

6-6。互感系数变化部分的幅值与自感系数的相等，即 $m_2=l_2$。均值则有 $|m_0|<|l_0|$。

定子各绕组间互感为

$$\begin{cases} L_{ab}=L_{ba}=-[m_0+m_2\cos 2(\alpha+30°)] \\ L_{bc}=L_{cb}=-[m_0+m_2\cos 2(\alpha-90°)] \\ L_{ca}=L_{ac}=-[m_0+m_2\cos 2(\alpha+150°)] \end{cases} \tag{6-6}$$

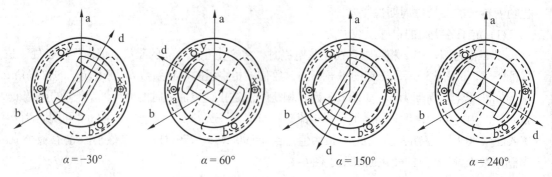

$\alpha=-30°$　　　$\alpha=60°$　　　$\alpha=150°$　　　$\alpha=240°$

图 6-5 转子不同位置时 L_{ab} 的变化情况

(3) 转子上各绕组的自感系数和互感系数

由于定子的内缘呈圆柱形，不管转子位置如何，由转子绕组电流产生的磁通，其磁路的磁导总是不变的，因此转子各绕组的自感系数 L_{ff}、L_{DD}、L_{QQ} 都是常数，并分别记为 L_f、L_D、L_Q。

转子各绕组间的互感系数也是常数。纵向的励磁绕组 f 和阻尼绕组 D 之间的互感系数 $L_{fD}=L_{Df}$。由于转子的纵轴绕组和横轴绕组的轴线互相垂直，它们之间的互感系数为零，即 $L_{fQ}=L_{Qf}=L_{DQ}=L_{QD}=0$。

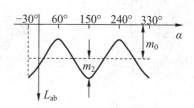

图 6-6 互感系数 L_{ab} 的变化规律

(4) 定子绕组和转子绕组间的互感系数

无论是凸极机还是隐极机，这些互感系数都与定子绕组和转子绕组的相对位置有关，都是转子位置角 α 的周期函数，周期为 2π。以励磁绕组 f 与定子 a 相绕组间的互感为例，如图 6-7 所示，当 $\alpha=0°$，励磁绕组 f 产生的磁通与 a 相轴线同向，且磁导最大，L_{af} 有最大值；当 $\alpha=90°$ 或 $\alpha=270°$，励磁绕组 f 产生的磁通与 a 相轴线垂直，L_{af} 为零；当 $\alpha=180°$，励磁绕组 f

产生的磁通与 a 相轴线反向，且磁导最大，L_{af} 为负的最大值。互感系数 L_{af} 随 α 角的变化曲线示于图 6-8。

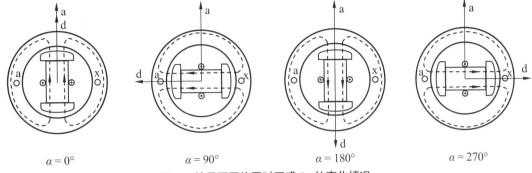

$\alpha = 0°$　　　　$\alpha = 90°$　　　　$\alpha = 180°$　　　　$\alpha = 270°$

图 6-7　转子不同位置时互感 L_{af} 的变化情况

定子各相绕组与励磁绕组间的互感为

$$\begin{cases} L_{af} = L_{fa} = m_{af}\cos\alpha \\ L_{bf} = L_{fb} = m_{af}\cos(\alpha -120°) \\ L_{cf} = L_{fc} = m_{af}\cos(\alpha +120°) \end{cases} \quad (6\text{-}7)$$

定子各相绕组与纵轴阻尼绕组间的互感为

$$\begin{cases} L_{aD} = L_{Da} = m_{aD}\cos\alpha \\ L_{bD} = L_{Db} = m_{aD}\cos(\alpha -120°) \\ L_{cD} = L_{Dc} = m_{aD}\cos(\alpha +120°) \end{cases} \quad (6\text{-}8)$$

图 6-8　互感系数 L_{af} 的变化规律

定子各相绕组与横轴阻尼绕组间的互感为

$$\begin{cases} L_{aQ} = L_{Qa} = m_{aQ}\sin\alpha \\ L_{bQ} = L_{Qb} = m_{aQ}\sin(\alpha -120°) \\ L_{cQ} = L_{Qc} = m_{aQ}\sin(\alpha +120°) \end{cases} \quad (6\text{-}9)$$

由此可见，在磁链方程中许多电感系数都随转子角 α 而周期变化。转子角 α 又是时间的函数，因此，一些自感系数和互感系数也将随时间而周期变化。若将磁链方程代入电势方程，则电势方程将成为一组以时间的周期函数为系数的微分方程。这类方程组的求解是非常困难的，可以通过派克变换解决这个困难。派克变换是一种常用的坐标变换，它用一组新的变量代替原来的变量，将变系数的微分方程变换成常系数微分方程，然后求解。

6.3　dq0 坐标系的同步电机方程

6.3.1　派克变换

在原始方程中，定子各电磁变量是按三个绕组也就是对于空间静止不动的三相坐标系列写的，而转子各绕组的电磁变量则是按随转子一起旋转的 d、q 两相坐标系列写的。磁链方程中出现变系数的原因主要如下：

①转子的旋转使定子和转子绕组间有相对运动，致使定子和转子绕组间的互感系数发生相应的周期性变化；

②转子在磁路上只是分别对于 d 轴和 q 轴对称而不是随意对称的，转子的旋转使得定子绕组磁通的磁路磁导变化，最终导致定子各绕组的自感和互感的周期性变化。

由于电机在转子的纵轴向和横轴向的磁导都是完全确定的，为了分析电枢磁势对转子磁场的作用，可以采用双反应理论把电枢磁势分解为纵轴分量和横轴分量，这就避免了在同步电机稳态分析中出现变参数的问题。

坐标变换可分为等量变换和等功率变换两种，等量变换是指坐标变换前后通用相量相等的坐标变换；等功率变换是指变换前后功率相等的坐标变换，也称守恒变换。

同步电机稳态对称运行时，电枢磁势幅值不变，转速恒定，对于转子相对静止。它可以用一个以同步转速旋转的矢量 $\dot{F}_a$ 来表示。如果定子电流用一个同步旋转的通用相量 i 表示(它对于定子各相绕组轴线的投影即是各相电流的瞬时值)，那么，相量 i 与矢量 $\dot{F}_a$ 在任何时刻都是同相位，而且在数值上成比例，如图 6-9 所示。

电流相量 i 可分解为纵轴分量 i_d 和横轴分量 i_q。令 θ 为电流通用相量与 a 相绕组轴线的夹角，则有

$$\begin{cases} i_d = I\cos(\alpha - \theta) \\ i_q = I\sin(\alpha - \theta) \end{cases} \quad (6\text{-}10)$$

定子三相电流的瞬时值为

$$\begin{cases} i_a = I\cos\theta \\ i_b = I\cos(\theta - 120°) \\ i_c = I\cos(\theta + 120°) \end{cases} \quad (6\text{-}11)$$

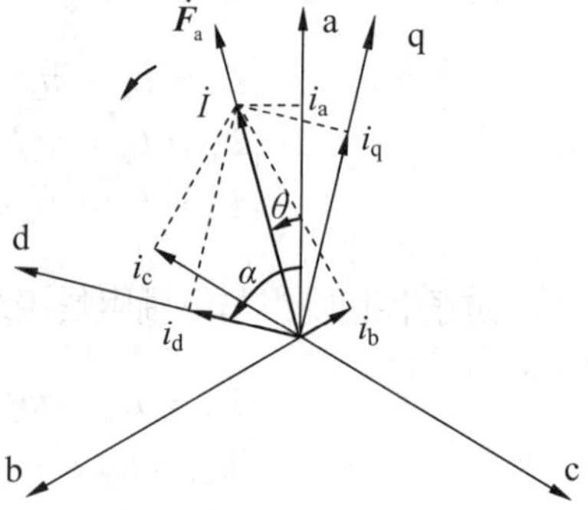

图 6-9 定子电流通用相量

利用三角恒等式

$$\begin{cases} \cos(\alpha - \theta) = \dfrac{2}{3}[\cos\alpha\cos\theta + \cos(\alpha - 120°)\cos(\theta - 120°) + \cos(\alpha + 120°)\cos(\theta + 120°)] \\ \sin(\alpha - \theta) = \dfrac{2}{3}[\sin\alpha\cos\theta + \sin(\alpha - 120°)\cos(\theta - 120°) + \sin(\alpha + 120°)\cos(\theta + 120°)] \end{cases} \quad (6\text{-}12)$$

即可由式(6-10)和式(6-11)得到

$$\begin{cases} i_d = \dfrac{2}{3}[i_a\cos\alpha + i_b\cos(\alpha - 120°) + i_c\cos(\alpha + 120°)] \\ i_q = \dfrac{2}{3}[i_a\sin\alpha + i_b\sin(\alpha - 120°) + i_c\sin(\alpha + 120°)] \end{cases} \quad (6\text{-}13)$$

通过这种变换，将三相电流 i_a、i_b、i_c 变换成了等效的两相电流 i_d 和 i_q。可以设想，这两个电流是定子的两个等效绕组 dd 和 qq 中的电流。这组等效的定子绕组 dd 和 qq 不像实际的 a、b、c 三相绕组那样在空间静止不动，而是随着转子一起旋转。等效绕组中的电流产生的磁势对转子相对静止，它所遇到的磁路磁阻恒定不变，相应的电感系数也就变成常数了。

当定子绕组的电流为幅值恒定的三相对称电流时，则 i_d 和 i_q 都是常数，即等效的 dd、qq 绕组的电流是直流。

如果定子绕组中的电流不对称，但为一个平衡的三相系统，即满足

$$i_a + i_b + i_c = 0$$

仍然可以用一个通用相量来代表三相电流，但这时通用相量的幅值和转速都不是恒定的，因而它在 d 轴和 q 轴上的投影也是随幅值变化的。

对于非平衡系统，三相电流是三个独立的变量，仅用两个新变量不足以代表原来的三个变量，为此，增加一个新变量 i_0，称为零轴分量，其轴线垂直于 d 轴和 q 轴所决定的平面。因为三相绕组中流过零轴电流时，合成磁势为零，不能形成经空气隙穿越转子的磁通，零轴分量绕组完全独立，因此也可以认为零轴分量放在定子上。零轴分量为

$$i_0 = \frac{1}{3}(i_a + i_b + i_c) \tag{6-14}$$

由式(6-13)和式(6-14)，得

$$\begin{bmatrix} i_d \\ i_q \\ i_0 \end{bmatrix} = \frac{2}{3} \begin{bmatrix} \cos\alpha & \cos(\alpha-120°) & \cos(\alpha+120°) \\ \sin\alpha & \sin(\alpha-120°) & \sin(\alpha+120°) \\ 1/2 & 1/2 & 1/2 \end{bmatrix} \begin{bmatrix} i_a \\ i_b \\ i_c \end{bmatrix} \tag{6-15}$$

或缩写为

$$\boldsymbol{i}_{dq0} = \boldsymbol{P}\boldsymbol{i}_{abc} \tag{6-16}$$

式(6-15)称为派克变换，$\boldsymbol{P}$ 为派克变换矩阵。除定子电流外，还可对定子绕组的电压和磁链实施派克变换，变换矩阵是相同的。

$\boldsymbol{P}$ 为可逆矩阵，利用逆变换可得

$$\begin{bmatrix} i_a \\ i_b \\ i_c \end{bmatrix} = \begin{bmatrix} \cos\alpha & \sin\alpha & 1 \\ \cos(\alpha-120°) & \sin(\alpha-120°) & 1 \\ \cos(\alpha+120°) & \sin(\alpha+120°) & 1 \end{bmatrix} \begin{bmatrix} i_d \\ i_q \\ i_0 \end{bmatrix} \tag{6-17}$$

或缩写为

$$\boldsymbol{i}_{abc} = \boldsymbol{P}^{-1}\boldsymbol{i}_{dq0} \tag{6-18}$$

由式(6-17)可见，当三相电流不平衡时，每相电流中都含有相同的零轴分量 i_0。由于定子三相绕组完全对称，在空间互相位移 120° 电角度，三相零轴电流在气隙中的合成磁势为零，故不产生与转子绕组相交链的磁链。它只产生与定子绕组交链的磁通，其值与转子的位置无关。

当定子绕组的电流为幅值恒定的三相对称电流时，则 i_d 和 i_q 是直流。下面通过例题看看当定子绕组的电流为直流，i_d 和 i_q 又是如何呢？

例 6-1 设同步电机转子速度为 ω，三相电流的瞬时值分别为：$i_a = 1.0I_m$，$i_b = -0.25I_m$，$i_c = -0.25I_m$。试计算经派克变换后的 i_d、i_q、i_0。

解：d 轴和 a 轴之间的夹角 $\alpha = \omega t + \alpha_0$，$\alpha_0$ 为 $t = 0$ 时的夹角，则

$$\begin{bmatrix} i_d \\ i_q \\ i_0 \end{bmatrix} = \frac{2}{3} \begin{bmatrix} \cos(\omega t+\alpha_0) & \cos(\omega t+\alpha_0-120°) & \cos(\omega t+\alpha_0+120°) \\ \sin(\omega t+\alpha_0) & \sin(\omega t+\alpha_0-120°) & \sin(\omega t+\alpha_0+120°) \\ 1/2 & 1/2 & 1/2 \end{bmatrix} \begin{bmatrix} 1.0 \\ -0.25 \\ -0.25 \end{bmatrix} I_m = \frac{I_m}{6} \begin{bmatrix} 5\cos(\omega t+\alpha_0) \\ 5\sin(\omega t+\alpha_0) \\ 1 \end{bmatrix}$$

由例题可见，当定子绕组的电流为直流时，i_d 和 i_q 为交流电。派克变换前后的电流或电压的交直流是互换的。

6.3.2 dq0 坐标系的磁链方程

励磁绕组和阻尼绕组的变量本身就是 dq0 坐标系的量，不需要转换，只需对定子各变量

进行变换。

由式(6-4)，得

$$\boldsymbol{\psi}_{abc} = \boldsymbol{L}_{SS}\boldsymbol{i}_{abc} + \boldsymbol{L}_{SR}\boldsymbol{i}_{fDQ} \tag{6-19}$$

$$\boldsymbol{\psi}_{fDQ} = \boldsymbol{L}_{RS}\boldsymbol{i}_{abc} + \boldsymbol{L}_{RR}\boldsymbol{i}_{fDQ} \tag{6-20}$$

式(6-19)左乘 $\boldsymbol{P}$，再利用式(6-18)，得

$$\boldsymbol{\psi}_{dq0} = \boldsymbol{P}\boldsymbol{L}_{SS}\boldsymbol{P}^{-1}\boldsymbol{i}_{dq0} + \boldsymbol{P}\boldsymbol{L}_{SR}\boldsymbol{i}_{fDQ} \tag{6-21}$$

$$\boldsymbol{\psi}_{fDQ} = \boldsymbol{L}_{RS}\boldsymbol{P}^{-1}\boldsymbol{i}_{dq0} + \boldsymbol{L}_{RR}\boldsymbol{i}_{fDQ} \tag{6-22}$$

通过矩阵运算，得

$$\boldsymbol{P}\boldsymbol{L}_{SS}\boldsymbol{P}^{-1} = \begin{bmatrix} L_d & 0 & 0 \\ 0 & L_q & 0 \\ 0 & 0 & L_0 \end{bmatrix}, \quad \boldsymbol{P}\boldsymbol{L}_{SR} = \begin{bmatrix} m_{af} & m_{aD} & 0 \\ 0 & 0 & m_{aQ} \\ 0 & 0 & 0 \end{bmatrix}, \quad \boldsymbol{L}_{RS}\boldsymbol{P}^{-1} = \begin{bmatrix} \dfrac{3}{2}m_{af} & 0 & 0 \\ \dfrac{3}{2}m_{aD} & 0 & 0 \\ 0 & \dfrac{3}{2}m_{aQ} & 0 \end{bmatrix}$$

式中

$$\begin{cases} L_d = l_0 + m_0 + \dfrac{1}{2}l_2 + m_2 \\ L_q = l_0 + m_0 - \dfrac{1}{2}l_2 - m_2 \\ L_0 = l_0 - 2m_0 \end{cases} \tag{6-23}$$

这样，经过派克变换后的磁链方程

$$\begin{bmatrix} \psi_d \\ \psi_q \\ \psi_0 \\ \psi_f \\ \psi_D \\ \psi_Q \end{bmatrix} = \begin{bmatrix} L_d & 0 & 0 & m_{af} & m_{aD} & 0 \\ 0 & L_q & 0 & 0 & 0 & m_{aQ} \\ 0 & 0 & L_0 & 0 & 0 & 0 \\ \dfrac{3}{2}m_{af} & 0 & 0 & L_f & m_{fD} & 0 \\ \dfrac{3}{2}m_{aD} & 0 & 0 & m_{fD} & L_D & 0 \\ 0 & \dfrac{3}{2}m_{aQ} & 0 & 0 & 0 & L_Q \end{bmatrix} \begin{bmatrix} i_d \\ i_q \\ i_0 \\ i_f \\ i_D \\ i_Q \end{bmatrix} \tag{6-24}$$

磁链方程中电感系数的特点：

①电感系数均为常数。经过派克变换，定子三相绕组被假想的等效绕组 dd 和 qq 及零轴绕组代替，这样式(6-24)中所有的电气量都在转子上，各绕组的磁链所经磁路的磁导不变，因而自感系数为常数；零轴绕组的轴线与其他绕组的轴线垂直，它与各绕组的互感系数都为 0；其他 5 个绕组中，励磁绕组 f、D 轴阻尼绕组和 dd 绕组的轴线与 d 轴一致，Q 轴阻尼绕组和 qq 绕组的轴线与 q 轴一致，轴线方向一致的绕组间的互感系数为常数，轴线方向垂直的绕组间的互感系数为零。

②L_d、L_q 及 L_0 的意义。L_d 和 L_q 分别是纵轴和横轴等效绕组的电感系数，称为纵轴同步电感系数和横轴同步电感系数，对应的电抗分别为纵轴同步电抗 X_d 和横轴同步电抗 X_q。L_d 和 L_q 不但包含定子一相绕组的漏自感，而且包含两相绕组间的漏互感，同时，穿过气隙的电感系数为一相绕组单独作用时的 3/2 倍，因而是三相电流共同作用下的一种解耦后的一相等值电感系数。L_0 为一相等值的零轴电感系数，对应的电抗为同步电机的零轴电抗。

③磁链方程中的电感矩阵不对称。电感矩阵不对称，即定子等效绕组与转子绕组间的互感系数不能互易。此问题可以采用正交派克变换解决，也可以采用标幺制并适当选取基准值克服。

6.3.3 dq0 坐标系的电势方程

由式(6-2)，得

$$\boldsymbol{u}_{abc} = -\dot{\boldsymbol{\psi}}_{abc} - \boldsymbol{R}_S \boldsymbol{i}_{abc} \tag{6-25}$$

式(6-25)左乘 $\boldsymbol{P}$，得

$$\boldsymbol{u}_{dq0} = -\boldsymbol{P}\dot{\boldsymbol{\psi}}_{abc} - \boldsymbol{R}_S \boldsymbol{i}_{dq0} \tag{6-26}$$

由于 $\boldsymbol{\psi}_{dq0} = \boldsymbol{P}\boldsymbol{\psi}_{abc}$，对其两端求导，得

$$\dot{\boldsymbol{\psi}}_{dq0} = \dot{\boldsymbol{P}}\boldsymbol{\psi}_{abc} + \boldsymbol{P}\dot{\boldsymbol{\psi}}_{abc} \tag{6-27}$$

由此，得

$$\boldsymbol{P}\dot{\boldsymbol{\psi}}_{abc} = \dot{\boldsymbol{\psi}}_{dq0} - \dot{\boldsymbol{P}}\boldsymbol{\psi}_{abc} = \dot{\boldsymbol{\psi}}_{dq0} - \dot{\boldsymbol{P}}\boldsymbol{P}^{-1}\boldsymbol{\psi}_{dq0} = \dot{\boldsymbol{\psi}}_{dq0} + \boldsymbol{S} \tag{6-28}$$

经过运算，可得

$$\boldsymbol{S} = \begin{bmatrix} 0 & \omega & 0 \\ -\omega & 0 & 0 \\ 0 & 0 & 0 \end{bmatrix} \begin{bmatrix} \psi_d \\ \psi_q \\ \psi_0 \end{bmatrix} = \begin{bmatrix} \omega\psi_q \\ -\omega\psi_d \\ 0 \end{bmatrix} \tag{6-29}$$

式(6-28)代入式(6-26)，得

$$\begin{cases} u_d = -\dot{\psi}_d - \omega\psi_q - Ri_d \\ u_q = -\dot{\psi}_q + \omega\psi_d - Ri_q \\ u_0 = -\dot{\psi}_0 - Ri_0 \end{cases} \tag{6-30}$$

比较式(6-30)和式(6-1)可见，原始方程中，处于静止坐标系中的定子绕组的电动势只与本相磁链变化量有关，而旋转的 dq0 坐标系中，等效绕组 dd 和 qq 的电动势除了与该绕组交链的磁链变化量有关外，还包括该绕组切割磁力线产生的电动势。其中磁链变化量产生的电动势称为变压器电动势，切割磁力线产生的电动势称为发电机电动势。在发电机稳态运行时，i_d、i_q、i_f 均为常数，i_D、i_Q 为零，故磁链 ψ_d、ψ_q 为常数，其导数为零，因而不存在变压器电动势。

从 abc 坐标系到 dq0 坐标系的转换，其物理意义是把观察者的立场从静止的定子转移到了转子上。由于这一转变，定子的静止三相绕组被两个同转子一起旋转的等效绕组代替，并且三相的对称交流变成了直流。

6.3.4 dq0 坐标系的功率公式

在 dq0 坐标系中，同步电机的三相功率为

$$P = \boldsymbol{u}_{abc}^{\mathrm{T}} \boldsymbol{i}_{abc} = [\boldsymbol{P}^{-1}\boldsymbol{u}_{dq0}]^{\mathrm{T}} \boldsymbol{P}^{-1}\boldsymbol{i}_{dq0} = \boldsymbol{u}_{dq0}^{\mathrm{T}} [\boldsymbol{P}^{-1}]^{\mathrm{T}} \boldsymbol{P}^{-1}\boldsymbol{i}_{dq0} = 3u_0 i_0 + \frac{3}{2}(u_d i_d + u_q i_q) \tag{6-31}$$

由式(6-31)可见，dq0 坐标系下同步电机的三相功率公式与 abc 坐标系的公式不一致，称为功率不守恒。可以通过正交派克变换解决这一问题。

6.3.5 正交派克变换

经典的派克变换后，dq0 坐标系磁链方程的电感矩阵不对称，功率不守恒。这两个问题都是因为经典的派克变换的变换矩阵 P 不是正交矩阵造成的。如果变换矩阵 P 采用正交矩阵，问题就迎刃而解了。因为正交派克变换前后功率表达式一致，为守恒变换，也称为等功率变换。正交变换矩阵为

$$P = \sqrt{\frac{2}{3}} \begin{bmatrix} \cos\alpha & \cos(\alpha-120°) & \cos(\alpha+120°) \\ \sin\alpha & \sin(\alpha-120°) & \sin(\alpha+120°) \\ \dfrac{1}{\sqrt{2}} & \dfrac{1}{\sqrt{2}} & \dfrac{1}{\sqrt{2}} \end{bmatrix} \tag{6-32}$$

根据正交矩阵的性质，有

$$P^{-1} = P^{T} \tag{6-33}$$

经过正交派克变换后的磁链方程

$$\begin{bmatrix} \psi_d \\ \psi_q \\ \psi_0 \\ \psi_f \\ \psi_D \\ \psi_Q \end{bmatrix} = \begin{bmatrix} L_d & 0 & 0 & \sqrt{\frac{3}{2}}m_{af} & \sqrt{\frac{3}{2}}m_{aD} & 0 \\ 0 & L_q & 0 & 0 & 0 & \sqrt{\frac{3}{2}}m_{aQ} \\ 0 & 0 & L_0 & 0 & 0 & 0 \\ \sqrt{\frac{3}{2}}m_{af} & 0 & 0 & L_f & m_{fD} & 0 \\ \sqrt{\frac{3}{2}}m_{aD} & 0 & 0 & m_{fD} & L_D & 0 \\ 0 & \sqrt{\frac{3}{2}}m_{aQ} & 0 & 0 & 0 & L_Q \end{bmatrix} \begin{bmatrix} i_d \\ i_q \\ i_0 \\ i_f \\ i_D \\ i_Q \end{bmatrix} \tag{6-34}$$

由式(6-34)可见，正交派克变换后的磁链方程的电感矩阵为对称矩阵。

经过正交派克变换，在 dq0 坐标系中同步电机的三相功率为

$$P = u_{abc}^{T} i_{abc} = [P^{-1}u_{dq0}]^{T} P^{-1} i_{dq0} = u_{dq0}^{T}[P^{-1}]^{T} P^{-1} i_{dq0} = u_{dq0}^{T}[P^{T}]^{T} P^{-1} i_{dq0} = u_0 i_0 + u_d i_d + u_q i_q \tag{6-35}$$

由式(6-35)可见，正交派克变换后，dq0 坐标系下同步电机的三相功率公式与 abc 坐标系的公式一致。

6.3.6 同步电机标幺制方程

为把各物理量表示为标幺值，首先必须选好各量的基准值。为了使用方便，希望在标幺制中，能够保持基本方程的形式不变,最好能使磁链方程的电感系数矩阵对称且各系数为1，不出现 $\frac{3}{2}$。

电机方程涉及的变量较多，且包括定子和转子两个不同的体系，需要确定的基准值较多，且较为麻烦。关于同步电机的标幺制系统在此不再赘述。电力系统分析一般都使用标幺制，为了书写方便，略去下标中的符号"*"。

标幺制下，同步电机的电势方程和磁链方程分别为

$$
\begin{bmatrix} u_{\mathrm{d}} \\ u_{\mathrm{q}} \\ u_{0} \\ -u_{\mathrm{f}} \\ 0 \\ 0 \end{bmatrix} = -\begin{bmatrix} \dot{\psi}_{\mathrm{d}} \\ \dot{\psi}_{\mathrm{q}} \\ \dot{\psi}_{0} \\ \dot{\psi}_{\mathrm{f}} \\ \dot{\psi}_{\mathrm{D}} \\ \dot{\psi}_{\mathrm{Q}} \end{bmatrix} - \begin{bmatrix} R & 0 & 0 & & & \\ 0 & R & 0 & & \mathbf{0} & \\ 0 & 0 & R & & & \\ & & & R_{\mathrm{f}} & 0 & 0 \\ & \mathbf{0} & & 0 & R_{\mathrm{D}} & 0 \\ & & & 0 & 0 & R_{\mathrm{Q}} \end{bmatrix} \begin{bmatrix} i_{\mathrm{d}} \\ i_{\mathrm{q}} \\ i_{0} \\ i_{\mathrm{f}} \\ i_{\mathrm{D}} \\ i_{\mathrm{Q}} \end{bmatrix} + \begin{bmatrix} -\omega\psi_{\mathrm{q}} \\ \omega\psi_{\mathrm{d}} \\ 0 \\ 0 \\ 0 \\ 0 \end{bmatrix} \tag{6-36}
$$

$$
\begin{bmatrix} \psi_{\mathrm{d}} \\ \psi_{\mathrm{q}} \\ \psi_{0} \\ \psi_{\mathrm{f}} \\ \psi_{\mathrm{D}} \\ \psi_{\mathrm{Q}} \end{bmatrix} = \begin{bmatrix} L_{\mathrm{d}} & 0 & 0 & m_{\mathrm{af}} & m_{\mathrm{aD}} & 0 \\ 0 & L_{\mathrm{q}} & 0 & 0 & 0 & m_{\mathrm{aQ}} \\ 0 & 0 & L_{0} & 0 & 0 & 0 \\ m_{\mathrm{af}} & 0 & 0 & L_{\mathrm{f}} & m_{\mathrm{fD}} & 0 \\ m_{\mathrm{aD}} & 0 & 0 & m_{\mathrm{fD}} & L_{\mathrm{D}} & 0 \\ 0 & m_{\mathrm{aQ}} & 0 & 0 & 0 & L_{\mathrm{Q}} \end{bmatrix} \begin{bmatrix} i_{\mathrm{d}} \\ i_{\mathrm{q}} \\ i_{0} \\ i_{\mathrm{f}} \\ i_{\mathrm{D}} \\ i_{\mathrm{Q}} \end{bmatrix} \tag{6-37}
$$

标幺值制下，三相功率为

$$P = 2u_0 i_0 + u_{\mathrm{d}} i_{\mathrm{d}} + u_{\mathrm{q}} i_{\mathrm{q}} \tag{6-38}$$

6.4 同步电机的电机参数模型

6.4.1 同步电机实用化假设

为了便于分析，进一步对同步电机做以下假设：

(1) 转子转速不变并等于额定转速。根据这条假设，采用标幺值时，电感与电抗相等。

(2) 电机纵轴向 3 个绕组只有一个公共磁通，不存在只与两个绕组交链的漏磁通。根据这条假设，设在 d 轴有 $X_{\mathrm{af}} = X_{\mathrm{aD}} = X_{\mathrm{fD}} = X_{\mathrm{ad}}$，在 q 轴有 $X_{\mathrm{aQ}} = X_{\mathrm{aq}}$，$X_{\mathrm{ad}}$ 和 X_{aq} 分别为 d 轴和 q 轴的电枢反应电抗，则有

$$
\begin{cases} X_{\mathrm{d}} = X_{\sigma\mathrm{a}} + X_{\mathrm{ad}} \\ X_{\mathrm{f}} = X_{\sigma\mathrm{f}} + X_{\mathrm{ad}} \\ X_{\mathrm{D}} = X_{\sigma\mathrm{D}} + X_{\mathrm{ad}} \\ X_{\mathrm{q}} = X_{\sigma\mathrm{a}} + X_{\mathrm{aq}} \\ X_{\mathrm{Q}} = X_{\sigma\mathrm{Q}} + X_{\mathrm{aq}} \end{cases} \tag{6-39}
$$

式中：$X_{\sigma\mathrm{a}}$、$X_{\sigma\mathrm{f}}$、$X_{\sigma\mathrm{D}}$、$X_{\sigma\mathrm{Q}}$ 分别为定子绕组漏抗、励磁绕组漏抗、纵轴阻尼绕组漏抗和横轴绕组漏抗。

为了便于计算，还需对定子电压(电势)、电流的 d 轴分量的正方向进行调整，选择 d 轴的负方向作为定子电压(电势)、电流的 d 轴分量的正方向，其余各变量的正方向不变。调整后的各变

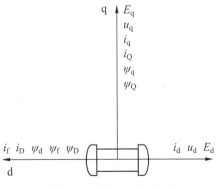

图 6-10 同步电机实用方向

量的正方向称为实用正向，如图 6-10 所示。采用实用正向后，当励磁磁势与 d 轴方向一致时，定子的空载电势正好位于 q 轴方向，定子电压和电流的 d 轴分量也位于正方向，都是正值。

根据以上两条假设，并采用实用正向，磁链方程为

$$
\begin{bmatrix} \psi_d \\ \psi_q \\ \psi_0 \\ \psi_f \\ \psi_D \\ \psi_Q \end{bmatrix} = \begin{bmatrix} X_d & 0 & 0 & X_{ad} & X_{ad} & 0 \\ 0 & X_q & 0 & 0 & 0 & X_{aq} \\ 0 & 0 & X_0 & 0 & 0 & 0 \\ X_{ad} & 0 & 0 & X_f & X_{ad} & 0 \\ X_{ad} & 0 & 0 & X_{ad} & X_D & 0 \\ 0 & X_{aq} & 0 & 0 & 0 & X_Q \end{bmatrix} \begin{bmatrix} -i_d \\ i_q \\ i_0 \\ i_f \\ i_D \\ i_Q \end{bmatrix} \tag{6-40}
$$

电势方程为

$$
\begin{bmatrix} -u_d \\ u_q \\ u_0 \\ -u_f \\ 0 \\ 0 \end{bmatrix} = -\begin{bmatrix} \dot{\psi}_d \\ \dot{\psi}_q \\ \dot{\psi}_0 \\ \dot{\psi}_f \\ \dot{\psi}_D \\ \dot{\psi}_Q \end{bmatrix} - \begin{bmatrix} R & 0 & 0 & & & \\ 0 & R & 0 & & \mathbf{0} & \\ 0 & 0 & R & & & \\ & & & R_f & 0 & 0 \\ & \mathbf{0} & & 0 & R_D & 0 \\ & & & 0 & 0 & R_Q \end{bmatrix} \begin{bmatrix} -i_d \\ i_q \\ i_0 \\ i_f \\ i_D \\ i_Q \end{bmatrix} + \begin{bmatrix} -\psi_q \\ \psi_d \\ 0 \\ 0 \\ 0 \\ 0 \end{bmatrix} \tag{6-41}
$$

6.4.2 同步电机稳态运行方式

同步电机稳态运行时，再做进一步简化：

①略去定子电势方程中的变压器电势，这条假设适用于不计定子回路电磁暂态过程或对定子电流中的非周期分量另行考虑的场合；

②定子回路的电阻只在计算定子电流非周期分量衰减时予以计及，而在其他计算中忽略不计。

上述两项简化主要用于一般的短路计算和电力系统的对称运行分析。

(1) 同步电机的电势方程和等值电路

同步电机稳态运行时，$\dot{\psi}_d = \dot{\psi}_q = 0$，$i_d$、$i_q$ 为常数，阻尼绕组电流 $i_D = i_Q = 0$，励磁电流 $i_f = u_f / R_f$ 为常数。略去定子电阻 R，定子电势方程为

$$
\begin{cases} u_d = \psi_q = X_q i_q \\ u_q = \psi_d = X_{ad} i_f - X_d i_d = \psi_{fd} - X_d i_d = E_q - X_d i_d \end{cases} \tag{6-42}
$$

式中：E_q 为空载电势；ψ_{fd} 为励磁电流对定子绕组产生的互感磁链，是产生空载电势的有用磁链。

由于稳态运行时定子三相电流、电压等均为正弦量，而且它们分别是 i_d、i_q 和 u_d、u_q 在 a、b、c 轴线上的投影，故可将 i_d、i_q 和 u_d、u_q 等当作相量。令 q 轴为虚轴、d 轴为实轴，则 i_d、u_d 均为实轴相量，i_q、u_q 均为虚轴相量，即 $\dot{U}_d = u_d$，$\dot{U}_q = ju_q$，$\dot{I}_d = i_d$，$\dot{I}_q = ji_q$。这样式(6-42)就可以写成相量的形式，为

$$\begin{cases} \dot{U}_\mathrm{d} = -\mathrm{j}X_\mathrm{q}\dot{I}_\mathrm{q} \\ \dot{U}_\mathrm{q} = \dot{E}_\mathrm{q} - \mathrm{j}X_\mathrm{d}\dot{I}_\mathrm{d} \end{cases} \qquad (6\text{-}43)$$

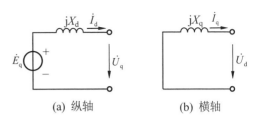

(a) 纵轴　　　　　(b) 横轴

图 6-11　同步电机等值电路

与式(6-43)相对应的同步电机等值电路如图 6-11 所示。

下面考察同步发电机三相机端电压、定子输出电流、空载电势，与 dq0 轴电压、电流、空载电势的关系。

按 6.1.2 中规定的各电磁量的正方向，发电机三相空载电势的瞬时值为

$$\begin{cases} e_\mathrm{a} = E_\mathrm{q}\sin\alpha \\ e_\mathrm{b} = E_\mathrm{q}\sin(\alpha - 120°) \\ e_\mathrm{c} = E_\mathrm{q}\sin(\alpha + 120°) \end{cases} \qquad (6\text{-}44)$$

设发电机端电压滞后空载电势角度为 δ，定子电流又滞后端电压功率因数角 φ，则三相端电压和定子电流的瞬时值分别为

$$\begin{cases} u_\mathrm{a} = U\sin(\alpha - \delta) \\ u_\mathrm{b} = U\sin(\alpha - 120° - \delta) \\ u_\mathrm{c} = U\sin(\alpha + 120° - \delta) \end{cases} \qquad (6\text{-}45)$$

$$\begin{cases} i_\mathrm{a} = I\sin(\alpha - \delta - \varphi) \\ i_\mathrm{b} = I\sin(\alpha - 120° - \delta - \varphi) \\ i_\mathrm{c} = I\sin(\alpha + 120° - \delta - \varphi) \end{cases} \qquad (6\text{-}46)$$

对三相空载电势、端电压、定子电流进行派克变换，并计及 u_d、i_d 的实用正向，得

$$\begin{cases} e_\mathrm{d} = 0 \\ e_\mathrm{q} = E_\mathrm{q} \\ e_0 = 0 \end{cases} \qquad (6\text{-}47)$$

$$\begin{cases} u_\mathrm{d} = U\sin\delta \\ u_\mathrm{q} = U\cos\delta \\ u_0 = 0 \end{cases} \qquad (6\text{-}48)$$

$$\begin{cases} i_\mathrm{d} = I\sin(\delta + \varphi) \\ i_\mathrm{q} = I\cos(\delta + \varphi) \\ i_0 = 0 \end{cases} \qquad (6\text{-}49)$$

由式(6-48)，得

$$\dot{U}_\mathrm{d} + \dot{U}_\mathrm{q} = U\sin\delta + \mathrm{j}U\cos\delta = \dot{U} \qquad (6\text{-}50)$$

由式(6-49)，得

$$\dot{I}_\mathrm{d} + \dot{I}_\mathrm{q} = I\sin(\delta + \varphi) + \mathrm{j}I\cos(\delta + \varphi) = \dot{I} \qquad (6\text{-}51)$$

由式(6-47)可见，派克变换后，只在 q 轴上存在感应电势。通过式(6-47)、式(6-50) 、式(6-51)就建立了同步电机三相电气量与 d 轴和 q 轴电压、电流、空载电势的联系。

(2) 同步电机的相量图

式(6-43)中两式相加，并考虑式(6-50)和式(6-51)，得

$$\dot{U} = \dot{U}_d + \dot{U}_q = \dot{E}_q - jX_d\dot{I}_d - jX_q\dot{I}_q = \dot{E}_q - j(X_d - X_q)\dot{I}_d - jX_q\dot{I} \quad (6-52)$$

与式(6-43)和式(6-52)相对应的同步电机稳态运行相量图如图 6-12 所示，图中的各相量随转子一起旋转。

在凸极机中，$X_d \neq X_q$，在电势方程(6-52)中含有电流的两个轴向分量，其等值电路也只能沿两个轴向分别做出，无法画在一个电路中，使用不便。为了能用一个电路表示凸极机，可以虚拟一个计算用的假想电势 $\dot{E}_Q$，为

$$\dot{E}_Q = \dot{E}_q - j(X_d - X_q)\dot{I}_d \quad (6-53)$$

借助假想电势，式(6-52)可化简为

$$\dot{U} = \dot{E}_Q - jX_q\dot{I} \quad (6-54)$$

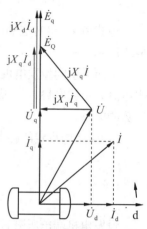

图 6-12 同步电机稳态运行相量图

相应的等值电路如图 6-13 所示。这样实际的凸极机被表示为具有电抗 X_q 和电势 $\dot{E}_Q$ 的等值隐极机。这种处理方法称为等值隐极机法。$\dot{E}_Q$ 和 $\dot{E}_q$ 同相位，但 E_Q 的数值既与电势 E_q 相关，又与定子电流纵轴分量 I_d 有关，因此，即使励磁电流不变，E_Q 也会随着运行状态变化而变化。

$\dot{E}_Q$ 的另一个作用是确定 q 轴的方向，进而得到 $\dot{E}_q$。直接用式(6-52)计算空载电势 $\dot{E}_q$，需要先将电流分解出来两个轴向分量，但 q 轴的方向是未知的，借助假想电势 $\dot{E}_Q$ 确定 $\dot{E}_q$ 就非常方便了。

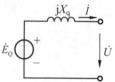

图 6-13 等值隐极机电路

例 6-2 已知同步电机的参数为：$X_d = 1.0$，$X_q = 0.6$，$\cos\varphi = 0.85$。试求在额定满载运行时的电势 E_q 和 E_Q。

解： 用标幺值计算，额定满载时 $U = 1.0$，$I = 1.0$。$\varphi = 31.79°$，$\sin\varphi = 0.53$。

(1) 计算 E_Q。由电势相量图 6-14 可得

$$E_Q = \sqrt{(U + X_qI\sin\varphi)^2 + (X_qI\cos\varphi)^2} = \sqrt{(1.0 + 0.6 \times 1.0 \times 0.53)^2 + (0.6 \times 1.0 \times 0.85)^2} = 1.41$$

(2) 计算 $\dot{E}_Q$ 的相位 δ

$$\delta = \text{acrtan}\frac{X_qI\cos\varphi}{U + X_qI\sin\varphi} = \text{acrtan}\frac{0.6 \times 1.0 \times 0.85}{1.0 + 0.6 \times 1.0 \times 0.53} = 21.15°$$

(3) 计算电流和电压分量

$$I_d = I\sin(\delta + \varphi) = 1.0 \times \sin(21.15° + 31.79°) = 0.80$$

$$I_q = I\cos(\delta + \varphi) = 1.0 \times \cos(21.15° + 31.79°) = 0.60$$

$$U_d = U\sin\delta = 1.0 \times \sin21.15° = 0.36$$

$$U_q = U\cos\delta = 1.0 \times \cos21.15° = 0.93$$

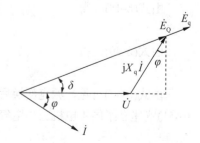

图 6-14 例 6-2 的电势相量图

(4) 计算空载电势 E_q

$$E_q = E_Q + (X_d - X_q)I_d = 1.41 + (1.0 - 0.6) \times 0.80 = 1.73$$

6.4.3 暂态电势和暂态电抗

在电力系统突然短路的暂态过程中，定子和转子绕组都要出现多种电流分量，稳态等值电路显然不能适应这种复杂情况，需要制订适合暂态分析的等值电路。

暂态分析是以磁链守恒为基础的。根据式(6-40)，无阻尼绕组电机的磁链平衡方程为

$$\begin{cases} \psi_d = -X_d i_d + X_{ad} i_f = -X_{\sigma a} i_d + X_{ad}(i_f - i_d) \\ \psi_q = X_q i_q \\ \psi_f = -X_{ad} i_d + X_f i_f = X_{ad}(i_f - i_d) + X_{\sigma f} i_f \end{cases} \tag{6-55}$$

根据式(6-55)画出等值电路如图 6-15 所示

式(6-55)消去励磁电流 i_f，得

$$\psi_d = \frac{X_{ad}}{X_f}\psi_f - \left(X_{\sigma a} + \frac{X_{\sigma f}X_{ad}}{X_f}\right)i_d = E'_q - X'_d i_d \tag{6-56}$$

式中：E'_q 为暂态电势；X'_d 为暂态电抗，分别为

$$E'_q = \frac{X_{ad}}{X_f}\psi_f \tag{6-57}$$

$$X'_d = X_{\sigma a} + \frac{X_{\sigma f}X_{ad}}{X_f} = X_{\sigma a} + \sigma_f X_{ad} \tag{6-58}$$

式中：σ_f 为励磁绕组的漏磁系数。

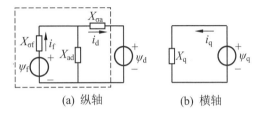

图 6-15　无阻尼绕组电机的磁链平衡等值电路

如果沿纵轴向把同步电机看作双绕组变压器，当副边绕组(即励磁绕组)短路时，从原边(即定子绕组)测得的电抗就是暂态电抗。暂态电势和暂态电抗也可以直接对图 6-15(a)虚框中的电路进行戴维南定理等值得到。暂态电势和暂态电抗表示的等值电路如图 6-16 所示。

暂态电势 E'_q 与励磁绕组总磁链 ψ_f 成正比。在运行状态突变瞬间，励磁绕组磁链守恒，ψ_f 不能突变，暂态电势 E'_q 也就不能突变。

当变压器电势 $\dot{\psi}_d = \dot{\psi}_q = 0$ 时，略去定子电阻 R，定子电势方程为

$$\begin{cases} u_q = \psi_d = E'_q - X'_d i_d \\ u_d = \psi_q = X_q i_q \end{cases} \tag{6-59}$$

式(6-59)反映了定子方面电势、电压和电流的基频分量之间的关系，它既适用于稳态分析，也适用于暂态分析中将变压器电势略去或另做处理的场合。

写成相量的形式，为

$$\begin{cases} \dot{U}_q = \dot{E}'_q - jX'_d \dot{I}_d \\ \dot{U}_d = -jX_q \dot{I}_q \end{cases} \tag{6-60}$$

式(6-60)中两式相加，得

$$\dot{U} = \dot{E}'_q - jX'_d \dot{I}_d - jX_q \dot{I}_q \tag{6-61}$$

图 6-16　暂态电势和暂态电抗表示的等值电路

无论是凸极机还是隐极机，一般都有 $X'_d \neq X_q$。为便于工程计算，也常采用等值隐极机法进行处理。具体方法有以下两种方案：

①用电势 $\dot{E}_Q$ 和电抗 X_q 作等值电路，如图 6-17(a)所示。这时假想电势 $\dot{E}_Q$ 表示为

$$\dot{E}_Q = \dot{E}'_q + j(X_q - X'_d)\dot{I}_d \tag{6-62}$$

②用电势 $\dot{E}'$ 和电抗 X'_d 作等值电路，等值电路如图 6-17(b)所示。如果令

$$\dot{E}' = \dot{E}'_q - j(X_q - X'_d)\dot{I}_q \tag{6-63}$$

则式(6-61)可改写为

$$\dot{U} = \dot{E}' - jX'_d\dot{I} \tag{6-64}$$

电势 $\dot{E}'$ 称为暂态电抗后的电势，是虚构的电势，没有物理意义。在计算精度要求不高的场合，通常用 $\dot{E}'$ 守恒代替 $\dot{E}'_q$ 守恒，并用 $\dot{E}'$ 方向作为 q 轴的方向。

采用暂态参数时，同步电机的相量图如图 6-18 所示。

暂态电抗是同步电机的结构参数，是实在参数，可以根据设计资料计算得到，也可以进行实测。暂态电势属于运行参数，只能根据给定的运行状态(稳态或暂态)计算，无法实测。暂态电势在运行状态发生突变瞬间能够守恒，可以从突变前瞬间的稳态中计算出暂态电势，并直接用于突变后瞬间的计算中，给暂态分析带来很大的方便。

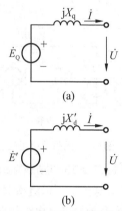

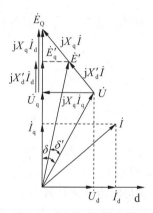

图 6-17 等值隐极机法的等值电路　　图 6-18 同步电机的相量图

例 6-3 设例 6-2 的同步电机的暂态电抗 $X'_d = 0.3$，试计算电势 E'_q 和 E'。

解： 例 6-2 中已计算出 $E_Q = 1.41$，$I_d = 0.8$，$\delta = 21.15°$。

(1) 计算电势 E'_q

$$E'_q = E_Q + (X'_d - X_q)I_d = 1.41 + (0.3 - 0.6) \times 0.80 = 1.17$$

(2) 计算电势 E'，由电势相量图 6-19 可得

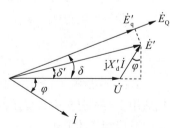

$$E' = \sqrt{(U + X'_d I \sin\varphi)^2 + (X'_d I \cos\varphi)^2}$$
$$= \sqrt{(1.0 + 0.3 \times 1.0 \times 0.53)^2 + (0.3 \times 1.0 \times 0.85)^2} = 1.187$$

图 6-19 例 6-3 的电势相量图

(3) 计算电势 E' 的相位 δ'

$$\delta' = \text{acrtan}\,\frac{X'_d I \cos\varphi}{U + X'_d I \sin\varphi} = \text{acrtan}\,\frac{0.3 \times 1.0 \times 0.85}{1.0 + 0.3 \times 1.0 \times 0.53} = 12.4°$$

通过例 6-3 可见，电势 E'_q 和 E' 的幅值差别很小，相位差别稍大。

6.4.4 次暂态电势和次暂态电抗

根据式(6-40)，有阻尼绕组电机的磁链平衡方程为

$$
\begin{cases}
\psi_d = -X_d i_d + X_{ad} i_f + X_{ad} i_D = -X_{\sigma a} i_d + X_{ad}(i_D + i_f - i_d) \\
\psi_q = X_q i_q + X_{aq} i_Q = X_{\sigma a} i_q + X_{aq}(i_Q + i_q) \\
\psi_f = -X_{ad} i_d + X_f i_f + X_{ad} i_D = X_{ad}(i_D + i_f - i_d) + X_{\sigma f} i_f \\
\psi_D = -X_{ad} i_d + X_{ad} i_f + X_D i_D = X_{ad}(i_D + i_f - i_d) + X_{\sigma D} i_D \\
\psi_Q = X_{aq} i_q + X_Q i_Q = X_{aq}(i_Q + i_q) + X_{\sigma Q} i_Q
\end{cases}
\tag{6-65}
$$

根据式(6-65)画出等值电路如图 6-20 所示。

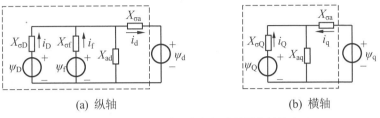

(a) 纵轴　　　　　　　　　　　(b) 横轴

图 6-20　有阻尼绕组电机的磁链平衡等值电路

对图 6-20 应用戴维南定理可得到如图 6-21 所示的等值电路，其参数如下

$$
E_q'' = \frac{\dfrac{\psi_f}{X_{\sigma f}} + \dfrac{\psi_D}{X_{\sigma D}}}{\dfrac{1}{X_{ad}} + \dfrac{1}{X_{\sigma f}} + \dfrac{1}{X_{\sigma D}}}
\tag{6-66}
$$

$$
X_d'' = X_{\sigma a} + \frac{1}{\dfrac{1}{X_{ad}} + \dfrac{1}{X_{\sigma f}} + \dfrac{1}{X_{\sigma D}}}
\tag{6-67}
$$

$$
E_d'' = \frac{\dfrac{\psi_Q}{X_{\sigma Q}}}{\dfrac{1}{X_{aq}} + \dfrac{1}{X_{\sigma Q}}}
\tag{6-68}
$$

$$
X_q'' = X_{\sigma a} + \frac{1}{\dfrac{1}{X_{aq}} + \dfrac{1}{X_{\sigma Q}}}
\tag{6-69}
$$

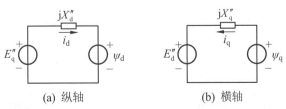

(a) 纵轴　　　　　　　　(b) 横轴

图 6-21　次暂态电势和次暂态电抗的等值电路

E_q''、E_d'' 分别为横轴次暂态电势和纵轴次暂态电势，在运行状态突变瞬间，ψ_f、ψ_D 和 ψ_Q 都不能突变，所以 E_q''、E_d'' 也不能突变。X_d''、X_q'' 分别为纵轴次暂态电抗和横轴次暂态电抗。

如果沿同步电机纵轴向把电机看作三绕组变压器，当两个副边绕组(即励磁绕组和纵轴阻尼绕组)都短路时，从原边(即定子绕组)测得的电抗就是纵轴次暂态电抗 X_d''。

用次暂态电势和次暂态电抗表示的有阻尼绕组电机的磁链平衡方程为

$$\begin{cases} \psi_d = E_q'' - X_d'' i_d \\ \psi_q = E_d'' + X_q'' i_q \end{cases} \tag{6-70}$$

当电机处于稳态或忽略变压器电势，并略去定子电阻 R 时，定子电势方程为

$$\begin{cases} u_q = E_q'' - X_d'' i_d \\ u_d = E_d'' + X_q'' i_q \end{cases} \tag{6-71}$$

写成相量的形式，为

$$\begin{cases} \dot{U}_q = \dot{E}_q'' - jX_d'' \dot{I}_d \\ \dot{U}_d = \dot{E}_d'' - jX_q'' \dot{I}_q \end{cases} \tag{6-72}$$

式(6-72)中两式相加，得

$$\dot{U} = \dot{U}_q + \dot{U}_d = \dot{E}_q'' + \dot{E}_d'' - jX_d'' \dot{I}_d - jX_q'' \dot{I}_q = \dot{E}'' - jX_d'' \dot{I}_d - jX_q'' \dot{I}_q \tag{6-73}$$

式中：$\dot{E}''$ 为次暂态电势。

为了避免按两个轴向制作等值电路和列写方程，可采用等值隐极机的处理方法，将式(6-73)改写为

$$\dot{U} = \dot{E}'' - jX_d'' \dot{I} - j(X_q'' - X_d'') \dot{I}_q \tag{6-74}$$

考虑 X_q'' 和 X_d'' 相差不大，得

$$\dot{U} = \dot{E}'' - jX_d'' \dot{I} \tag{6-75}$$

用次暂态参数表示的同步电机相量图见图 6-22。

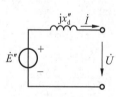

图 6-23 简化的次暂态参数等值电路

在实用计算中，常常采用式(6-75)作出简化的次暂态参数等值电路，如图 6-23 所示，并认为 $\dot{E}''$ 不能突变。

同暂态参数一样，次暂态电抗 X_d'' 和 X_q'' 都是同步电机的实际参数，而次暂态电势 E_d''、E_q'' 和 E'' 则是虚拟的计算用参数。

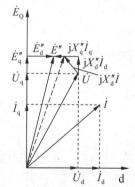

图 6-22 同步电机相量图

例6-4 设例6-2的同步电机的次暂态电抗 $X_d'' = 0.21$，$X_q'' = 0.31$，试求电势 E_q''、E_d'' 和 E''。

解： 例 6-2 中已计算出 $E_Q = 1.41$，$\delta = 21.15°$，$U_d = 0.36$，$U_q = 0.93$，$I_d = 0.80$，$I_q = 0.60$。

(1) 精确计算

$$E_q'' = U_q + X_d'' I_d = 0.93 + 0.21 \times 0.80 = 1.098$$

$$E_d'' = U_d - X_q'' I_q = 0.36 - 0.31 \times 0.60 = 0.174$$

$$E'' = \sqrt{(E_q'')^2 + (E_d'')^2} = \sqrt{1.098^2 + 0.174^2} = 1.112$$

$$\delta'' = \delta - \text{acrtan}\frac{E_d''}{E_q''} = 21.15° - \text{acrtan}\frac{0.174}{1.098} = 12.15°$$

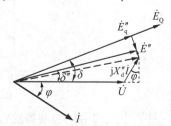

图 6-24 例 6-4 的电势相量图

(2) 近似计算

$$E'' = \sqrt{(U + X_d'' I \sin\varphi)^2 + (X_d'' I \cos\varphi)^2}$$
$$= \sqrt{(1.0 + 0.21 \times 1.0 \times 0.53)^2 + (0.21 \times 1.0 \times 0.85)^2} = 1.126$$

$$\delta'' = \text{acrtan} \frac{X_d'' I \cos\varphi}{U + X_d'' I \sin\varphi} = \text{acrtan} \frac{0.21 \times 1.0 \times 0.85}{1.0 + 0.21 \times 1.0 \times 0.53} = 9.13°$$

通过例 6-4 可见，近似计算与精确计算相比，次暂态电势幅值相差很小，相位差别稍大。

用稳态、暂态和次暂态参数都可以列写同步电机定子电势方程，并可作出相应的等值电路。各种不同的电势方程都可以用于稳态或暂态分析。由于同步电抗、暂态电抗和次暂态电抗一般都当作是常数，为计算方便，希望相对应的电势方程中的电势也是常数。所以，当转子各回路磁链守恒时，宜采用暂态或次暂态参数列写的电势方程；当励磁绕组的电流不变时，采用稳态参数的电势方程则较为方便。

第7章 电力系统三相短路的分析和计算

电力系统在运行中常常会发生故障。电力系统的故障可以分为简单故障和复杂故障，简单故障是指某一时刻仅在一个地点发生故障，复杂故障是指某一时刻在两个及两个以上的地点同时发生故障。电力系统的故障包括短路故障和断线故障，其中短路故障发生的概率比较大，也比较严重。

短路是电力系统的严重故障。当短路发生时，系统将从一种运行状态剧变到另一种运行状态，并伴随着复杂的暂态现象。本章着重讨论突然发生三相短路时的电磁暂态现象以及三相短路电流的计算方法。

7.1 短路的一般概念

7.1.1 短路的原因及后果

短路是指一切不正常的相与相之间或相与地之间(中性点接地系统)发生通路的情况。正常运行时，除中性点外，相与相之间或相与地之间是绝缘的。如果由于某种原因使其绝缘破坏而构成了通路，就发生了短路故障。

产生短路的原因很多，主要有如下几个方面：①元件损坏，例如绝缘材料的自然老化，设计、安装及维护不良带来设备缺陷等；②气象条件恶化，例如雷击造成的闪络放电或避雷器动作，架空线路由于大风或导线覆冰引起电杆倒塌等；③违规操作，例如运行人员带负荷拉刀闸，线路或设备检修后未拆除接地线就加上电压等；④其他，例如挖沟损伤电缆，鸟兽跨接在裸露的载流部分等。

在三相系统中，可能发生的短路有：三相短路、两相短路、两相短路接地和单相接地短路，分别用符号 $f^{(3)}$、$f^{(2)}$、$f^{(1,1)}$、$f^{(1)}$ 表示。三相短路也称为对称短路，系统各相与正常运行时一样仍处于对称状态。其他类型的短路都是不对称短路。

电力系统的运行经验表明，在各种类型的短路中，单相短路占大多数，两相短路较少，三相短路的机会最少。三相短路虽然很少发生，但情况较严重，应给以足够的重视。况且，从短路计算方法来看，一切不对称短路的计算，在采用对称分量法后，都归结为对称短路的计算。因此，对三相短路的研究是有其重要意义的。

随着短路类型、发生地点和持续时间的不同，短路的后果可能只破坏局部地区的正常供电，也可能威胁整个系统的安全运行。短路的危险后果一般有以下几个方面：

①短路故障使短路点附近的支路中出现比正常值大许多倍的电流，由于短路电流的电动力效应，导体间将产生很大的机械应力，可能使导体和它们的支架遭到破坏。

②短路电流使设备发热增加，短路持续时间较长时，设备可能过热以致损坏。

③短路时系统电压大幅度下降，对用户影响很大。系统中最主要的电力负荷是异步电动机，它的电磁转矩同端电压的平方成正比，电压下降时，电动机的电磁转矩显著减小，转速

随之下降。当电压大幅度下降时，电动机有可能停转，造成产品报废、设备损坏等严重后果。

④当短路发生地点离电源不远而持续时间又较长时，并列运行的发电厂可能失去同步，破坏系统稳定，造成大片地区停电。这是短路故障的最严重后果。

⑤发生不对称短路时，不平衡电流能产生足够的磁通，在邻近的电路内感应出很大的电动势，这对于架设在高压电力线路附近的通信线路或铁道信号系统等会产生严重的后果。

7.1.2 短路计算的目的

在电力系统和电气设备的设计和运行中，短路计算是解决一系列技术问题所不可缺少的基本计算，这些问题主要如下：

①选择有足够机械稳定度和热稳定度的电气设备，例如断路器、互感器、瓷瓶、母线、电缆等，必须以短路计算作为依据。这里包括计算冲击电流以校验设备的电动力稳定度；计算若干时刻的短路电流周期分量以校验设备的热稳定度；计算指定时刻的短路电流有效值以校验断路器的断流能力等。

②为了合理地配置各种继电保护和自动装置并正确整定其参数，必须对电力网中发生的各种短路进行计算和分析。在这些计算中不但要知道故障支路中的电流值，还必须知道电流在网络中的分布情况。有时还要知道系统中某些节点的电压值。

③在设计和选择发电厂和电力系统电气主接线时，为了比较各种不同方案的接线图，确定是否需要采取限制短路电流的措施等，都要进行必要的短路电流计算。

④进行电力系统暂态稳定计算，研究短路对用户工作的影响等，也包含一部分短路计算的内容。

此外，确定输电线路对通信的干扰，对已发生故障进行分析，都必须进行短路计算。

在实际工作中，根据一定的任务进行短路计算时，必须首先确定计算条件。所谓计算条件，一般包括短路发生时系统的运行方式、短路的类型和发生地点以及短路发生后所采取的措施等。从短路计算的角度来看，系统运行方式指的是系统中投入运行的发电、变电、输电、用电设备的多少以及它们之间相互连接的情况。计算不对称短路时，还应包括中性点的运行状态。对于不同的计算目的，所采用的计算条件是不同的。

7.2 恒定电势源电路的三相短路

恒定电势源(又称无限大功率电源)是指端电压幅值和频率都保持恒定的电源，它的内阻抗为零。这是一种理想的情况，当电源容量相对来说非常大或电源距短路点的电气距离很远时，可以近似地认为是恒定电势源。

7.2.1 突然短路的过渡过程

如图 7-1 所示为一恒定电势源供电的简单三相电路，短路前电路处于稳态，每相总阻抗为 $(R+R')+j\omega(L+L')$。由于电路对称，只写出一相(a 相)的电势和电流为

$$\begin{cases} e = E_m \sin(\omega t + \alpha) \\ i = I_m \sin(\omega t + \alpha - \varphi') \end{cases} \tag{7-1}$$

式中：$I_{\mathrm{m}} = E_{\mathrm{m}} / \sqrt{(R+R')^2 + \omega^2(L+L')^2}$；$\varphi' = \arctan \dfrac{\omega(L+L')}{R+R'}$。

当 f 点发生三相短路时，此电路被分成两个独立的部分，左边电路仍与电源连接，右边电路变为无源的短接电路。这时，右边电路中的电流将从短路瞬间的初始值衰减至零，即把电路中所储存的磁场能量全部转化为电阻上的热能消耗掉了。左边电路的阻抗变为 $R + \mathrm{j}\omega L$，其电流由短路瞬间的初始值变化为由阻抗 $R + \mathrm{j}\omega L$ 所决定的新稳态值，短路电流计算就是针对这一电路进行的。

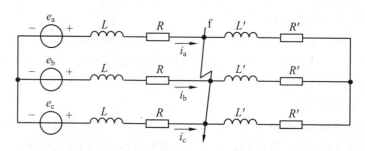

图 7-1 恒定电势源供电的简单三相电路短路

设 $t = 0$ 时发生三相短路，左边电路仍为对称电路，可只分析一相。此时 a 相的微分方程为

$$Ri + L\frac{\mathrm{d}i}{\mathrm{d}t} = E_{\mathrm{m}}\sin(\omega t + \alpha) \tag{7-2}$$

式(7-2)的解就是短路的全电流 i，它由两部分组成：

第一部分为式(7-2)的特解，它代表短路电流的强制分量，也称周期分量 i_{p}，它是电源电势 e 强制作用的结果，与电源电势的变化规律相同，是幅值恒定的正弦交流量

$$i_{\mathrm{p}} = I_{\mathrm{pm}}\sin(\omega t + \alpha - \varphi) \tag{7-3}$$

式中：$I_{\mathrm{pm}} = E_{\mathrm{m}} / \sqrt{R^2 + (\omega L)^2}$ 为短路电流周期分量的幅值；$\varphi = \arctan(\omega L / R)$ 为电路的阻抗角；α 为电源电势的初始相角，即 $t = 0$ 时的相位角，亦称合闸角。

第二部分为式(7-2)对应的齐次方程

$$Ri + L\frac{\mathrm{d}i}{\mathrm{d}t} = 0$$

的通解，它是与外加电源无关的自由分量，是按指数规律衰减的直流，亦称非周期电流 i_{ap}。

$$i_{\mathrm{ap}} = Ce^{pt} = Ce^{-t/T_{\mathrm{a}}} \tag{7-4}$$

式中：$p = -R/L$ 为特征方程 $R + pL = 0$ 的根；$T_{\mathrm{a}} = -1/p = L/R$ 为时间常数，决定自由分量衰减的快慢；C 为积分常数，即非周期电流的起始值 i_{ap0}，由初始条件决定。

因此，短路全电流

$$i = i_{\mathrm{p}} + i_{\mathrm{ap}} = I_{\mathrm{pm}}\sin(\omega t + \alpha - \varphi) + Ce^{-t/T_{\mathrm{a}}} \tag{7-5}$$

由于电感中的电流不能突变，短路前瞬间(以下标[0]表示)的电流 $i_{[0]}$ 应等于短路发生后瞬间(以下标 0 表示)的电流 i_0。将 $t = 0$ 分别代入式(7-1)和式(7-5)，有

$$I_{\mathrm{m}}\sin(\alpha - \varphi') = I_{\mathrm{pm}}\sin(\alpha - \varphi) + C$$

因此
$$C = i_{ap0} = I_m \sin(\alpha - \varphi') - I_{pm} \sin(\alpha - \varphi)$$

将上式代入式(7-5)，得

$$i = I_{pm} \sin(\omega t + \alpha - \varphi) + [I_m \sin(\alpha - \varphi') - I_{pm} \sin(\alpha - \varphi)]e^{-t/T_a} \tag{7-6}$$

式(7-6)就是 a 相短路电流的计算式。只要考虑三相对称关系，b、c 相短路电流表达式可立即写出。

式(7-6)描述了无限大功率电源供电电路的短路电流的变化规律。短路电流由周期分量 i_p 和非周期分量 i_{ap} 组成。在无限大功率电源供电的系统中，电源电势的幅值是常数，所以 i_p 的幅值 I_{pm} 也是常数。i_{ap} 是随时间衰减的指数函数，在阻抗主要是电抗的高压线路中，T_a 的平均值约为 0.05 s。i_{ap} 一般经 $4T_a$ 即 0.2 s 后已基本衰减完毕。在电阻较大的电路中，i_{ap} 衰减得更快。i_{ap} 衰减为零后，过渡过程结束，进入短路后的稳定状态。此时的短路电流称为稳态短路电流，其有效值用 I_∞ 表示。

用相量图表示短路电流各分量之间的关系如图 7-2 所示。图中旋转相量 $\dot{E}_m$、$\dot{I}_m$、$\dot{I}_{pm}$ 在静止的时间轴 t 上的投影分别代表电源电势、短路前电流和短路后周期电流的瞬时值。该图为 $t = 0$ 时刻的情况。此时，短路前电流相量 $\dot{I}_m$ 在时间轴上的投影为 $I_m \sin(\alpha - \varphi') = i_{[0]}$，短路后的周期电流相量 $\dot{I}_{pm}$ 的投影为 $I_{pm} \sin(\alpha - \varphi) = i_{p0}$。一般情况下，$i_{p[0]} \neq i_{[0]}$。为了保持电感中的电流在短路前后瞬间不变，电路中必然会产生一个非周期自由电流，它的初值应为 $i_{[0]}$ 与 i_{p0} 之差，即相量差 $\dot{I}_m - \dot{I}_{pm}$ 在时间轴上的投影 i_{ap0}。若 $\dot{I}_m - \dot{I}_{pm}$ 与时间轴平行，则 i_{ap0} 最大；当 $\dot{I}_m - \dot{I}_{pm}$ 与时间轴垂直时，$i_{ap0} = 0$。在后一情况下，不存在自由分量，在短路发生瞬间短路前电流的瞬时值刚好等于短路后强制电流的瞬时值，电路从一种稳态直接进入另一种稳态，而不经历过渡过程。

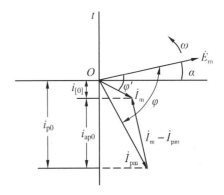

图 7-2 简单三相电路短路时短路电流各分量之间关系的相量图

由此可见，i_{ap0} 的大小与短路发生的时刻有关，即与电源电势的合闸角 α 有关。以上分析是对 a 相而言，b、c 相的电流相量分别滞后 a 相 120° 和 240°。三相短路时，只有短路电流的周期分量才是对称的，而各相短路电流的非周期分量并不相等，非周期分量有最大初值或零值的情况只能在一相出现。

7.2.2 短路冲击电流

短路电流最大可能的瞬时值称为短路冲击电流，以 i_{im} 表示。

下面分析短路电流最大可能的瞬时值的产生条件。

通常发生三相短路时，负载阻抗总是被短接掉，整个短路回路只剩下短路点以前(电源侧)的线路阻抗。一般电力系统中，由于短路回路中的感抗 X 远大于电阻 R，可近似认为线路是纯感性的，即阻抗角 $\varphi \approx 90°$。

当电路的参数已知时，短路电流周期分量的幅值是一定的，而短路电流的非周期分量则是按指数规律单调衰减的直流，因此，非周期电流的初值越大，暂态过程中短路全电流的最大瞬时值也就越大。由前面的讨论可知，使非周期电流有最大初值的条件应为：①相量差 $\dot{I}_{\mathrm{m}} - \dot{I}_{\mathrm{pm}}$ 有最大可能值；②相量差 $\dot{I}_{\mathrm{m}} - \dot{I}_{\mathrm{pm}}$ 在 $t=0$ 时与时间轴平行。这就是说，非周期电流的初值既同短路前和短路后电路的情况有关，又同短路发生的时刻(或合闸角 α)有关。在电感性电路中，符合上述条件的情况是：电路原来处于空载状态，短路恰好发生在短路周期电流取幅值的时刻(如图 7-2 所示)。对于纯感性的电路，则上述情况相当于短路发生在电源电势刚好过零值，即 $\alpha = 0°$ 的时刻。

将 $\varphi = 90°$，$I_{\mathrm{m}} = 0$，$\alpha = 0°$ 代入式(7-6)，得

$$i = -I_{\mathrm{pm}}\cos\omega t + I_{\mathrm{pm}}\mathrm{e}^{-t/T_{\mathrm{a}}} \tag{7-7}$$

非周期分量有最大值时的短路电流的波形如图 7-3 所示。由图可见，短路电流的最大瞬时值在短路发生后约半个周期的时刻出现。当 $f = 50\ \mathrm{Hz}$ 时，此时间 $t = 0.01\ \mathrm{s}$，由此可得冲击电流为

$$i_{\mathrm{im}} = I_{\mathrm{pm}} + I_{\mathrm{pm}}\mathrm{e}^{-0.01/T_{\mathrm{a}}} = I_{\mathrm{pm}}(1 + \mathrm{e}^{-0.01/T_{\mathrm{a}}}) = k_{\mathrm{im}}I_{\mathrm{pm}} \tag{7-8}$$

式中：$k_{\mathrm{im}} = 1 + \mathrm{e}^{-0.01/T_{\mathrm{a}}}$ 称为冲击系数。

冲击系数与网络参数有关。因为 T_{a} 是短路电流非周期分量衰减的时间常数，$T_{\mathrm{a}} = L/R = X/(\omega R)$，故 k_{im} 与短路网络的 R、X 的大小有关，也就是说与短路发生的地点有关。

$$k_{\mathrm{im}} = 1 + \mathrm{e}^{-0.01\omega R/X} \tag{7-9}$$

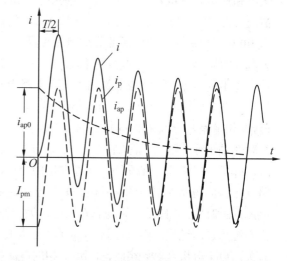

若短路点以前的网络为纯感性($R = 0$)，则 $k_{\mathrm{im}} = 2$；若短路发生在纯阻性网络($X = 0$)，$k_{\mathrm{im}} = 1$；这样 k_{im} 的变化范围为 $1 \leqslant k_{\mathrm{im}} \leqslant 2$。

在实用计算中，k_{im} 的取值：在发电机电压母线短路时，$k_{\mathrm{im}} = 1.9$；在发电厂高压侧母线短路时，$k_{\mathrm{im}} = 1.85$；在高压电网其他地点短路时，$k_{\mathrm{im}} = 1.8$；在 1 000 kVA 及以下的变压器二次侧和低压电网中发生短路时，$k_{\mathrm{im}} = 1.3$。

冲击电流主要用来校验电气设备和载流导体的电动力稳定度。

图 7-3 非周期分量有最大值时的短路电流波形图

7.2.3 短路电流最大有效值

在短路过程中，任一时刻 t 的短路电流有效值 I_t，是指以时刻 t 为中心的一个周期内瞬时电流的均方根值，即

$$I_t = \sqrt{\frac{1}{T}\int_{t-T/2}^{t+T/2} i_t^2 \mathrm{d}t} = \sqrt{\frac{1}{T}\int_{t-T/2}^{t+T/2}(i_{\mathrm{p}t} + i_{\mathrm{ap}t})^2 \mathrm{d}t} \tag{7-10}$$

式中：i_t、$i_{\mathrm{p}t}$、$i_{\mathrm{ap}t}$ 为 t 时刻短路电流的瞬时值。

在电力系统中，短路电流非周期分量是衰减的；短路电流周期分量的幅值，只有在无限大功率电源供电时才是恒定的，而在一般情况下也是衰减的，因此，用式(7-10)进行计算相当

复杂。为简化计算，通常假定：非周期电流在以时间 t 为中心的一个周期内恒定不变，因而它在时间 t 时的有效值就等于它的瞬时值，即

$$I_{\text{ap}t} = i_{\text{ap}t} \tag{7-11}$$

对于周期电流，也认为它在所计算的周期内幅值是恒定的，其数值等于由周期电流包络线所确定的 t 时刻的幅值。在 $\varphi = 90°$，$\alpha = 0°$ 时，由式(7-3)得

$$i_{\text{p}t} = -I_{\text{pm}t} \cos \omega t = -\sqrt{2} I_{\text{p}t} \cos \omega t \tag{7-12}$$

将式(7-11)、式(7-12)代入式(7-10)，经运算后得到

$$I_t = \sqrt{I_{\text{p}t}^2 + I_{\text{ap}t}^2} \tag{7-13}$$

短路电流的最大有效值出现在短路后的第一个周期。在最大短路电流条件下，$i_{\text{ap}0} = I_{\text{pm}}$，而第一个周期的中心为 $t = 0.01$ s，这时非周期分量的有效值为

$$I_{\text{ap}} = i_{\text{ap}} = I_{\text{pm}} e^{-0.01/T_{\text{a}}} = (k_{\text{im}} - 1) I_{\text{pm}} = \sqrt{2} (k_{\text{im}} - 1) I_{\text{p}}$$

将上式代入式(7-13)，得到短路电流最大有效值 I_{im} 的计算公式为

$$I_{\text{im}} = \sqrt{I_{\text{p}}^2 + \left[(k_{\text{im}} - 1) \sqrt{2} I_{\text{p}} \right]^2} = I_{\text{p}} \sqrt{1 + 2(k_{\text{im}} - 1)^2} \tag{7-14}$$

当冲击系数 $k_{\text{im}} = 1.9$ 时，$I_{\text{im}} = 1.62 I_{\text{p}}$；$k_{\text{im}} = 1.85$ 时，$I_{\text{im}} = 1.56 I_{\text{p}}$；$k_{\text{im}} = 1.8$ 时，$I_{\text{im}} = 1.51 I_{\text{p}}$；$k_{\text{im}} = 1.3$ 时，$I_{\text{im}} = 1.09 I_{\text{p}}$。

7.2.4 短路容量

短路容量 S_{im} 等于短路电流的最大有效值与短路处的正常工作电压(一般用平均额定电压)的乘积，即

$$S_{\text{im}} = \sqrt{3} U_{\text{av}} I_{\text{im}} \tag{7-15}$$

式中：U_{av} 为短路点的平均额定电压。

用标幺值表示，且选取 $U_{\text{B}} = U_{\text{av}}$ 时，有

$$S_{*\text{im}} = \frac{\sqrt{3} U_{\text{av}} I_{\text{im}}}{\sqrt{3} U_{\text{B}} I_{\text{B}}} = \frac{I_{\text{im}}}{I_{\text{B}}} = I_{*\text{im}} \tag{7-16}$$

短路容量主要用来校验开关的开断能力。因为在短路时，开关一方面要开断短路电流，另一方面，在开关断流时其触头应能经受住工作电压的作用。在短路的实用计算中，常用周期分量电流的初始有效值来计算短路容量。

$$S_{\text{im}} = \sqrt{3} U_{\text{av}} I'' \tag{7-17}$$

由以上分析可见，为了确定冲击电流、短路电流非周期分量、短路电流最大有效值和短路容量等，都必须计算短路电流的周期分量。实际上，大多数短路计算的工作也仅是计算短路电流的周期分量。在给定电源电压后，短路电流周期分量的计算只是一个求解稳态正弦交流电路的问题。

7.3 电力系统三相短路电流的实用计算

三相短路的暂态过程中定子绕组将出现各种电流分量(基频、直流及倍频交流)，而在电力系统三相短路的实用计算中，如计算短路冲击电流、短路电流有效值和短路容量等，主要是短路电流周期分量(基频)的计算。当电源电势给定时，这实际上就是求解稳态交流电路的问题。下面主要介绍短路瞬间和短路后任意时刻短路电流周期分量的实用计算。

7.3.1 三相短路实用计算的基本假设

在短路的实际计算中，为了简化计算工作，常采用以下一些假设：

①短路过程中各发电机之间不发生摇摆，并认为所有发电机的电势都同相位。对于短路点而言，计算所得的电流数值稍稍偏大。

②负荷只做近似估计，或当作恒定电抗，或当作某种临时附加电源，视具体情况而定。

③不计磁路饱和。系统各元件的参数都是恒定的，可以应用叠加原理。

④对称三相系统。除不对称故障处出现局部的不对称以外，实际的电力系统通常都当作是对称的。

⑤忽略高压输电线的电阻和电容，忽略变压器的电阻和励磁电流(三相三柱式变压器的零序等值电路除外)，这就是说，发电、输电、变电和用电的元件均用纯电抗表示。加上所有发电机电势都同相位的假设条件，就避免了复数运算。

⑥金属性短路。短路处相与相(或地)的接触往往经过一定的电阻(如外物电阻、电弧电阻、接触电阻等)，这种电阻通常称为过渡电阻。所谓金属性短路，就是不计过渡电阻的影响，即认为过渡电阻等于零的短路情况。

7.3.2 三相短路电流的计算方法

对于简单的电力系统，可以采用网络变换与化简计算短路电流。计算时，首先做出整个系统的等值电路，然后进行网络变换与化简，将网络化简成只保留电源节点和短路点，即图 7-4 所示的形式，相应地，短路电流可按式(7-18)计算。

$$\dot{I}_{\mathrm{f}} = \frac{\dot{E}_1}{Z_{1\mathrm{f}}} + \frac{\dot{E}_2}{Z_{2\mathrm{f}}} + \cdots + \frac{\dot{E}_n}{Z_{n\mathrm{f}}} = \sum_{i=1}^{n} \frac{\dot{E}_i}{Z_{i\mathrm{f}}} \tag{7-18}$$

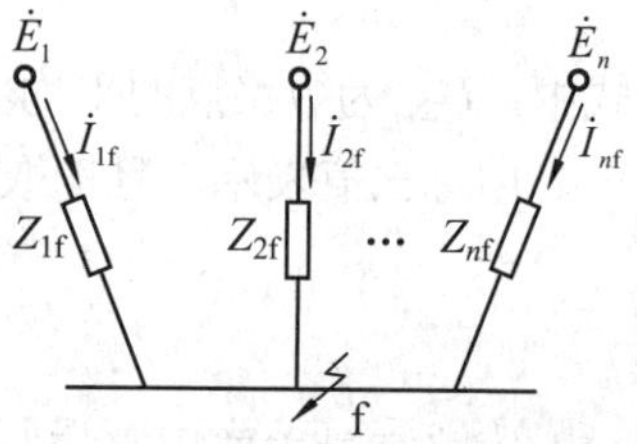

图 7-4 网络化简后的等值电路

式中：$\dot{E}_1$，$\dot{E}_2$，$\cdots$，$\dot{E}_n$ 为各电源的电势；$Z_{1\mathrm{f}}$，$Z_{2\mathrm{f}}$，$\cdots$，$Z_{n\mathrm{f}}$ 分别为各电源点对短路点 f 的转移阻抗。

由此可知，要求短路电流，最关键的是要根据网络化简求出电源点对短路点的转移阻抗。根据式(7-18)，当网络中只有电源点 i 单独存在，其他电源电势都等于零时，电势 $\dot{E}_i$ 与短路点电流 $\dot{I}_{i\mathrm{f}}$ 的比值即等于电源点 i 对短路点 f 的转移阻抗 $Z_{i\mathrm{f}}$。

7.3.3 网络变换与化简的主要方法

(1) 网络的等值变换

等值变换是网络化简的一个最基本的方法。等值变换的要求是变换前后网络未被变换部分的状态(指电流和电压分布)保持不变。除了常用的串联和并联外，主要有以下几种。

①无源网络的星网变换

对于如图 7-5 所示的有 n 个顶点的多支路星形网络变为网形网络时，网形网络中任意两节点 i、j 间的阻抗为

$$Z_{ij} = Z_i Z_j \sum_{k=1}^{n} \frac{1}{Z_k} \qquad (7\text{-}19)$$

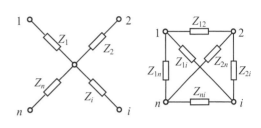

式(7-19)中各符号的含义如图 7-5 所示。常用的星角变换是最简单的星网变换，但应该注意的是，由网形网络变换为星形网络的逆变换是不成立的。

②有源支路的并联

对于由 m 条有源支路并联的网络[如图 7-6(a)所示]，可以根据戴维南定理简化为一条有源支路[如图 7-6(b)所示]。

图 7-5 多支路星形网络变为网形网络

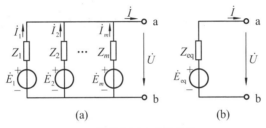

图 7-6 并联有源支路的化简

根据戴维南定理，等值电源的电势 E_{eq} 等于外部电路断开(即 $i=0$ 时)端口 ab 间的开路电压 $\dot{U}^{(0)}$，等值阻抗 Z_{eq} 等于所有电源电势都为零时从端口 ab 看进去的总阻抗。

等值电源的阻抗 Z_{eq} 和电势 $\dot{E}_{eq}$ 分别为

$$Z_{eq} = \frac{1}{\sum_{k=1}^{m} \frac{1}{Z_k}} \qquad (7\text{-}20)$$

$$\dot{E}_{eq} = \dot{U}^{(0)} = Z_{eq} \sum_{k=1}^{m} \frac{\dot{E}_k}{Z_k} \qquad (7\text{-}21)$$

(2) 利用网络的对称性化简

在电力系统中，常常会遇到连接于某两点之间的网络对于短路点具有对称性的情况。所谓对称性，是指网络的结构相同，电源一样，阻抗参数相等(或其值相等)以及短路电流的走向一致等。在对称网络的对应点上，其电位必然相同。因此，可将网络中不直接连接的同电位点直接连接起来。如果网络中同电位点之间有阻抗存在，则根据需要将其短接或断开。经过这样处理后，往往可使变换比较简便。

如图 7-7(a)所示的网络，如果所有的发电机电势都等于 $\dot{E}$，电抗都等于 X_G；所有变压器相应绕组的电抗都相等，均为 X_{T1}、X_{T2} 和 X_{T3}；所有电抗器的电抗均为 X_R，则在 f_1 点和 f_2 点短路时，它就是一个具有对称性的网络，等值电路如图 7-7(b)所示。

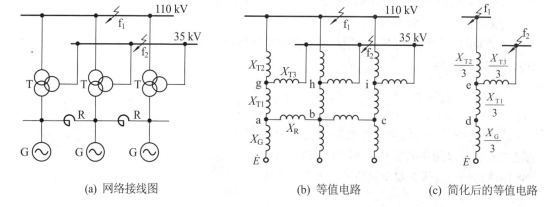

(a) 网络接线图　　　　　　　(b) 等值电路　　　　　(c) 简化后的等值电路

图 7-7 利用电路的对称性进行网络化简

在 f_1 点和 f_2 点短路时，a、b、c 三点电位相等，断开电抗器 R，将其直接相连于 d 点；g、h、i 三点电位也相等，将其直接相连于 e 点，于是就得到了图 7-7(c)所示的简化后的等值电路。

7.4 起始次暂态电流和冲击电流的实用计算

无限大功率电源供电的系统发生三相短路时，由于不考虑电源内部的暂态过程，认为短路后电源电压和频率均保持不变，因而短路电流周期分量的幅值也是恒定的。有限大功率电源供电的系统发生三相短路时，则需要考虑电源内部的暂态过程，那么短路电流周期分量的幅值就不再是恒定的，而是衰减的，其暂态过程比较复杂。实际的工程实用计算时，在大多数情况下，只要求计算短路电流周期分量(指基频分量)的初始值，也称为起始次暂态电流。只要把系统所有的元件都用其次暂态参数代表，次暂态电流的计算就同稳态电流的计算一样了。系统中所有静止元件的次暂态参数都与其稳态参数相同，而旋转电机的次暂态参数则不同于其稳态参数。

在突然短路瞬间，同步电机(包括同步电动机和调相机)的次暂态电势保持着短路发生前瞬间的数值。根据同步发电机简化相量图 7-8，取同步发电机在短路前瞬间的端电压为 $U_{[0]}$，电流为 $I_{[0]}$ 和功率因数角为 $\varphi_{[0]}$，利用下式即可近似地算出次暂态电势值，即

$$E_0'' \approx U_{[0]} + X'' I_{[0]} \sin \varphi_{[0]} \tag{7-22}$$

在实用计算中，汽轮发电机和有阻尼绕组的凸极发电机的次暂态电抗可以取为 $X'' = X_d''$。

假定发电机在短路前额定满载运行，$U_{[0]}=1$，$I_{[0]}=1$，$\sin\varphi_{[0]}=0.53$，$X''=0.13\sim0.20$，则 $E_0''=1.07\sim1.11$。

如果不能确知同步发电机短路前的运行参数，则近似地取 $E_0''=1.05\sim1.1$ 亦可。不计负载影响时，常取 $E_0''=1.0$。

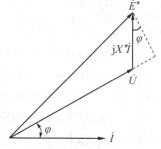

图 7-8 同步发电机简化相量图

电力系统的负荷中包含大量的异步电动机。在正常运行情况下，异步电动机的转差率很小($s=2\%\sim5\%$)，可以近似地当作按同步转速运行。根据短路瞬间转子绕组磁链守恒的原则，异步电动机也可以用与转子绕组的总磁链成正比的次暂态电

势以及相应的次暂态电抗来代表。异步电动机次暂态电抗的额定标幺值可由下式确定。

$$X'' = 1/I_{st} \tag{7-23}$$

式中：I_{st} 是异步电动机启动电流的标幺值(以额定电流为基准)，一般为 4~7，因此近似地可取
$X'' = 0.2$。

图 7-9 为异步电动机的次暂态参数简化相量图。由图可
得次暂态电势的近似计算公式为

$$E_0'' \approx U_{[0]} - X'' I_{[0]} \sin \varphi_{[0]} \tag{7-24}$$

式中：$U_{[0]}$、$I_{[0]}$ 和 $\varphi_{[0]}$ 分别为短路前异步电动机的端电压、
电流以及电压和电流间的相位差。

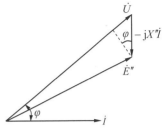

图 7-9 异步电动机的次暂态
参数简化相量图

异步电动机的次暂态电势 E'' 要低于正常情况下的端电压。
在系统发生短路后，只当电动机端的残余电压小于 E_0'' 时，
电动机才会暂时地作为电源向系统供给一部分短路电流。

由于配电网络中电动机的数目很多，要查明它们在短路前的运行状态是困难的，而且电
动机所提供的短路电流数值不大，因此，在实用计算中，只对短路点附近能显著地供给短路
电流的大型电动机才按式(7-23)和式(7-24)算出次暂态电抗和次暂态电势。其他的电动机则看
作是系统负荷节点中综合负荷的一部分。综合负荷的参数须由该地区用户的典型成分及配电
网典型线路的平均参数来确定。在短路瞬间，这个综合负荷也可以近似地用一个含次暂态电
势和次暂态电抗的等值支路来表示。以额定运行参数为基准，综合负荷的电势和电抗的标幺
值约为 $E'' = 0.8$ 和 $X'' = 0.35$。次暂态电抗中包括电动机电抗 0.2 和降压变压器以及馈电线路的
估计电抗 0.15。

由于异步电动机的电阻较大，在突然短路后，
由异步电动机供给的电流的周期分量和非周期分
量都将迅速衰减(如图 7-10 所示)，而且衰减的时间
常数也很接近，其数值约为百分之几秒。

在实用计算中，负荷提供的冲击电流可以表示
为

$$i_{im.LD} = k_{im.LD} \sqrt{2} I_{LD}'' \tag{7-25}$$

式中：I_{LD}'' 为负荷提供的起始次暂态电流的有效
值，通过适当选取冲击系数 $k_{im.LD}$ 可以把周期电
流的衰减估计进去。对于小容量的电动机和综合

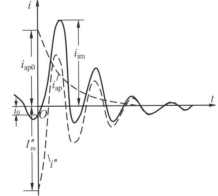

图 7-10 异步电动机短路电流波形图

负荷，取 $k_{im.LD} = 1$; 容量为 200~500 kW 的异步电动机，取 $k_{im.LD} = 1.3~1.5$; 容量为 500~1 000 kW
的异步电动机，取 $k_{im.LD} = 1.5~1.7$；容量为 1 000 kW 以上的异步电动机，取 $k_{im.LD} = 1.7~1.8$。
同步电动机和调相机冲击系数之值和相同容量的同步发电机的大致相等。

这样，计及负荷影响时短路点的冲击电流为

$$i_{im} = k_{im} \sqrt{2} I'' + k_{im.LD} \sqrt{2} I_{LD}'' \tag{7-26}$$

式中的第一项为同步发电机提供的冲击电流。

例 7-1 试计算图 7-11(a)所示电力系统在 f 点发生三相短路时的冲击电流。系统各元件的参数如下。

发电机 G：60 MVA，$X_d'' = 0.12$。调相机 SC：5 MVA，$X_d'' = 0.2$。变压器 T_1：31.5 MVA，$U_S\% = 10.5$；T_2：20 MVA，$U_S\% = 10.5$；T_3：7.5 MVA，$U_S\% = 10.5$。线路 L_1：60 km；L_2：20 km；L_3：10 km。各条线路电抗均为 0.4 Ω/km。负荷 LD_1：30 MVA；LD_2：18 MVA；LD_3：6 MVA。

解： 先将全部负荷计入，以额定标幺电抗为 0.35，电势为 0.8 的电源表示。

(1) 选取 $S_B = 100$ MVA 和 $U_B = U_{av}$，算出等值网络[如图 7-11(b)所示]中的各电抗的标幺值如下：

$$发电机\ X_1 = 0.12 \times \frac{100}{60} = 0.2$$

$$调相机\ X_2 = 0.2 \times \frac{100}{5} = 4.0$$

$$负荷\ LD_1\ X_3 = 0.35 \times \frac{100}{30} = 1.17$$

$$负荷\ LD_2\ X_4 = 0.35 \times \frac{100}{18} = 1.95$$

$$负荷\ LD_3\ X_5 = 0.35 \times \frac{100}{6} = 5.83$$

$$变压器\ T_1\ X_6 = 0.105 \times \frac{100}{31.5} = 0.33$$

$$变压器\ T_2\ X_7 = 0.105 \times \frac{100}{20} = 0.53$$

$$变压器\ T_3\ X_8 = 0.105 \times \frac{100}{7.5} = 1.40$$

$$线路\ L_1\ X_9 = 0.4 \times 60 \times \frac{100}{115^2} = 0.18$$

$$线路\ L_2\ X_{10} = 0.4 \times 20 \times \frac{100}{115^2} = 0.06$$

$$线路\ L_3\ X_{11} = 0.4 \times 10 \times \frac{100}{115^2} = 0.03$$

计算出的电抗值标注在图 7-11(b)中，其中分子是电抗标号，分母是电抗值。

取发电机的次暂态电势 $E_1 = 1.08$。调相机按短路前额定满载运行，可得

$$E_2 = U + X_d'' I = 1 + 0.2 \times 1 = 1.2$$

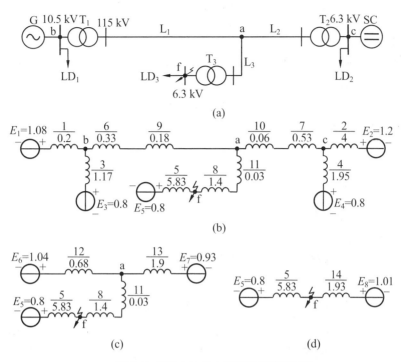

图 7-11 例 7-1 的电力系统及其等值网络

(2) 进行网络化简。

$$X_{12} = (X_1 /\!/ X_2) + X_6 + X_9 = \frac{0.2 \times 1.17}{0.2 + 1.17} + 0.33 + 0.18 = 0.68$$

$$X_{13} = (X_2 /\!/ X_4) + X_7 + X_{10} = \frac{4 \times 1.95}{4 + 1.95} + 0.53 + 0.06 = 1.9$$

$$X_{14} = (X_{12} /\!/ X_{13}) + X_{11} + X_8 = \frac{0.68 \times 1.9}{0.68 + 1.9} + 0.03 + 1.4 = 1.93$$

$$E_6 = \frac{E_1 X_3 + E_3 X_1}{X_1 + X_3} = \frac{1.08 \times 1.17 + 0.8 \times 0.2}{0.2 + 1.17} = 1.04$$

$$E_7 = \frac{E_2 X_4 + E_4 X_2}{X_2 + X_4} = \frac{1.2 \times 1.95 + 0.8 \times 4}{4 + 1.95} = 0.93$$

$$E_8 = \frac{E_6 X_{13} + E_7 X_{12}}{X_{12} + X_{13}} = \frac{1.04 \times 1.9 + 0.93 \times 0.68}{0.68 + 1.9} = 1.01$$

(3) 起始次暂态电流的计算。

由变压器 T_3 方面供给的电流为

$$I'' = \frac{E_8}{X_{14}} = \frac{1.01}{1.93} = 0.523$$

由负荷 LD_3 供给的电流为

$$I''_{LD3} = \frac{E_5}{X_5} = \frac{0.8}{5.83} = 0.137$$

(4) 计算冲击电流。

为了判断负荷 LD$_1$ 和 LD$_2$ 是否供给冲击电流，先验算一下节点 b 和 c 的残余电压。

a 点的残余电压为

$$U_a = (X_8 + X_{11})I'' = (1.4+0.03) \times 0.523 = 0.75$$

线路 L$_1$ 的电流为

$$I''_{L1} = \frac{E_6 - U_a}{X_{12}} = \frac{1.04 - 0.75}{0.68} = 0.427$$

线路 L$_2$ 的电流为

$$I''_{L2} = I'' - I''_{L1} = 0.523 - 0.427 = 0.096$$

b 点的残余电压为

$$U_b = U_a + (X_9 + X_6)I''_{L1} = 0.75 + (0.18+0.33) \times 0.427 = 0.97$$

c 点的残余电压为

$$U_c = U_a + (X_{10} + X_7)I''_{L2} = 0.75 + (0.06+0.53) \times 0.096 = 0.807$$

因 U_b 和 U_c 都高于 0.8，所以负荷 LD$_1$ 和 LD$_2$ 不会变成电源而供给短路电流。因此，由变压器 T$_3$ 方面来的短路电流都是发电机和调相机供给的，可取 $k_{im} = 1.8$。而负荷 LD$_3$ 供给的短路电流则取冲击系数等于 1。

短路处电压级的基准电流为

$$I_B = \frac{100}{\sqrt{3} \times 6.3} = 9.16 \text{ (kA)}$$

短路处的冲击电流为

$$i_{im} = (k_{im}\sqrt{2}I'' + k_{im.LD}\sqrt{2}I''_{LD3})I_B = (1.8 \times \sqrt{2} \times 0.523 + \sqrt{2} \times 0.137) \times 9.16 = 13.97 \text{ (kA)}$$

在近似计算中，考虑到负荷 LD$_1$ 和 LD$_2$ 离短路点较远，可将它们略去不计。把同步发电机和调相机的次暂态电势都取作 $E'' = 1$，此时短路点的输入电抗(负荷 LD$_3$ 除外)为

$$X_{ff} = [(X_1 + X_6 + X_9)//(X_2 + X_7 + X_{10})] + X_{11} + X_8 = [(0.2+0.33+0.18)//(4+0.53+0.06)] + 0.03 + 1.4 = 2.05$$

因而由变压器 T$_3$ 方面供给的短路电流为

$$I'' = \frac{1}{X_{ff}} = \frac{1}{2.05} = 0.49$$

短路处的冲击电流为

$$i_{im} = (k_{im}\sqrt{2}I'' + k_{im.LD}\sqrt{2}I''_{LD3})I_B = (1.8 \times \sqrt{2} \times 0.49 + \sqrt{2} \times 0.137) \times 9.16 = 13.20 \text{ (kA)}$$

这个数值较前面算得的值约小 6%。因此，在实际计算中采用这种简化是容许的。

7.5 短路电流计算曲线及其应用

7.5.1 计算曲线的概念

在工程计算中，常利用计算曲线来确定短路后任意指定时刻短路电流的周期分量。对短路点的总电流和在短路点邻近支路的电流分布的计算来说，计算曲线具有足够的准确度。

有阻尼绕组同步发电机的短路电流周期分量可表示为

$$I_{\text{p.d}} = \frac{E_{\text{q}[0]}}{X_{\text{d}}} + \left(\frac{E'_{\text{q}[0]}}{X'_{\text{d}}} - \frac{E_{\text{q}[0]}}{X_{\text{d}}} \right) \text{e}^{-t/T'_{\text{d}}} + \left(\frac{E''_{\text{q}0}}{X''_{\text{d}}} - \frac{E'_{\text{q}[0]}}{X'_{\text{d}}} \right) \text{e}^{-t/T''_{\text{d}}} + \frac{X_{\text{ad}} \Delta u_{\text{fm}}}{X_{\text{d}} R_{\text{f}}} F(t) \tag{7-27}$$

$$I_{\text{p.q}} = - \frac{E''_{\text{d}0}}{X''_{\text{q}}} \text{e}^{-t/T''_{\text{q}}} \tag{7-28}$$

$$I_{\text{p}} = \sqrt{I^2_{\text{p.d}} + I^2_{\text{p.q}}} \tag{7-29}$$

式中：$E_{\text{q}[0]}$ 为短路前瞬间的空载电势；$E'_{\text{q}[0]}$ 为短路前瞬间的暂态电势；$E''_{\text{q}0}$ 为短路后瞬间的横轴次暂态电势，且等于短路前的值；$E''_{\text{d}0}$ 为短路后瞬间的纵轴次暂态电势，且等于短路前的值；$F(t)$ 为励磁回路中与励磁绕组的时间常数 T'_{d} 和励磁系统的时间函数 T_{e} 相关的函数；Δu_{fm} 为励磁电压的强励增量幅值。

从式(7-27) ~式(7-29)可见，短路电流周期分量是许多参数的复杂函数。这些参数包括：①发电机的各种电抗和时间常数以及反映短路前运行状态的各种电势的初值；②表明强励效果的励磁系统的参数；③短路点离机端的距离；④时间 t。

在发电机(包括励磁系统)的参数和运行初态给定后，短路电流将只是短路点距离(用从机端到短路点的外接电抗 X_{e} 表示)和时间 t 的函数。归算到发电机额定容量的外接电抗的标幺值与发电机纵轴次暂态电抗的标幺值之和定义为计算电抗，并记为

$$X_{\text{cal}} = X''_{\text{d}} + X_{\text{e}} \tag{7-30}$$

这样，短路电流周期分量的标幺值可表示为计算电抗和时间的函数，即

$$I_{\text{p}*} = f(X_{\text{cal}}, t) \tag{7-31}$$

反映这一函数关系的一组曲线就称为计算曲线(如图 7-12 所示)。为了方便应用，计算曲线也常做成数字表。

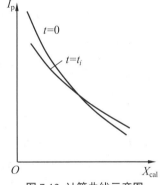

图 7-12 计算曲线示意图

7.5.2 计算曲线的制作条件

现在介绍根据我国电力系统实际情况绘制的计算曲线。考虑到我国的发电厂大部分功率是从高压母线送出,制作曲线时选用了图 7-13 所示的典型接线。短路前发电机额定满载运行,50%的负荷接于发电厂的高压母线，其余的负荷功率经输电线送到短路点以外。

在短路过程中，负荷用恒定阻抗表示，即

$$Z_{\text{LD}} = \frac{U^2}{S_{\text{LD}}} (\cos\varphi + \text{j}\sin\varphi) \tag{7-32}$$

图 7-13 制作计算曲线的典型接线图

式中：取 $U=1$ 和 $\cos\varphi=0.9$。

发电机都配有强行励磁装置，强励顶值电压取为额定运行状态下励磁电压的 1.8 倍。励磁系统等值时间常数 T_e，对于汽轮发电机取为 0.25 s，对于水轮发电机取为 0.02 s。

由于我国制造和使用的发电机组型号繁多，为使计算曲线具有通用性，选取了容量从 12 MW 到 200 MW 的 18 种不同型号的汽轮发电机作为样机。对于给定的计算电抗值 X_{cal} 和时间 t，分别算出每种发电机的周期电流值，取其算术平均值作为在该给定 X_{cal} 和 t 值下汽轮发电机的短路周期电流值，并用以绘制汽轮发电机的计算曲线。对于水轮发电机则选取了容量从 12.5 MW 至 225 MW 的 17 种不同型号的机组作为样机，用同样的方法制作水轮发电机的计算曲线。

计算曲线只做到 $X_{cal} = 3.45$ 为止。当 $X_{cal} \geqslant 3.45$ 时，可以近似地认为短路周期电流的幅值已不随时间改变，直接按下式计算即可

$$I_{p*} = 1/X_{cal} \tag{7-33}$$

7.5.3 计算曲线的应用

在制作计算曲线所采用的网络(如图 7-13 所示)中只含一台发电机，且计算电抗又与负荷支路无关。而电力系统的实际接线是比较复杂的，在应用计算曲线之前，首先必须把略去负荷支路后的原系统等值网络通过变换化成只含短路点和若干个电源点的完全网形电路，并略去所有电源点之间的支路(因为这些支路对短路处的电流没有影响)，以得到以短路点为中心以各电源点为顶点的星形电路。然后对星形电路的每一支分别应用计算曲线。

在实际的电力系统中，发电机的数目是很多的，如果每一台发电机都用一个电源点来代表，计算工作将变得非常繁重。因此，在工程计算中常采用合并电源的方法来简化网络。把短路电流变化规律大体相同的发电机尽可能多地合并起来，同时对于条件比较特殊的某些发电机给予个别的考虑。这样，根据不同的具体条件，可将网络中的电源分成为数不多的几组，每组都用一个等值发电机来代表。这种方法既能保证必要的计算精度，又可显著地减少计算工作量。

是否容许合并发电机的主要依据是：估计它们的短路电流变化规律是否相同或相近。这里的主要影响因素有两个：一个是发电机的特性(指类型和参数等)，另一个是相对短路点的电气距离。在离短路点甚近时，发电机本身特性对短路电流的变化规律具有决定性的影响。如果短路点非常遥远，发电机到短路点之间的电抗数值甚大，发电机的参数不同所引起的短路电流变化规律差异将极大地削弱。因此，与短路点的电气距离相差不大的同类型发电机可以合并，远离短路点的同类型发电厂可以合并，直接接于短路点的发电机(或发电厂)应予以单独考虑。网络中功率为无限大的电源应该单独计算，因为它提供的短路电流周期分量是不衰减的。

现举两个例子说明上述原则的应用。图 7-14 所示为某发电厂的主接线，所有名称相同的元件的参数都是一样的。当 f_1 点发生短路时，用一个发电机来代替整个发电厂并不会引起什么误差，因为全厂的发电机几乎处在相同的情况之下。当短路发生在 f_2 点时，这样的代替在实用上还是容许的，但是有一些误差，因为发电机 G_2 比另两台发电机离短路点要远些。如果短路发生在 f_3 点，则发电机 G_2 应该单独处理，而另两台仍可合并成一台。又例如在图 7-15

所示的电力系统中，在 f 点发生三相短路时，发电机 G_1 必须做个别处理，发电机 G_2 亦应做个别处理，而其余的所有发电厂都可以按类型进行合并，即按火电厂和水电厂分别合并。

应用计算曲线法的具体计算步骤如下。

(1) 绘制等值网络。

①选取基准功率 S_B 和基准电压 $U_B = U_{av}$；

②发电机电抗用 X''_d，略去网络各元件的电阻、输电线路的电容和变压器的励磁支路；

③无限大功率电源的内电抗等于零；

④略去负荷。

(2) 进行网络变换。

按前面所讲的原则，将网络中的电源合并成若干组，例如，共有 g 组，每组用一个等值发电机代表。无限大功率电源另成一组。求出各等值发电机对短路点的转移电抗 $X_{fi}(i=1,2,\cdots,g)$ 以及无限大功率电源对短路点的转移电抗 X_{fS}。

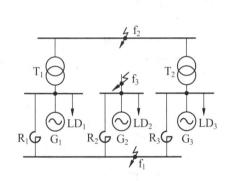

图 7-14 发电厂主接线图

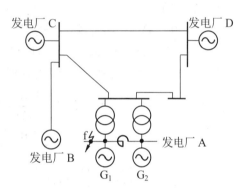

图 7-15 电力系统接线图

(3) 将前面求出的转移电抗按各相应的等值发电机的容量进行归算，便得到各等值发电机对短路点的计算电抗。

$$X_{cali} = X_{fi} \frac{S_{Ni}}{S_B} \qquad (i=1,2,\cdots,g) \tag{7-34}$$

式中：S_{Ni} 为第 i 台等值发电机的额定容量，即由它所代表的那部分发电机的额定容量之和。

(4) 由 X_{cal1}，X_{cal2}，$\cdots$，X_{calg} 分别根据适当的计算曲线找出指定时刻 t 各等值发电机提供的短路周期电流的标幺值 I_{pt1*}，I_{pt2*}，$\cdots$，I_{ptg*}。

(5) 网络中无限大功率电源供给的短路周期电流是不衰减的，并由下式确定。

$$I_{pS*} = 1/X_{fS} \tag{7-35}$$

(6) 计算短路电流周期分量的有名值。

第 i 台等值发电机提供的短路电流为

$$I_{pti} = I_{pti*}I_{Ni} = I_{pti*} \frac{S_{Ni}}{\sqrt{3}U_{av}} \tag{7-36}$$

无限大功率电源提供的短路电流为

$$I_{pS} = I_{pS*}I_B = I_{pS*}\frac{S_B}{\sqrt{3}U_{av}} \tag{7-37}$$

短路点周期电流的有名值为

$$I_{pt} = \sum_{i=1}^{g} I_{pti*}\frac{S_{Ni}}{\sqrt{3}U_{av}} + I_{pS*}\frac{S_B}{\sqrt{3}U_{av}} \tag{7-38}$$

式(7-36)、式(7-37)、式(7-38)中：U_{av} 为短路处电压级的平均额定电压；I_{Ni} 为归算到短路处电压级的第 i 台等值发电机的额定电流；I_B 为对应于所选基准功率 S_B 在短路处电压级的基准电流。

例 7-2 在图 7-16(a)所示的电力系统中，发电厂 A 和 B 都是火电厂，各元件的参数如下：发电机 G_1 和 G_2：每台容量为 31.25 MVA，X_d''=0.13。发电厂 B：容量为 235.3 MVA，X''=0.3。变压器 T_1 和 T_2：每台容量为 20 MVA，$U_S\%$=10.5。线路 L：2×100 km，每回线路 0.4 Ω/km。试计算 f 点发生短路时 0.5 s 和 2 s 的短路周期电流。分以下两种情况考虑：(1)发电机 G_1，G_2 及发电厂 B 各用一台等值机代表；(2)发电机 G_2 和发电厂 B 合并为一台等值机。

解：(1) 制订等值网络及进行参数计算。

选取 S_B=100 MVA 和 $U_B = U_{av}$。计算各元件参数的标幺值，将计算结果标注于图 7-16(b)中。

发电机 G_1 和 G_2 $X_1 = X_2 = 0.13 \times \dfrac{100}{31.25} = 0.416$

变压器 T_1 和 T_2 $X_4 = X_5 = 0.105 \times \dfrac{100}{20} = 0.525$

发电厂 B $X_3 = 0.3 \times \dfrac{100}{235.3} = 0.127$

线路 L $X_6 = \dfrac{1}{2} \times 0.4 \times 100 \times \dfrac{100}{115^2} = 0.151$

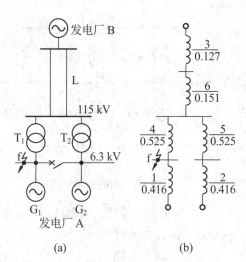

(a) (b)

图 7-16 例 7-2 的电力系统及其等值网络

(2) 计算各电源对短路点的转移电抗和计算电抗。

①发电机 G_1、G_2 和发电厂 B 各用一台等值机代替。

发电机 G_2 对短路点的转移电抗为

$$X_{f2} = X_2 + X_5 + X_4 + \frac{(X_2 + X_5)X_4}{X_3 + X_6} = 0.416 + 0.525 + 0.525 + \frac{(0.416 + 0.525) \times 0.525}{0.217 + 0.151} = 3.243$$

发电厂 B 对短路点的转移电抗为

$$X_{fB} = X_3 + X_6 + X_4 + \frac{(X_3 + X_6)X_4}{X_2 + X_5} = 0.217 + 0.151 + 0.525 + \frac{(0.217 + 0.151) \times 0.525}{0.416 + 0.525} = 0.958$$

发电机 G_1 对短路点的转移电抗 X_{f1}=0.416。

各电源的计算电抗如下

$$X_{\text{cal2}} = X_{\text{f2}} \frac{S_{\text{N2}}}{S_{\text{B}}} = 3.243 \times \frac{31.25}{100} = 1.013, \quad X_{\text{calB}} = X_{\text{fB}} \frac{S_{\text{NB}}}{S_{\text{B}}} = 0.958 \times \frac{235.3}{100} = 2.254$$

$$X_{\text{cal1}} = X_{\text{f1}} \frac{S_{\text{N1}}}{S_{\text{B}}} = 0.416 \times \frac{31.25}{100} = 0.13$$

②发电机 G_2 和发电厂 B 合并，用一台等值机表示时

$$X_{\text{f(2//B)}} = (X_2 + X_5) // (X_3 + X_6) + X_4 = (0.416 + 0.525) // (0.217 + 0.151) + 0.525 = 0.74$$

计算电抗为

$$X_{\text{cal(2//B)}} = X_{\text{f(2//B)}} \frac{S_{\text{N2}} + S_{\text{NB}}}{S_{\text{B}}} = 0.74 \times \frac{31.25 + 235.3}{100} = 1.97$$

(3) 查汽轮发电机计算曲线数字表，将结果记入表 7-1 中。

表 7-1 短路电流计算结果

时刻/s	电流值	短路电流来源				短路点总电流/kA	
		G_1	G_2	B	G_2 与 B 合并	单独计算	合并计算
0.5	标幺值	3.918	0.944	0.453	0.515		
	有名值/kA	11.220	2.704	9.768	12.58	23.693	23.800
2.0	标幺值	2.801	1.033	0.458	0.529		
	有名值/kA	8.022	2.958	9.876	12.92	20.856	20.942

(4) 计算短路电流的有名值。

归算到短路处电压级的各等值机的额定电流分别为

$$I_{\text{N1}} = I_{\text{N2}} = \frac{31.25}{\sqrt{3} \times 6.3} = 2.864 (\text{kA}), \quad I_{\text{NB}} = \frac{235.3}{\sqrt{3} \times 6.3} = 21.564 (\text{kA}), \quad I_{\text{N2}} + I_{\text{NB}} = 24.428 (\text{kA})$$

利用式(7-36)~式(7-38)算出各电源送到短路点的实际电流值及其总和，将结果列入表 7-1 中。表中短路点总电流的两列数值分别对应于例题所给的两种计算条件。

对比两种条件下所得计算结果可知，将发电机 G_2 同发电厂 B 合并为一台等值机是适宜的。

7.6 短路电流周期分量的近似计算

在短路电流的最简化计算中，可以假定短路电路连接到内阻抗为零的恒电势电源上。因此，短路电流周期分量的幅值不随时间变化而变化，只有非周期分量是衰减的。

计算时略去负荷，选定基准功率 S_{B} 和基准电压 $U_{\text{B}} = U_{\text{av}}$，算出短路点的输入电抗(即节点阻抗矩阵的自阻抗)的标幺值 $X_{\text{ff*}}$，而电源的电势标幺值取作 1，于是短路电流周期分量的标幺值为

$$I_{\text{p*}} = 1/X_{\text{ff*}} \tag{7-39}$$

有名值为

$$I_{\text{p}} = I_{\text{p*}} I_{\text{B}} = I_{\text{B}}/X_{\text{ff*}} \tag{7-40}$$

相应的短路功率为

$$S = S_B / X_{ff*} \tag{7-41}$$

这样算出的短路电流(或短路功率)要比实际的大些。但是它们的差别随短路点距离的增大而迅速地减小。因为短路点越远，电源电压恒定的假设条件就越接近实际情况，尤其是当发电机装有自动励磁调节器时，更是如此。利用这种简化的算法，可以对短路电流(或短路功率)的最大可能值做出近似的估计。

在计算电力系统的某个发电厂(或变电所)内的短路电流时，往往缺乏整个系统的详细数据。在这种情况下，可以把整个系统(该发电厂或变电所除外)或它的一部分看作是一个由无限大功率电源供电的网络。例如，在图 7-17 所示的电力系统中，母线 c 以右的部分实际包含许多发电厂、变电所和线路，可以表示为经一定的电抗 X_S 接入 c 点的无限大功率电源。如果在网络中的母线 c 发生三相短路，该部分系统提供的短路电流 I_S(或短路功率 S_S)是已知的，则无限大功率电源到母线 c 之间的电抗 X_S 可以利用式(7-40)或式(7-41)推算出来，即

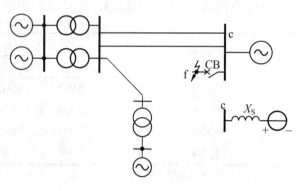

图 7-17 电力系统图

$$X_{S*} = \frac{I_B}{I_S} = \frac{S_B}{S_S} \tag{7-42}$$

式中：I_S 和 S_S 都用有名值；X_{S*} 是以 S_B 为基准功率的电抗标幺值。

如果上述短路电流的数值未知，那么，可以从与该部分系统连接的变电所装设的断路器的切断容量得到极限利用的条件来近似地计算系统的电抗。例如，在图 7-17 中，已知断路器 CB 的额定切断容量，即认为在断路器后发生三相短路时，该断路器的额定切断容量刚好被充分利用。

第 8 章 电力系统不对称故障分析和计算

电力系统不对称故障包括单相接地短路、两相短路、两相短路接地、单相断开、两相断开等。系统中发生不对称故障时，三相电流和电压不再对称，除了基频分量外，还会感应产生非周期分量以及一系列的谐波分量。要准确分析不对称故障的暂态过程是相当复杂的。本章仅介绍电流和电压基频分量的分析和计算。求解不对称故障问题常用的方法是对称分量法。

8.1 对称分量法在不对称短路计算中的应用

8.1.1 对称分量法

在三相电路中，对于任意一组不对称的三相相量，可以分解为三组三相对称的相量(以电流为例)，称为对称分量，如图 8-1 所示。这三组对称分量分别为：

①正序分量($\dot{I}_{a1}$、$\dot{I}_{b1}$、$\dot{I}_{c1}$)：三相量大小相等，相位互差 120°，且与系统正常对称运行时的相序相同，如图 8-1(a)所示。正序分量为一平衡三相系统。

②负序分量($\dot{I}_{a2}$、$\dot{I}_{b2}$、$\dot{I}_{c2}$)：三相量大小相等，相位互差 120°，且与系统正常对称运行时的相序相反，如图 8-1(b)所示。负序分量也为一平衡三相系统。

③零序分量($\dot{I}_{a0}$、$\dot{I}_{b0}$、$\dot{I}_{c0}$)：三相量大小相等，相位一致，如图 8-1(c)所示。

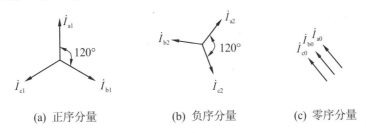

| (a) 正序分量 | (b) 负序分量 | (c) 零序分量 |

图 8-1 对称分量法示意图

如果引入一个表示相量相位关系的运算子 "a"：

$$a = \mathrm{e}^{\mathrm{j}120°} \tag{8-1}$$

则有

$$a^2 = \mathrm{e}^{\mathrm{j}240°}，\quad a^3 = 1，\quad 1 + a + a^2 = 0$$

当选择 a 相作为基准相时，则各组序分量的三相量之间的关系可表示为

$$\begin{cases} \dot{I}_{b1} = a^2 \dot{I}_{a1}，\quad \dot{I}_{c1} = a\dot{I}_{a1} \\ \dot{I}_{b2} = a\dot{I}_{a2}，\quad \dot{I}_{c2} = a^2 \dot{I}_{a2} \\ \dot{I}_{b0} = \dot{I}_{c0} = \dot{I}_{a0} \end{cases} \tag{8-2}$$

将各相相应的正序、负序、零序分量合成可得到三个不对称相量 $\dot{I}_a$、$\dot{I}_b$ 和 $\dot{I}_c$，表示为

$$\begin{cases} \dot{I}_a = \dot{I}_{a1} + \dot{I}_{a2} + \dot{I}_{a0} \\ \dot{I}_b = \dot{I}_{b1} + \dot{I}_{b2} + \dot{I}_{b0} = a^2 \dot{I}_{a1} + a\dot{I}_{a2} + \dot{I}_{a0} \\ \dot{I}_c = \dot{I}_{c1} + \dot{I}_{c2} + \dot{I}_{c0} = a\dot{I}_{a1} + a^2\dot{I}_{a2} + \dot{I}_{a0} \end{cases} \tag{8-3}$$

式(8-3)写成矩阵形式，为

$$\begin{bmatrix} \dot{I}_a \\ \dot{I}_b \\ \dot{I}_c \end{bmatrix} = \begin{bmatrix} 1 & 1 & 1 \\ a^2 & a & 1 \\ a & a^2 & 1 \end{bmatrix} \begin{bmatrix} \dot{I}_{a1} \\ \dot{I}_{a2} \\ \dot{I}_{a0} \end{bmatrix} \tag{8-4}$$

式(8-4)可简写为

$$\dot{I}_{abc} = S^{-1} \dot{I}_{120} \tag{8-5}$$

式中：S 称为对称分量变换矩阵，它是一个非奇异矩阵，存在逆矩阵。

由式(8-4)可以得到任意一组不对称的三相量 $\dot{I}_a$、$\dot{I}_b$、$\dot{I}_c$ 分解为对称分量的关系式：

$$\begin{bmatrix} \dot{I}_{a1} \\ \dot{I}_{a2} \\ \dot{I}_{a0} \end{bmatrix} = \frac{1}{3} \begin{bmatrix} 1 & a & a^2 \\ 1 & a^2 & a \\ 1 & 1 & 1 \end{bmatrix} \begin{bmatrix} \dot{I}_a \\ \dot{I}_b \\ \dot{I}_c \end{bmatrix} \tag{8-6}$$

式(8-6)可简写为

$$\dot{I}_{120} = S\dot{I}_{abc} \tag{8-7}$$

三相电路中的电压和电流都具有这样的变换和逆变换关系。

8.1.2 序阻抗的概念

下面以一个静止的三相电路元件为例来说明序阻抗的概念。如图 8-2 所示，各相自阻抗分别为 Z_{aa}、Z_{bb}、Z_{cc}；相间互阻抗为 $Z_{ab}=Z_{ba}$，$Z_{bc}=Z_{cb}$，$Z_{ca}=Z_{ac}$。当元件通过三相不对称的电流时，元件各相的电压降为

$$\begin{bmatrix} \Delta\dot{U}_a \\ \Delta\dot{U}_b \\ \Delta\dot{U}_c \end{bmatrix} = \begin{bmatrix} Z_{aa} & Z_{ab} & Z_{ac} \\ Z_{ba} & Z_{bb} & Z_{bc} \\ Z_{ca} & Z_{cb} & Z_{cc} \end{bmatrix} \begin{bmatrix} \dot{I}_a \\ \dot{I}_b \\ \dot{I}_c \end{bmatrix} \tag{8-8}$$

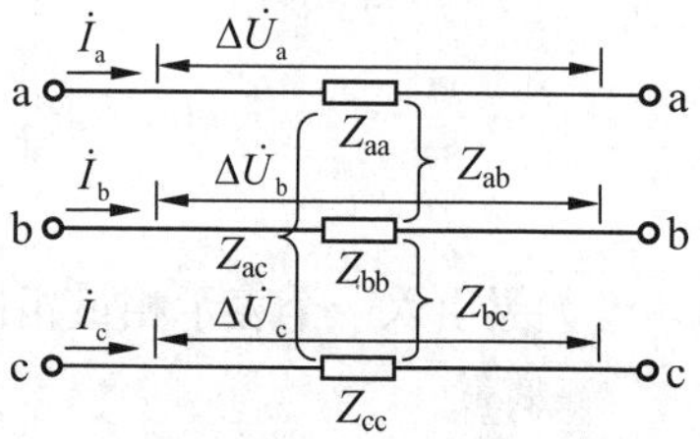

图 8-2 静止三相电路元件

或写为

$$\Delta\dot{U}_{abc} = Z\dot{I}_{abc} \tag{8-9}$$

应用式(8-5)、式(8-7)将三相量变换成对称分量，可得

$$\Delta\dot{U}_{120} = SZS^{-1}\dot{I}_{120} = Z_{sc}\dot{I}_{120} \tag{8-10}$$

式中：$Z_{sc} = SZS^{-1}$ 称为序阻抗矩阵。

当元件结构参数完全对称，即 $Z_{aa}=Z_{bb}=Z_{cc}=Z_s$，$Z_{ab}=Z_{bc}=Z_{ca}=Z_m$ 时

$$Z_{sc} = \begin{bmatrix} Z_s - Z_m & 0 & 0 \\ 0 & Z_s - Z_m & 0 \\ 0 & 0 & Z_s + 2Z_m \end{bmatrix} = \begin{bmatrix} Z_1 & 0 & 0 \\ 0 & Z_2 & 0 \\ 0 & 0 & Z_0 \end{bmatrix} \tag{8-11}$$

为一对角矩阵。将式(8-10)展开，得

$$\begin{cases} \Delta \dot{U}_{a1} = Z_1 \dot{I}_{a1} \\ \Delta \dot{U}_{a2} = Z_2 \dot{I}_{a2} \\ \Delta \dot{U}_{a0} = Z_0 \dot{I}_{a0} \end{cases} \tag{8-12}$$

式(8-12)表明，在三相参数对称的线性电路中，各序对称分量具有独立性。也就是说，当电路通以某序对称分量的电流时，只产生同一序对称分量的电压降。反之，当电路施加某序对称分量的电压时，电路中也只产生同一序对称分量的电流。这样，可以对正序、负序和零序分量分别进行计算。

如果三相参数不对称，则矩阵 $\boldsymbol{Z}_{sc}$ 的非对角元素将不全为零，因而各序对称分量将不具有独立性。也就是说，通以正序电流所产生的电压降中，不仅包含正序分量，还可能有负序或零序分量。这时，就不能按序进行独立计算。

根据以上的分析，所谓元件的序阻抗，是指元件三相参数对称时，元件两端某一序的电压降与通过该元件同一序电流的比值，即

$$\begin{cases} Z_1 = \Delta \dot{U}_{a1} / \dot{I}_{a1} \\ Z_2 = \Delta \dot{U}_{a2} / \dot{I}_{a2} \\ Z_0 = \Delta \dot{U}_{a0} / \dot{I}_{a0} \end{cases} \tag{8-13}$$

式中：Z_1、Z_2 和 Z_0 分别称为该元件的正序阻抗、负序阻抗和零序阻抗。电力系统每个元件的正序、负序、零序阻抗可能相同，也可能不同，视元件的结构而定。

8.1.3 对称分量法在不对称短路计算中的应用

现以图 8-3(a)所示简单电力系统为例，来说明应用对称分量法计算不对称短路的一般原理。

一台发电机接于空载输电线路，发电机中性点经阻抗 Z_n 接地。如图 8-3(a)所示，在线路某处 f 点发生单相(例如 a 相)短路时，a 相对地阻抗 $Z_{fa} = 0$(不计电弧等电阻)，而 b、c 两相对地阻抗 $Z_{fb} = \infty$，$Z_{fc} = \infty$。此时故障点的阻抗不对称，但故障点以外的系统其余部分的阻抗参数仍然是对称的。如果能把故障点阻抗的不对称造成的系统阻抗不对称转化成对称，使被短路破坏了对称性的三相电路转化成对称电路，则采用对称分量法计算时，各序分量具有独立性，各序电路就可以用单相电路进行计算了。

a 相发生单相短路时，a 相对地电压 $\dot{U}_a = 0$，b、c 两相的电压 $\dot{U}_b \neq 0$，$\dot{U}_c \neq 0$。根据替代定理，原短路点的阻抗可以用一组电势源替代，电势源的各相电势与短路点各相大小相等、方向相反，如图 8-3(b)所示。这样，原短路点的阻抗不对称转化为电源不对称，系统就转换成了阻抗对称的系统。

应用对称分量法将这组不对称电势源分解成正序、负序和零序三组对称分量，如图 8-3(c)所示。根据叠加原理，图 8-3(c)所示的状态，可以当作是图 8-3(d)、图 8-3(e)、图 8-3(f)三个图所示状态的叠加。图 8-3(d)的电路称为正序网络，其中只有正序电势在作用(包括发电机的电势和故障点的正序分量电势)，网络中只有正序电流，各元件呈现的阻抗就是正序阻抗。图 8-3(e)及图 8-3(f)的电路分别称为负序网络和零序网络。因为发电机只产生正序电势，所以，在负序和零序网络中，只有故障点的负序和零序分量电势在作用，网络中也只有同一序的电流，元

件也呈现同一序的阻抗。

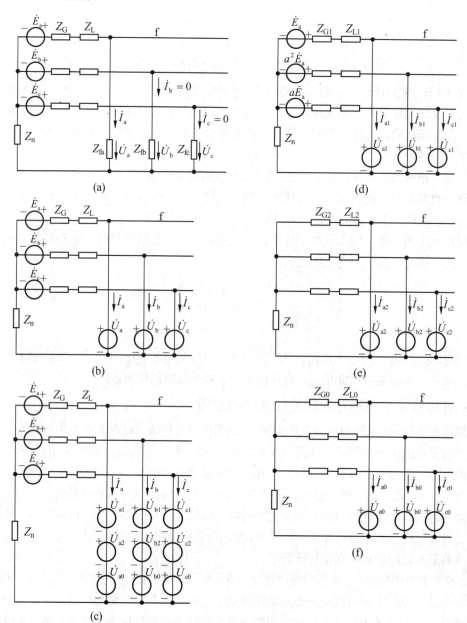

图 8-3 对称分量法的应用

根据这三个电路图，可以分别列出各序网络的电压方程式。因为每一序都是三相对称的，只需列出一相即可。在正序网络中，当以 a 相为基准相时，有

$$\dot{E}_{a1} - \dot{I}_{a1}(Z_{G1} + Z_{L1}) - (\dot{I}_{a1} + a^2\dot{I}_{a1} + a\dot{I}_{a1})Z_n = \dot{U}_{a1} \tag{8-14}$$

因为 $\dot{I}_{a1} + \dot{I}_{b1} + \dot{I}_{c1} = \dot{I}_{a1} + a^2\dot{I}_{a1} + a\dot{I}_{a1} = 0$ ，正序电流不流经中性线，中性点接地阻抗 Z_n 上的电压降为零，它在正序网络中不起作用。这样，正序网络的电压方程可写成

$$\dot{E}_{a1} - \dot{I}_{a1}(Z_{G1} + Z_{L1}) = \dot{U}_{a1} \tag{8-15}$$

由于 $\dot{I}_{a2} + \dot{I}_{b2} + \dot{I}_{c2} = \dot{I}_{a2} + a\dot{I}_{a2} + a^2\dot{I}_{a2} = 0$，而且发电机的负序电势为零，因此，负序网络的电压方程为

$$0 - \dot{I}_{a2}(Z_{G2} + Z_{L2}) = \dot{U}_{a2} \tag{8-16}$$

对于零序网络，$\dot{I}_{a0} + \dot{I}_{b0} + \dot{I}_{c0} = 3\dot{I}_{a0}$，在中性点接地阻抗中将流过 3 倍的零序电流，产生电压降。计及发电机的零序电势为零，零序网络的电压方程为

$$0 - \dot{I}_{a0}(Z_{G0} + Z_{L0}) - 3\dot{I}_{a0}Z_n = \dot{U}_{a0} \tag{8-17}$$

或写为

$$0 - \dot{I}_{a0}(Z_{G0} + Z_{L0} + 3Z_n) = \dot{U}_{a0} \tag{8-18}$$

根据以上所得的各序电压方程式，可以绘出各序的一相等值网络[见图 8-4(a)、(b)、(c)]。必须注意，在一相的零序网络中，中性点接地阻抗必须增大为原来的 3 倍。这是因为接地阻抗 Z_n 上的电压降是由 3 倍的一相零序电流产生的，从等值观点看，也可以认为是一相零序电流在 3 倍中性点接地阻抗上产生的电压降。

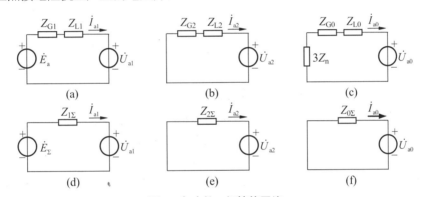

图 8-4 各序的一相等值网络

(a)、(d)正序等值网络；(b)、(e)负序等值网络；(c)、(f)零序等值网络

虽然实际的电力系统接线复杂，发电机的数目也很多，但是通过网络化简，仍然可以得到如图 8-4(d)、(e)、(f)所示的正序、负序、零序等值网络，与之对应的各序电压方程式

$$\begin{cases} \dot{E}_\Sigma - \dot{I}_{a1}Z_{1\Sigma} = \dot{U}_{a1} \\ 0 - \dot{I}_{a2}Z_{2\Sigma} = \dot{U}_{a2} \\ 0 - \dot{I}_{a0}Z_{0\Sigma} = \dot{U}_{a0} \end{cases} \tag{8-19}$$

式中：$\dot{E}_\Sigma$ 为正序网络中相对短路点的戴维南等值电势；$Z_{1\Sigma}$，$Z_{2\Sigma}$，$Z_{0\Sigma}$ 分别为正序、负序和零序网络中短路点的输入阻抗；$\dot{I}_{a1}$，$\dot{I}_{a2}$，$\dot{I}_{a0}$ 分别为短路点电流的正序、负序和零序分量；$\dot{U}_{a1}$，$\dot{U}_{a2}$，$\dot{U}_{a0}$ 分别为短路点电压的正序、负序和零序分量。

式(8-19)又称为序网络方程，它适合于各种不对称短路。它说明了在各种不对称短路情况下各序电流和同一序电压之间的相互关系，表示了不对称短路的共性。但是，3 个方程 6 个未知数是无法求解的，还必须根据各种不对称短路的特性，补充 3 个边界条件，联立求解出短路点电压和电流的各序对称分量。

综上所述，计算不对称故障的基本原则就是，把故障处的三相阻抗不对称表示为电压和

电流相量的不对称，使系统转化为三相阻抗对称的系统。这样借助于对称分量法，并利用三相阻抗对称电路中各序分量具有独立性的特点，将各序分量分开，分别制订各序等值电路，就可以使分析计算得到简化。

8.2 电力系统各元件的序参数和各序等值电路

对称分量法使用各元件的序参数，本节将介绍同步发电机、异步电动机、变压器和输电线路等主要元件的负序和零序参数、等值电路以及电力系统各序网络的制订。由于电力系统在正常稳态运行或发生对称故障时，系统中各元件的参数是对称的，只有正序的各种运行参量存在，因此，前面章节所介绍的各种元件的阻抗参数就是各元件的正序参数。

在讨论各元件序参数的时候，可以将电力系统中的元件分为静止元件和旋转元件两大类，它们的序阻抗各有特点。变压器和输电线路属于静止元件；同步发电机和异步电动机属于旋转元件。对于静止元件，当施加正序或负序电压时，其产生的自感和互感的电磁关系是完全相同的，因而正序阻抗等于负序阻抗；由于零序分量与正序、负序分量性质不同，故一般情况下，零序阻抗不等于正序、负序阻抗。对于旋转元件，通以正序电流和通以负序电流所产生的磁场旋转方向刚好相反，而零序电流并不产生旋转的气隙磁通，因此，正序、负序、零序阻抗互不相等。

8.2.1 同步发电机的负序和零序电抗

同步发电机对称运行时，只有正序电势和正序电流，此时的电机参数就是正序参数，前面介绍过的 X_d、X_q、X_d'、X_d''、X_q'' 等均属于正序电抗。

(1) 同步发电机的负序电抗

发生不对称短路时，由于发电机转子纵横轴间的不对称，在定子绕组和转子绕组中将产生一系列高次谐波。发电机的负序电抗定义为发电机负序端电压的基频分量与负序电流基频分量的比值。当发电机定子绕组中通过负序基频电流时，将产生与转子旋转方向相反的负序旋转磁场，负序电抗取决于负序旋转磁场所遇到的磁阻。由于转子纵横轴间不对称，随着负序旋转磁场同转子间的相对位置不同，负序磁场所遇到的磁阻也不同，负序电抗也就不同。负序旋转磁场不断交替地与转子的 d、q 轴重合，因此，负序电抗对于有阻尼绕组同步发电机将在 X_d'' 和 X_q'' 之间变化；对于无阻尼绕组同步发电机将在 X_d' 和 X_q 之间变化。

根据比较精确的数学分析，对于同一台发电机，在不同类型的不对称短路时，负序电抗也不相同。但在短路电流的实用计算中，认为同步发电机的负序电抗与短路类型无关，对于汽轮发电机及有阻尼绕组的水轮发电机，取为 X_d'' 和 X_q'' 的算术平均值，即 $X_2 = (X_d'' + X_q'')/2$；对于无阻尼绕组的凸极机，取为 X_d' 和 X_q 的几何平均值，即 $X_2 = \sqrt{X_d' X_q}$。

作为近似估计，对于汽轮发电机及有阻尼绕组的水轮发电机，可采用 $X_2 = 1.22 X_d''$；对于无阻尼绕组的发电机，可采用 $X_2 = 1.45 X_d'$。

(2) 同步发电机的零序电抗

当发电机定子绕组通过基频零序电流时，由于各相电枢磁势大小相等、相位相同，且在空间相差 120° 电角度，它们在气隙中的合成磁势为零，所以发电机的零序电抗仅由定子线圈的等值漏磁通确定。但零序电流所产生的漏磁通与正序(或负序)电流产生的漏磁通是不同的，它们的差别视绕组的结构形式而定。同步发电机零序电抗在数值上差别很大，一般取 $X_0 = (0.15 \sim 0.6)X_d''$。

如无电机的确切参数，负序和零序电抗也可按表 8-1 取值。

表 8-1 同步电机负序 X_2 和零序电抗 X_0(额定标幺值)

电机类型	有阻尼绕组水轮发电机	无阻尼绕组水轮发电机	汽轮发电机	调相机和大型同步电动机
X_2	0.15～0.35	0.32～0.55	0.134～0.18	0.24
X_0	0.04～0.125	0.04～0.125	0.036～0.18	0.08

8.2.2 异步电动机和综合负荷的序阻抗

电力系统的负荷主要是工业负荷，大多数工业负荷是异步电动机，因此，在电力系统不对称短路故障的分析计算中，异步电动机的各序电抗可以近似代表负荷的电抗。

异步电动机的正序阻抗与电动机的转差 s 有关。正常运行时，电动机的转差与机端电压及电动机的负载系数(即机械转矩与电动机额定转矩之比)有关。在短路过程中，电动机端电压随短路电流的变化而变化，转差也随之发生变化，所以，要准确计算电动机的正序阻抗非常困难。在不对称短路故障的实用计算中，以自身额定容量为基准的正序标幺阻抗常取为 $Z_1 =0.8+j0.6$；如果用纯电抗来代表负荷，其值可取为 $X_1 =1.2$。

异步电动机是旋转元件，其负序阻抗不等于正序阻抗。当电动机机端施加基频负序电压时，流入定子绕组的负序电流将在气隙中产生一个与转子转向相反的旋转磁场，它对电动机产生制动性的转矩。若转子相对于正序旋转磁场的转差为 s，则转子相对于负序旋转磁场的转差为 $2-s$。因此异步电动机的负序阻抗也是转差 s 的函数。实用计算中常略去电阻，其值可取为 $X_2 =0.2$。如果计及降压变压器及馈电线路的电抗，则以异步电动机为主要成分的综合负荷的负序电抗可取为 $X_2 =0.35$，它是以自身额定容量为基准的标幺值。

异步电动机及多数负荷常常接成三角形或不接地的星形，零序电流不能流通，相当于 $X_0=\infty$，故不需要建立负荷的零序等值电路。

8.2.3 变压器的零序阻抗及其等值电路

(1) 普通变压器的零序阻抗及其等值电路

变压器的等值电路表征了一相原、副边绕组间的电磁关系。不论变压器通以哪一序的电流，都不会改变原、副边绕组间的电磁关系，因此，变压器的正序、负序和零序等值电路具有相同的结构。图 8-5 为不计绕组电阻和铁芯损耗时变压器的零序等值电路。

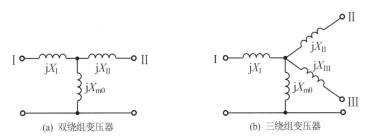

(a) 双绕组变压器　　　(b) 三绕组变压器

图 8-5 不计绕组电阻和铁芯损耗时变压器的零序等值电路

变压器等值电路中的参数不仅同变压器的结构有关, 有的参数也同所通电流的序别有关。变压器各绕组的电阻, 与所通电流的序别无关。因此, 变压器的正序、负序和零序的等值电阻相等。变压器的漏抗, 反映了原、副边绕组间磁耦合的紧密情况, 漏磁通的路径与所通电流的序别无关。因此, 变压器的正序、负序和零序的等值漏抗也相等。变压器的励磁电抗, 取决于主磁通路径的磁导。当变压器通以负序电流时, 主磁通的路径与通以正序电流时完全相同。因此, 负序励磁电抗与正序励磁电抗相等。由此可见, 变压器正序、负序等值电路及其参数是完全相同的。

变压器的零序励磁电抗与变压器的铁芯结构密切相关。图 8-6 所示为三种常用的变压器铁芯结构及零序主磁通的路径。

对于由三个单相变压器组成的三相变压器组, 每相的零序主磁通与正序主磁通一样, 都有独立的铁芯磁路[如图 8-6(a)所示], 因此, 零序励磁电抗与正序励磁电抗相等。对于三相四柱式(或五柱式)变压器[如图 8-6(b)所示], 零序磁通也能在铁芯中形成回路, 磁阻很小, 因而零序励磁电抗的数值很大。以上两种变压器, 在短路计算中都可以当作 $X_{m0} = \infty$, 即忽略励磁电流, 把励磁支路断开。

对于三相三柱式变压器, 由于三相零序磁通大小相等、相位相同, 因而不能像正序(或负序)主磁通那样, 一相主磁通可以经过另外两相的铁芯形成回路。它们被迫经过绝缘介质和外壳形成回路[如图 8-6(c)所示], 遇到很大的磁阻。因此, 这种变压器的零序励磁电抗比正序励磁电抗小得多, 在短路计算中, 应视为有限值, 其值一般用实验方法测定, 大致是 $X_{m0} = 0.3 \sim 1.0$。

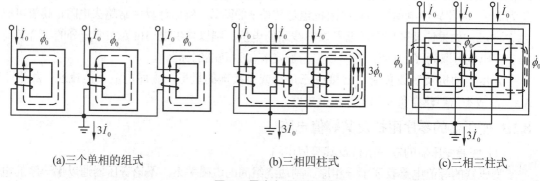

(a)三个单相的组式   (b)三相四柱式   (c)三相三柱式

图 8-6 零序主磁通的路径

(2) 变压器零序等值电路与外电路的连接

变压器零序等值电路与外电路的连接, 取决于零序电流流通的路径, 因而与变压器三相绕组的连接形式和中性点是否接地有关。不对称短路时, 零序电压(或电势)是施加在相线和大地之间的。根据这一特点, 可以从以下三个方面来讨论零序等值电路与外电路的连接情况。

①当外电路向变压器某侧三相绕组施加零序电压时, 如果能在该侧绕组产生零序电流, 则等值电路中该侧绕组端点与外电路接通; 如果不能产生零序电流, 则从电路等值的观点, 可以认为变压器该侧绕组与外电路断开。根据这个原则, 只有中性点接地的星形接法绕组才能与外电路接通。

②当变压器具有零序电势(由另一侧绕组的零序电流感生的)时, 如果它能将零序电势施加

到外电路上去并能提供零序电流的通路，则等值电路中该侧绕组端点与外电路接通，否则与外电路断开。据此，也只有中性点接地的星形接法绕组才能与外电路接通。至于能否在外电路产生零序电流，则应视外电路中的元件是否提供零序电流的通路而定。

③在三角形接法的绕组中，绕组的零序电势虽然不能作用到外电路上去，但能在三角形绕组中形成零序环流，如图 8-7 所示。此时，零序电势将被零序环流在绕组漏抗上产生的电压降所平衡，绕组两端电压为零。这种情况与变压器绕组短接是等效的。因此，在等值电路中该侧绕组端点接零序等值中性点(等值中性点与地同电位时则接地)。

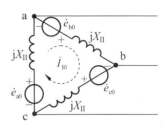

图 8-7 YNd 接法变压器
三角形侧的零序环流

根据以上三点，变压器零序等值电路与外电路的连接，可用图 8-8 所示的开关电路来表示。以上结论也完全适用于三绕组变压器。

顺便指出，由于三角形接法的绕组漏抗与励磁支路并联，不管何种铁芯结构的变压器，一般励磁电抗总比漏抗大得多，因此，在短路计算中，当变压器有三角形接法的绕组时，都可以近似地取 $X_{m0} = \infty$。

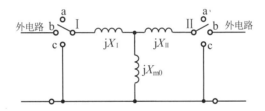

变压器绕组接法	开关位置	绕组端点与外电路的连接
中性点不接地星形接法	a	与外电路断开
中性点接地星形接法	b	与外电路接通
三角形接法	c	与外电路断开，但与励磁支路并联

图 8-8 变压器零序等值电路与外电路的连接

(3) 中性点有接地阻抗时变压器的零序等值电路

当中性点经阻抗接地的星形接法绕组通过零序电流时，中性点接地阻抗上将流过 3 倍零序电流，并产生相应的电压降，使中性点与地有不同电位，如图 8-9(a)所示。因此，在单相零序等值电路中，应将中性点接地阻抗增大为 3 倍，并同它所接入的该侧绕组漏抗相串联，如图 8-9(b)所示。

(4) 自耦变压器的零序阻抗及其等值电路

自耦变压器中两个有直接电气联系的自耦绕组，一般是用来联系两个直接接地的系统的。对于中性点直接接地的自耦变压器，其零序等值电路及其参数、零序等值电路与外电路的连接情况、短路计算中励磁电抗的处理等，都与普通变压器相同。但应注意，由于两个自耦绕组共用一个中性点和接地线，因此，不能直接从等值电路中已折算的电流值求出中性点的入地电流。中性点的入地电流，应等于两个自耦绕组零序电流有名值之差的 3 倍[如图 8-10 (a)

所示], 即 $\dot{I}_{\mathrm{n}} = 3(\dot{I}_{\mathrm{I0}} - \dot{I}_{\mathrm{II0}})$。

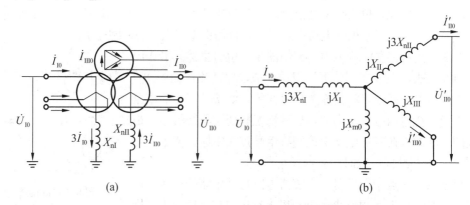

(a)　　　　　　　　　　　　(b)

图 8-9 变压器中性点经电抗接地时的零序等值电路

当自耦变压器的中性点经电抗 X_{n} 接地时(如图 8-11 所示),中性点电位不像普通变压器那样,只受一个绕组的零序电流影响,而是要受两个绕组的零序电流影响。因此,中性点接地电抗对零序等值电路及其参数的影响,就与普通变压器不同。在零序等值电路中,包括三角形侧在内的各侧等值电抗,均含有与中性点接地电抗有关的附加项,如式(8-20)所示,而普通变压器则仅在中性点电抗接入侧增加附加项。

$$\begin{cases} X'_{\mathrm{I}} = X_{\mathrm{I}} + 3X_{\mathrm{n}}(1 - k_{12}) \\ X'_{\mathrm{II}} = X_{\mathrm{II}} + 3X_{\mathrm{n}}k_{12}(k_{12} - 1) \\ X'_{\mathrm{III}} = X_{\mathrm{III}} + 3X_{\mathrm{n}}k_{12} \end{cases} \tag{8-20}$$

式中: $k_{12} = U_{\mathrm{IN}} / U_{\mathrm{IIN}}$,即变压器 I、II 侧之间的变比。

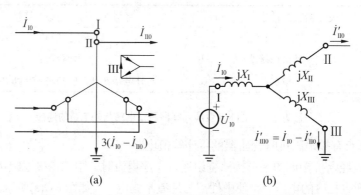

(a)　　　　　　　　　　　　(b)

图 8-10 中性点直接接地的自耦变压器及其零序等值电路

与普通变压器一样,自耦变压器中性点的实际电压也不能从等值电路中求得,须先求出两个自耦绕组零序电流的实际有名值才能求得中性点的电压,它等于两个自耦绕组零序电流实际有名值之差的 3 倍乘以 X_{n} 的实际有名值。

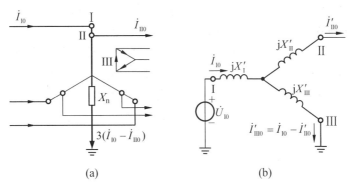

图 8-11 中性点经电抗接地的自耦变压器及其零序等值电路

8.2.4 架空输电线路的零序阻抗及其等值电路

输电线路是静止元件，其正序、负序阻抗及等值电路完全相同，这里只讨论零序阻抗。当输电线路通过零序电流时，由于三相零序电流大小相等、相位相同，因此必须借助大地及架空地线来构成零序电流的通路，这样架空输电线路的零序阻抗与电流在地中的分布有关，并且平行架设的双回线、架空地线等对等值零序电抗的大小都有影响，要精确计算是很困难的。

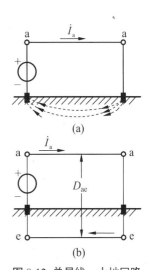

图 8-12(a)所示为一"单导线—大地"回路。导线 aa 与大地平行，导线中流过电流 $\dot{I}_a$，经由大地返回。设大地体积无限大，且具有均匀的电阻率，则地中电流就会流经一个很大的范围，这种"单导线—大地"的交流电路，可以用卡松(Carson)线路来模拟，如图 8-12(b)所示。卡松线路就是用一虚拟导线 ee 作为地中电流的返回导线。该虚拟导线位于架空线 aa 的下方，与 aa 的距离为 D_{ae}。

图 8-12 单导线—大地回路

D_{ae} 是大地电阻率 ρ_e 的函数。适当选择 D_{ae} 的值，可使这种线路计算所得的电感值与试验测得的值相等。

用 R_e 代表单位长度大地的等值电阻。R_e 是所通交流电频率 f 的函数，可用卡松的经验公式计算

$$R_e = \pi^2 f \times 10^{-4} \ \Omega / km \tag{8-21}$$

对于 f=50 Hz，$R_e = 0.05$ Ω/km。

L_a 和 L_e 分别代表导线 aa 和虚拟导线 ee 单位长度的自感，M 代表导线 aa 和虚拟导线 ee 间单位长度的互感。"单导线—大地"回路单位长度的电感为

$$L_s = L_a + L_e - 2M = 2 \times 10^{-7} \ln \frac{D_{ae}^2}{D_s D_{se}} = 2 \times 10^{-7} \ln \frac{D_e}{D_s} \tag{8-22}$$

式中：D_s 是导线 aa 的自几何均距；D_{se} 是虚拟导线 ee 的自几何均距；$D_e = D_{ae}^2/D_{se}$ 代表地中虚拟导线的等值深度，它是大地电阻率 $\rho_e(\Omega m)$ 和频率 f(Hz)的函数，即

$$D_e = 660\sqrt{\rho_e / f} \tag{8-23}$$

图 8-13 为以大地为回路的三相输电线路，地中电流返回路径仍以一根虚拟导线表示。这样三相输电线路的零序阻抗就可以按 3 个平行的"单导线-大地"回路分析。

输电线路的零序阻抗比正序阻抗大。一方面，由于三相零序电流通过大地返回，大地电阻使线路每相的等值电阻增大；另一方面，由于三相零序电流同相位，每一相零序电流产生的自感磁通与来自另两相的零序电流产生的互感磁通是互相助增的，这就使一相的等值电感增大。

若是平行架设的双回输电线路[见图 8-14 (a)]，则还要计及两回路之间的互感所产生的助磁作用，因此其等值零序阻抗还要更大些。图 8-14 (a)中，$\dot{I}_{I0}$、$\dot{I}_{II0}$ 分别为线路 I 和 II 中的零序电流；Z_{I0}、Z_{II0} 分别为不计两回路间互相影响时线路 I 和 II 的一相零序等值阻抗；Z_{I-II0} 为平行线路 I 和 II 之间的零序互阻抗。

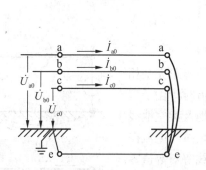

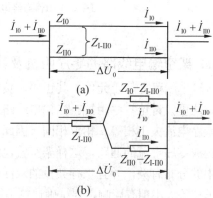

图 8-13　以大地为回路的三相输电线路　　图 8-14 平行双回输电线路及其零序等值电路

现在讨论平行双回路的零序等值电路。根据图 8-14(a)，这两回线路的电压降分别为

$$\begin{cases} \Delta\dot{U}_{I0} = \Delta\dot{U}_0 = Z_{I0}\dot{I}_{I0} + Z_{I-II0}\dot{I}_{II0} \\ \Delta\dot{U}_{II0} = \Delta\dot{U}_0 = Z_{II0}\dot{I}_{II0} + Z_{I-II0}\dot{I}_{I0} \end{cases} \tag{8-24}$$

式(8-24)可改写为

$$\begin{cases} \Delta\dot{U}_0 = (Z_{I0} - Z_{I-II0})\dot{I}_{I0} + Z_{I-II0}(\dot{I}_{I0} + \dot{I}_{II0}) \\ \Delta\dot{U}_0 = (Z_{II0} - Z_{I-II0})\dot{I}_{II0} + Z_{I-II0}(\dot{I}_{I0} + \dot{I}_{II0}) \end{cases} \tag{8-25}$$

根据式(8-25)，可以绘出平行双回输电线路的零序等值电路，如图 8-14(b)所示。

当线路装有架空地线时，部分零序电流将通过架空地线构成回路(见图 8-15)。由于架空地线零序电流的方向与输电线路零序电流的方向相反，互感磁通是相互削弱的，故使零序电抗有所减小；同时由于地线的分流作用，也减小了大地上的电压降，从而使等值的零序阻抗减小。在不对称故障计算时，可略去线路的电阻和对地电容，因此，输电线路的正序、负序、零序等值电路可用一电抗表示。但平行架设的双回输电线路，如果两条线路的零序阻抗不相等，则要用图 8-14(b)所示的零序等值电路。

在短路电流实用计算中，近似地采用下列值作为输电线路每一回路单位长度的一相等值零序电抗：

无架空地线的单回线路 $x_0 = 3.5\,x_1$；无架空地线的双回线路 $x_0 = 5.5\,x_1$；

有架空地线的单回线路 $x_0 = (2\sim3)\,x_1$；有架空地线的双回线路 $x_0 = (3\sim4.7)\,x_1$。

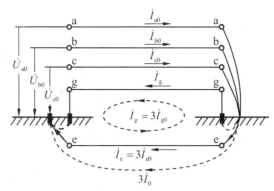

图 8-15　有架空地线时零序电流的通路

顺便指出，电缆线路由于三相芯线的距离远比架空线路的线间距离要小得多，所以，电缆线路的正序阻抗小于架空线路的正序阻抗，它的零序阻抗一般是通过实测确定的，近似计算中可取 $r_0 = 10r_1$，$x_0 = (3.5 \sim 4.6) x_1$。

电力系统中的电抗器，相间互感很小，其零序电抗与正序电抗相等。

8.2.5　电力系统各序网络

如前所述，应用对称分量法分析计算不对称故障时，首先必须做出电力系统的各序网络。为此，应根据电力系统的接线图、中性点接地的情况等原始资料，在故障点分别施加各序电势，从故障点开始，逐步查明各序电流流通的情况，凡是某一序电流能流通的元件，都必须包括在该序网络中，并用相应的序参数和等值电路表示。下面结合图 8-16 来说明各序网络的制订。

(1) 正序网络

正序网络就是通常计算对称短路时所用的等值网络。除中性点接地阻抗、空载线路(不计导纳)以及空载变压器(不计励磁电流)外，电力系统各元件均应包括在正序网络中，并用相应的正序参数和等值电路表示。正序网络中须引入各电源电势(包括综合负荷的等值电源等)，在短路点还须引入代替故障的正序电势。电源中性点和负荷中性点电位相等，可以直接连接起来。例如，图 8-16(b)所示的正序网络就不包括空载的线路 L_3 和变压器 T_3。发电机电势用 $\dot{E}_1$ 和 $\dot{E}_2$ 表示，在短路点接入正序电势 $\dot{U}_{a1}$，正序网络中短路点用 f_1 表示，零电位点用 o_1 表示。从 $f_1 o_1$ 端口看进去，它是一个有源网络，可以化简成图 8-16(e)所示的形式。

(2) 负序网络

负序电流能流通的元件与正序电流能流通的相同。因此，组成负序网络的元件与组成正序网络的元件完全相同，只不过所有电源的负序电势均为零，所有元件的参数采用负序参数，在短路点引入代替故障的负序电势 $\dot{U}_{a2}$，如图 8-16(c)所示。在负序网络中，各电源支路的中性点与负荷的中性点也可以直接连接起来。负序网络中短路点用 f_2 表示，零电位点用 o_2 表示。从 $f_2 o_2$ 端口看进去，它是一个无源网络，可以化简成图 8-16(f)所示的形式。

(3) 零序网络

在短路点施加代表故障的零序电势，查明零序电流流通的情况，凡是零序电流能流通的元件都应包括在零序网络中。由于发电机和负荷通常由三角形接法的变压器绕组把零序电流隔开，即零序电流不流过发电机和负荷，因而零序网络中通常不含有发电机和负荷。零序网络中，所有元件的参数均采用零序参数，在短路点引入代替故障的零序电势 $\dot{U}_{a0}$。图 8-16(a) 中，因变压器 T_4 中性点未接地，不能流通零序电流，所以变压器 T_4 以及线路 L_4、负荷 LD 都不包括在零序网络中。变压器 T_3 虽然是空载，但因其中性点接地，故 L_3 和 T_3 能流通零序电流，所以它们应包括在零序网络中。发电机 G_1 和 G_2 因与三角形接法的绕组相连，故不包括在零序网络中。于是得到图 8-16(a)所示系统的零序网络如图 8-16(d)。从 $f_0 o_0$ 端口看进去，零序网络也是一个无源网络，可以化简成图 8-16(g)所示的形式。

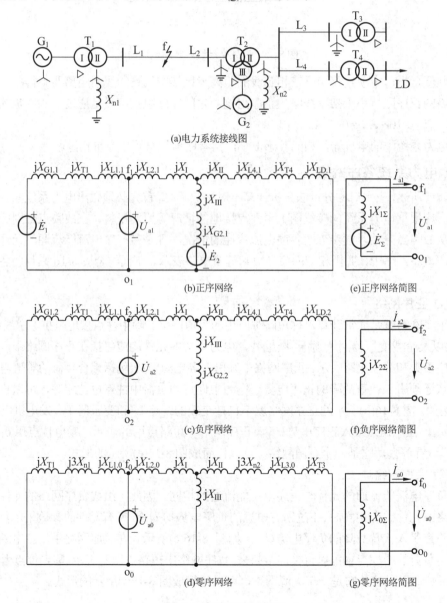

图 8-16 各序网络的制订

例 8-1 图 8-17(a)所示输电系统，在 f 点发生接地短路，试绘出各序网络，并计算电源的等值电势 E_Σ 和各序输入电抗 $X_{1\Sigma}$、$X_{2\Sigma}$ 和 $X_{0\Sigma}$。已知系统各元件参数如下：

发电机 G：120 MVA，$\cos\varphi = 0.8$，$U_N = 10.5$ kV，$X_1 = 0.9$，$X_2 = 0.45$，$E_1 = 1.67$；

变压器 T_1、T_2：60 MVA，$Us\% = 10.5$，$k_{T1} = 10.5/115$，$k_{T2} = 115/6.3$；

负荷 LD_1：60 MVA，$X_1 = 1.2$，$X_2 = 0.35$；负荷 LD_2：40 MVA，$X_1 = 1.2$，$X_2 = 0.35$；

输电线路 L：105 km，$x_1 = 0.4\ \Omega/km$，$x_0 = 3x_1$。

解： (1) 各元件参数标幺值计算。

选取基准功率 $S_B = 120$ MVA 和基准电压 $U_B = U_{av}$，计算出各元件的各序电抗的标幺值(计算过程从略)。计算结果标于各序网络图中。

(2) 制订各序网络。

正序和负序网络，包含了图中所有元件[见图 8-17(b)、(c)]。因零序电流仅在线路 L 和变压器 T_1 中流通，所以零序网络只包含这两个元件[见图 8-17 (d)]。

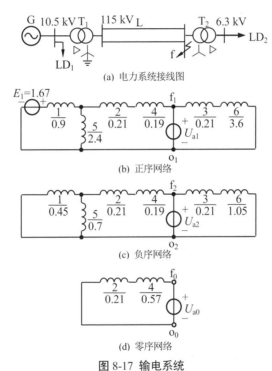

(a) 电力系统接线图

(b) 正序网络

(c) 负序网络

(d) 零序网络

图 8-17 输电系统

(3) 进行网络化简，求正序等值电势和各序输入电抗。

正序和负序网络的化简过程如图 8-18 所示。对于正序网络，先将支路 1 和 5 并联得支路 7，它的电势和电抗分别为

$$E_7 = \frac{E_1 X_5}{X_1 + X_5} = \frac{1.67 \times 2.4}{0.9 + 2.4} = 1.22, \quad X_7 = \frac{X_1 X_5}{X_1 + X_5} = \frac{0.9 \times 2.4}{0.9 + 2.4} = 0.66$$

将支路 7、2 和 4 相串联得支路 9，其电抗和电势分别为

$$X_9 = X_7 + X_2 + X_4 = 0.66 + 0.21 + 0.19 = 1.06, \quad E_9 = E_7 = 1.22$$

将支路 3 和支路 6 串联得支路 8，其电抗为

$$X_8 = X_3 + X_6 = 0.21 + 3.6 = 3.81$$

将支路 8 和支路 9 并联得等值电势和输入电抗分别为

$$E_\Sigma = \frac{E_9 X_8}{X_9 + X_8} = \frac{1.22 \times 3.81}{1.06 + 3.81} = 0.95 , \quad X_{1\Sigma} = \frac{X_8 X_9}{X_8 + X_9} = \frac{3.81 \times 1.06}{3.81 + 1.06} = 0.83$$

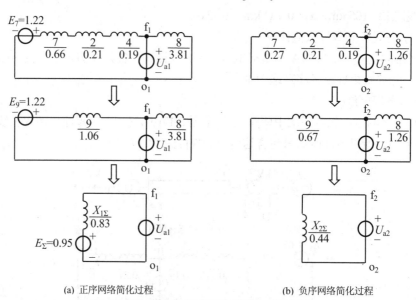

(a) 正序网络简化过程　　　　　　　　　(b) 负序网络简化过程

图 8-18　网络的化简过程

对于负序网络，有

$$X_7 = \frac{X_1 X_5}{X_1 + X_5} = \frac{0.45 \times 0.7}{0.45 + 0.7} = 0.27 , \quad X_9 = X_7 + X_2 + X_4 = 0.27 + 0.21 + 0.19 = 0.67$$

$$X_8 = X_3 + X_6 = 0.21 + 1.05 = 1.26 , \quad X_{2\Sigma} = \frac{X_8 X_9}{X_8 + X_9} = \frac{1.26 \times 0.67}{1.26 + 0.67} = 0.44$$

对于零序网络，有 $X_{0\Sigma} = X_2 + X_4 = 0.21 + 0.57 = 0.78$

8.3　简单不对称短路的分析

应用对称分量法分析各种简单不对称短路时，都可以写出各序网络故障点的电压方程式 (8-19)。当网络的各元件都只用电抗表示时，上述方程可以写成

$$\begin{cases} \dot{E}_\Sigma - jX_{1\Sigma}\dot{I}_{a1} = \dot{U}_{a1} \\ -jX_{2\Sigma}\dot{I}_{a2} = \dot{U}_{a2} \\ -jX_{10\Sigma}\dot{I}_{a0} = \dot{U}_{a0} \end{cases} \tag{8-26}$$

式中：$\dot{E}_\Sigma = \dot{U}_f^{(0)}$，即短路发生前短路点的电压。这 3 个方程式包含了 6 个未知量，因此，只有根据不对称短路的具体边界条件写出另外 3 个方程式才能求解。

下面对各种简单不对称短路逐个地进行分析。

8.3.1 单相(a 相)接地短路

单相接地短路时，故障处的 3 个边界条件(见图 8-19)为

$$\begin{cases} \dot{U}_a = 0 \\ \dot{I}_b = 0 \\ \dot{I}_c = 0 \end{cases} \tag{8-27}$$

用对称分量表示为

$$\begin{cases} \dot{U}_{a1} + \dot{U}_{a2} + \dot{U}_{a0} = 0 \\ a^2 \dot{I}_{a1} + a \dot{I}_{a2} + \dot{I}_{a0} = 0 \\ a \dot{I}_{a1} + a^2 \dot{I}_{a2} + \dot{I}_{a0} = 0 \end{cases} \tag{8-28}$$

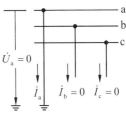

图 8-19 单相接地短路

经过整理后便得到用序分量表示的边界条件为

$$\begin{cases} \dot{U}_{a1} + \dot{U}_{a2} + \dot{U}_{a0} = 0 \\ \dot{I}_{a1} = \dot{I}_{a2} = \dot{I}_{a0} \end{cases} \tag{8-29}$$

联立求解方程组(8-26)及(8-29)可得

$$\dot{I}_{a1} = \frac{\dot{E}_\Sigma}{j(X_{1\Sigma} + X_{2\Sigma} + X_{0\Sigma})} \tag{8-30}$$

式(8-30)是单相短路计算的关键公式。短路电流的正序分量一经算出，根据边界条件式(8-29)和各序网络方程组(8-26)即能确定短路点电流和电压的各序分量如下。

$$\begin{cases} \dot{I}_{a2} = \dot{I}_{a0} = \dot{I}_{a1} \\ \dot{U}_{a1} = \dot{E}_\Sigma - jX_{1\Sigma}\dot{I}_{a1} = j(X_{2\Sigma} + X_{0\Sigma})\dot{I}_{a1} \\ \dot{U}_{a2} = -jX_{2\Sigma}\dot{I}_{a1} \\ \dot{U}_{a0} = -jX_{0\Sigma}\dot{I}_{a1} \end{cases} \tag{8-31}$$

电压和电流的各序分量也可以直接应用复合序网求得。根据故障处各序分量之间的关系，将各序网络在故障端口连接起来所构成的网络称为复合序网。与单相短路的边界条件式(8-29)相适应的复合序网如图 8-20 所示。用复合序网进行计算，可以得到与式(8-30)和式(8-31)完全相同的结果。

利用式(8-3)可得短路点故障相电流为

$$\dot{I}_f^{(1)} = \dot{I}_a = \dot{I}_{a1} + \dot{I}_{a2} + \dot{I}_{a0} = 3\dot{I}_{a1} \tag{8-32}$$

或

$$\dot{I}_f^{(1)} = \frac{3\dot{E}_\Sigma}{j(X_{1\Sigma} + X_{2\Sigma} + X_{0\Sigma})} \tag{8-33}$$

由上式可见，单相短路电流值为短路前短路点的电压除以各序输入电抗之和的 3 倍。$X_{1\Sigma}$ 和 $X_{2\Sigma}$ 的大小与短路点对电源的电气距离有关，$X_{0\Sigma}$ 则与中性点接地方式有关。通常 $X_{1\Sigma} \approx X_{2\Sigma}$，当 $X_{0\Sigma} < X_{1\Sigma}$ 时，单相短路电流将大于同一点的三相短路电流。

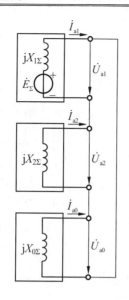

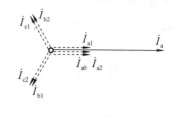

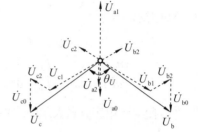

图 8-20 单相短路的复合序网　　　图 8-21 单相接地短路时短路点的电流和电压相量图

短路点非故障相的对地电压为

$$
\begin{cases}
\dot{U}_b = a^2\dot{U}_{a1} + a\dot{U}_{a2} + \dot{U}_{a0} = \mathrm{j}[(a^2-a)X_{2\Sigma} + (a^2-1)X_{0\Sigma}]\dot{I}_{a1} = \dfrac{\sqrt{3}}{2}[(2X_{2\Sigma}+X_{0\Sigma}) - \mathrm{j}\sqrt{3}X_{0\Sigma}]\dot{I}_{a1} \\
\dot{U}_c = a\dot{U}_{a1} + a^2\dot{U}_{a2} + \dot{U}_{a0} = \mathrm{j}[(a-a^2)X_{2\Sigma} + (a-1)X_{0\Sigma}]\dot{I}_{a1} = \dfrac{\sqrt{3}}{2}[-(2X_{2\Sigma}+X_{0\Sigma}) - \mathrm{j}\sqrt{3}X_{0\Sigma}]\dot{I}_{a1}
\end{cases}
\tag{8-34}
$$

选取正序电流 $\dot{I}_{a1}$ 作为参考相量，可以作出短路点的电流和电压相量图，如图 8-21 所示。图中 $\dot{I}_{a0}$ 和 $\dot{I}_{a2}$ 都与 $\dot{I}_{a1}$ 方向相同、大小相等，$\dot{U}_{a1}$ 比 $\dot{I}_{a1}$ 超前 90°，而 $\dot{U}_{a2}$ 和 $\dot{U}_{a0}$ 都要比 $\dot{I}_{a1}$ 落后 90°。

非故障相电压 $\dot{U}_b$ 和 $\dot{U}_c$ 的绝对值总是相等的，其相位差 θ_U 与比值 $X_{0\Sigma}/X_{2\Sigma}$ 有关。当 $X_{0\Sigma} \to 0$ 时，相当于短路发生在直接接地的中性点附近，$\dot{U}_{a0} \approx 0$，$\dot{U}_b$ 和 $\dot{U}_c$ 正好反相，即 $\theta_U = 180°$，电压绝对值为 $\dfrac{\sqrt{3}}{2}E_\Sigma$。当 $X_{0\Sigma} \to \infty$ 时，即为不接地系统，单相短路电流为零，非故障相电压上升为线电压，即 $\sqrt{3}E_\Sigma$，其夹角为 60°。只有 $X_{0\Sigma} = X_{2\Sigma}$ 时，非故障相电压即等于故障前正常电压，夹角为 120°。

8.3.2 两相(b 相和 c 相)短路

两相短路时故障点的情况如图 8-22 所示。故障处的 3 个边界条件为

$$
\begin{cases}
\dot{I}_a = 0 \\
\dot{I}_b + \dot{I}_c = 0 \\
\dot{U}_b = \dot{U}_c
\end{cases}
\tag{8-35}
$$

图 8-22 两相短路

用对称分量表示为

$$\begin{cases} \dot{I}_{a1} + \dot{I}_{a2} + \dot{I}_{a0} = 0 \\ a^2\dot{I}_{a1} + a\dot{I}_{a2} + \dot{I}_{a0} + a\dot{I}_{a1} + a^2\dot{I}_{a2} + \dot{I}_{a0} = 0 \\ a^2\dot{U}_{a1} + a\dot{U}_{a2} + \dot{U}_{a0} = a\dot{U}_{a1} + a^2\dot{U}_{a2} + \dot{U}_{a0} \end{cases} \tag{8-36}$$

整理后可得

$$\begin{cases} \dot{I}_{a0} = 0 \\ \dot{I}_{a1} + \dot{I}_{a2} = 0 \\ \dot{U}_{a1} = \dot{U}_{a2} \end{cases} \tag{8-37}$$

根据这些条件，可用正序网络和负序网络组成两相短路的复合序网，如图 8-23 所示。因为零序电流等于零，所以复合序网中没有零序网络。

利用这个复合序网可以求出

$$\dot{I}_{a1} = \frac{\dot{E}_\Sigma}{\mathrm{j}(X_{1\Sigma} + X_{2\Sigma})} \tag{8-38}$$

以及

$$\begin{cases} \dot{I}_{a2} = -\dot{I}_{a1} \\ \dot{U}_{a1} = \dot{U}_{a2} = -\mathrm{j}X_{2\Sigma}\dot{I}_{a2} = \mathrm{j}X_{2\Sigma}\dot{I}_{a1} \end{cases} \tag{8-39}$$

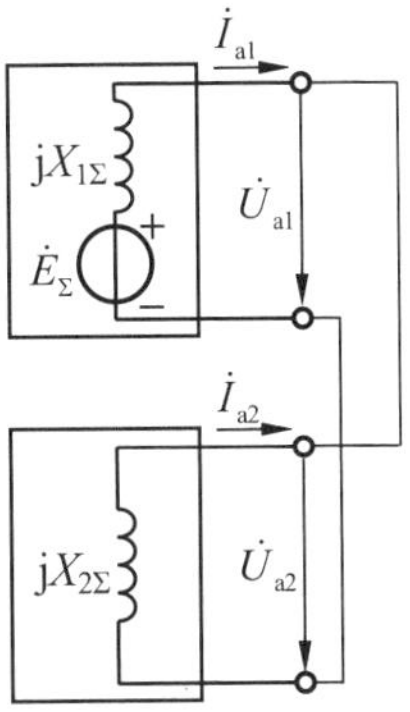

短路点故障相的电流为

$$\begin{cases} \dot{I}_{b} = a^2\dot{I}_{a1} + a\dot{I}_{a2} + \dot{I}_{a0} = (a^2 - a)\dot{I}_{a1} = -\mathrm{j}\sqrt{3}\dot{I}_{a1} \\ \dot{I}_{c} = -\dot{I}_{b} = \mathrm{j}\sqrt{3}\dot{I}_{a1} \end{cases} \tag{8-40}$$

图 8-23 两相短路的复合序网

b、c 两相电流大小相等，方向相反。它们的绝对值为

$$I_{f}^{(2)} = I_{b} = I_{c} = \sqrt{3}I_{a1} \tag{8-41}$$

短路点各相对地电压为

$$\begin{cases} \dot{U}_{a} = \dot{U}_{a1} + \dot{U}_{a2} + \dot{U}_{a0} = 2\dot{U}_{a1} = \mathrm{j}2X_{2\Sigma}\dot{I}_{a1} \\ \dot{U}_{b} = a^2\dot{U}_{a1} + a\dot{U}_{a2} + \dot{U}_{a0} = -\dot{U}_{a1} = -\dot{U}_{a}/2 \\ \dot{U}_{c} = \dot{U}_{b} = -\dot{U}_{a1} = -\dot{U}_{a}/2 \end{cases} \tag{8-42}$$

可见，两相短路电流为正序电流的 $\sqrt{3}$ 倍；短路点非故障相电压为正序电压的 2 倍，而故障相电压只有非故障相电压的一半而且方向相反。

两相短路时短路点的电流和电压相量如图 8-24 所示。作图时，仍以正序电流 $\dot{I}_{a1}$ 作为参考相量，负序电流与它方向相反。正序电压与负序电压相等，都比 $\dot{I}_{a1}$ 超前 90°。

8.3.3 两相(b 相和 c 相)短路接地

两相短路接地时故障处的情况如图 8-25 所示。故障处的 3 个边界条件为

$$\begin{cases} \dot{I}_{a} = 0 \\ \dot{U}_{b} = 0 \\ \dot{U}_{c} = 0 \end{cases} \tag{8-43}$$

这些条件同单相短路的边界条件极为相似，只要把单相短路边界条件式中的电流换为电

压，电压换为电流就行了。

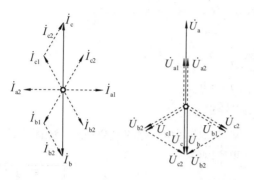
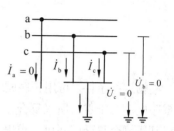

图 8-24 两相短路时短路点的电流和电压相量图   图 8-25 两相短路接地

用序分量表示的边界条件为

$$\begin{cases} \dot{I}_{a1} + \dot{I}_{a2} + \dot{I}_{a0} = 0 \\ \dot{U}_{a1} = \dot{U}_{a2} = \dot{U}_{a0} \end{cases}$$

(8-44)

根据边界条件组成的两相短路接地的复合序网如图 8-26 所示。由图可得

$$\dot{I}_{a1} = \frac{\dot{E}_\Sigma}{j(X_{1\Sigma} + X_{2\Sigma} // X_{0\Sigma})}$$

(8-45)

以及

$$\begin{cases} \dot{I}_{a2} = -\dfrac{X_{0\Sigma}}{X_{2\Sigma} + X_{0\Sigma}} \dot{I}_{a1} \\[3mm] \dot{I}_{a0} = -\dfrac{X_{2\Sigma}}{X_{2\Sigma} + X_{0\Sigma}} \dot{I}_{a1} \\[3mm] \dot{U}_{a1} = \dot{U}_{a2} = \dot{U}_{a0} = j\dfrac{X_{2\Sigma} X_{0\Sigma}}{X_{2\Sigma} + X_{0\Sigma}} \dot{I}_{a1} \end{cases}$$

(8-46)

短路点故障相的电流为

$$\begin{cases} \dot{I}_b = a^2 \dot{I}_{a1} + a\dot{I}_{a2} + \dot{I}_{a0} = \left(a^2 - \dfrac{X_{2\Sigma} + aX_{0\Sigma}}{X_{2\Sigma} + X_{0\Sigma}} \right) \dot{I}_{a1} \\[3mm] \dot{I}_c = a\dot{I}_{a1} + a^2 \dot{I}_{a2} + \dot{I}_{a0} = \left(a - \dfrac{X_{2\Sigma} + a^2 X_{0\Sigma}}{X_{2\Sigma} + X_{0\Sigma}} \right) \dot{I}_{a1} \end{cases}$$

(8-47)

根据上式可以求得两相短路接地时故障相电流的绝对值为

$$I_f^{(1,1)} = I_b = I_c = \sqrt{3} \sqrt{1 - \frac{X_{2\Sigma} X_{0\Sigma}}{(X_{2\Sigma} + X_{0\Sigma})^2}} I_{a1}$$

(8-48)

短路点非故障相电压为

$$\dot{U}_a = 3\dot{U}_{a1} = j\frac{3X_{2\Sigma} X_{0\Sigma}}{X_{2\Sigma} + X_{0\Sigma}} \dot{I}_{a1}$$

(8-49)

图 8-27 为两相短路接地时短路点的电流和电压相量图。作图时，仍以正序电流 $\dot{I}_{a1}$ 为参考相量，$\dot{I}_{a2}$ 和 $\dot{I}_{a0}$ 同 $\dot{I}_{a1}$ 的方向相反。a 相三个序电压都相等，且比 $\dot{I}_{a1}$ 超前 90°。

令

$$m^{(1,1)} = \sqrt{3}\sqrt{1 - \frac{X_{2\Sigma}X_{0\Sigma}}{(X_{2\Sigma}+X_{0\Sigma})^2}} \tag{8-50}$$

则

$$I_{\mathrm{f}}^{(1,1)} = m^{(1,1)}I_{a1} \tag{8-51}$$

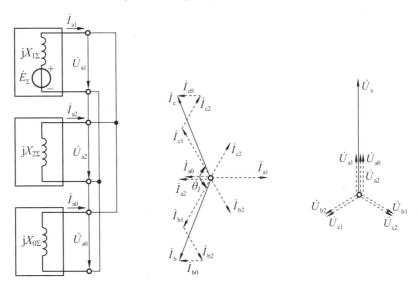

图 8-26 两相短路接地的复合序网　　图 8-27 两相短路接地时短路点的电流和电压相量图

$m^{(1,1)}$ 的数值与比值 $X_{0\Sigma}/X_{2\Sigma}$ 有关。当该比值为 0 或∞时，$m^{(1,1)}=\sqrt{3}$；当 $X_{0\Sigma}=X_{2\Sigma}$ 时，$m^{(1,1)}=1.5$。可见，$m^{(1,1)}$ 的变化范围有限。

两故障相电流相量之间的夹角也与比值 $X_{0\Sigma}/X_{2\Sigma}$ 有关。当 $X_{0\Sigma}\to 0$ 时，$\dot{I}_b = \sqrt{3}\dot{I}_{a1}\mathrm{e}^{-\mathrm{j}150°}$，$\dot{I}_c = \sqrt{3}\dot{I}_{a1}\mathrm{e}^{\mathrm{j}150°}$，其夹角为 60°。当 $X_{0\Sigma}\to\infty$ 时，即为两相短路，$\dot{I}_b$ 与 $\dot{I}_c$ 反相。

8.3.4 正序等效定则

以上所得的三种简单不对称短路时短路电流正序分量的算式(8-30)、式(8-38)和式(8-45)可以统一写成

$$\dot{I}_{a1}^{(n)} = \frac{\dot{E}_\Sigma}{\mathrm{j}(X_{1\Sigma}+X_\Delta^{(n)})} \tag{8-52}$$

式中：$X_\Delta^{(n)}$ 表示附加电抗，其值随短路的型式不同而不同，上角标(n)是代表短路类型的符号。

式(8-52)表明了一个很重要的概念：在简单不对称短路的情况下，短路点电流的正序分量，与在短路点每一相中加入附加电抗 $X_\Delta^{(n)}$ 而发生三相短路时的电流相等。这个概念称为正序等效定则。

此外，从短路点故障相电流的算式(8-32)、式(8-41)和式(8-48)可以看出，短路电流的绝对值与它的正序分量的绝对值成正比，即

$$I_{\mathrm{f}}^{(n)} = m^{(n)} I_{\mathrm{a1}}^{(n)} \tag{8-53}$$

式中：$m^{(n)}$ 为比例系数，其值视短路类型而异。

各种简单短路时的 $X_{\Delta}^{(n)}$ 和 $m^{(n)}$ 如表 8-2 所示。

根据以上的讨论，可以得到一个结论：简单不对称短路电流的计算，归根结底不外乎先求出系统对短路点的负序和零序输入电抗 $X_{2\Sigma}$ 和 $X_{0\Sigma}$，再根据短路的不同类型组成附加电抗 $X_{\Delta}^{(n)}$，将它接入短路点，然后就像计算三相短路一样，算出短路点的正序电流。所以，前面讲过的三相短路电流的各种计算方法也适用于计算不对称短路。

表 8-2 简单短路时的 $X_{\Delta}^{(n)}$ 和 $m^{(n)}$

短路类型 $f^{(n)}$	$X_{\Delta}^{(n)}$	$m^{(n)}$
三相短路 $f^{(3)}$	0	1
单相短路 $f^{(1)}$	$X_{2\Sigma} + X_{0\Sigma}$	3
两相短路 $f^{(2)}$	$X_{2\Sigma}$	$\sqrt{3}$
两相短路接地 $f^{(1,1)}$	$\dfrac{X_{2\Sigma} X_{0\Sigma}}{X_{2\Sigma} + X_{0\Sigma}}$	$\sqrt{3}\sqrt{1 - \dfrac{X_{2\Sigma} X_{0\Sigma}}{(X_{2\Sigma} + X_{0\Sigma})^2}}$

例 8-2 对例 8-1 的输电系统，试计算 f 点发生各种不对称短路时的短路电流。

解：在例 8-1 的计算基础上，再算出各种不同类型短路时的附加电抗 $X_{\Delta}^{(n)}$ 和 $m^{(n)}$ 值，即能确定短路电流。

对于单相短路

$$X_{\Delta}^{(1)} = X_{2\Sigma} + X_{0\Sigma} = 0.44 + 0.78 = 1.22 , \quad m^{(1)} = 3$$

115 kV 侧的基准电流为 $I_{\mathrm{B}} = \dfrac{120}{\sqrt{3} \times 115} = 0.6\,(\mathrm{kA})$

因此，单相短路时

$$I_{\mathrm{a1}}^{(1)} = \frac{E_{\Sigma}}{X_{1\Sigma} + X_{\Delta}^{(1)}} I_{\mathrm{B}} = \frac{0.95}{0.83 + 1.22} \times 0.6 = 0.28\,(\mathrm{kA})$$

$$I_{\mathrm{f}}^{(1)} = m^{(1)} I_{\mathrm{a1}}^{(1)} = 3 \times 0.28 = 0.84\,(\mathrm{kA})$$

对于两相短路

$$X_{\Delta}^{(2)} = X_{2\Sigma} = 0.44 , \quad m^{(2)} = \sqrt{3}$$

$$I_{\mathrm{a1}}^{(2)} = \frac{E_{\Sigma}}{X_{1\Sigma} + X_{\Delta}^{(2)}} I_{\mathrm{B}} = \frac{0.95}{0.83 + 0.44} \times 0.6 = 0.45\,(\mathrm{kA})$$

$$I_{\mathrm{f}}^{(2)} = m^{(2)} I_{\mathrm{a1}}^{(2)} = \sqrt{3} \times 0.45 = 0.78\,(\mathrm{kA})$$

对于两相短路接地

$$X_{\Delta}^{(1,1)} = X_{2\Sigma} /\!/ X_{0\Sigma} = 0.44 /\!/ 0.78 = 0.28$$

$$m^{(1,1)} = \sqrt{3}\sqrt{1 - \frac{X_{2\Sigma} X_{0\Sigma}}{(X_{2\Sigma} + X_{0\Sigma})^2}} = \sqrt{3} \times \sqrt{1 - \frac{0.44 \times 0.78}{(0.44 + 0.78)^2}} = 1.52$$

$$I_{a1}^{(1,1)} = \frac{E_\Sigma}{X_{1\Sigma} + X_\Delta^{(1,1)}} I_B = \frac{0.95}{0.83 + 0.28} \times 0.6 = 0.51 (kA)$$

$$I_f^{(1,1)} = m^{(1,1)} I_{a1}^{(1,1)} = 1.52 \times 0.51 = 0.78 (kA)$$

8.3.5 非故障处的电流和电压的计算

在电力系统的设计和运行工作中，除了要知道故障点的短路电流和电压以外，还要知道网络中某些支路的电流和某些节点的电压。为此，须先求出电流和电压的各序分量在网络中的分布。然后，将各对称分量合成以求得相电流和相电压。

对于比较简单的电力系统，可采用网络变换化简的方法进行短路计算。在算出短路点各序电流后，分别在各个序网中逆着简化的顺序进行网络还原，在网络还原过程中逐步算出各支路电流和各有关节点的电压。在负序和零序网络中利用电流分布系数计算电流分布也很方便。

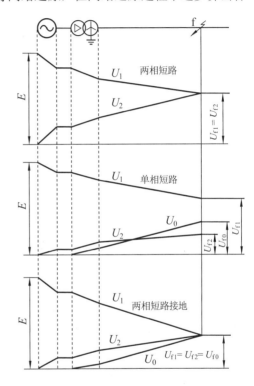

为了说明各序电压的分布情况，画出了某一简单网络在发生各种不对称短路时各序电压的分布情况，如图 8-28 所示。电源点的正序电压最高，随着对短路点的接近，正序电压将逐渐降低，到短路点即等于短路处的正序电压。短路点的负序和零序电压最高。离短路点越远，节点的负序电压和零序电压就越低。电源点的负序电压为零。由于变压器是 YNd 接法，零序电压在变压器三角形一侧的出线端已经降至 0。

顺便指出，单相接地短路时，短路点的负序和零序电压与正序电压反相，图 8-28 中的电压是指其绝对值。

网络中各点电压的不对称程度主要由负序分量决定。负序分量越大，电压越不对称。比较图 8-28 中的各个图形可以看出，单相短路时电压的不对称程度要比其他类型的不对称短路时小些。不管发生何种不对称短路，短路点的电压最不对称，电压不对称程度将随着离短路点距离的增大而逐渐减弱。

图 8-28 各种不对称短路时各序电压的分布情况

上述求网络中各序电流和电压分布的方法，只有用于与短路点有直接电气联系的部分网络才可获得各序分量间正确的相位关系。在由变压器联系的两段电路中，由于变压器绕组的连接方式的原因、变压器一侧的各序电压和电流对另一侧可能有相位移动，并且正序分量与负序分量的相位移动也可能不同。计算时要加以注意。

8.3.6 电压和电流对称分量经变压器后的相位变换

电压和电流对称分量经变压器后，可能要发生相位移动，这取决于变压器绕组的连接组别。现以变压器的两种常用连接方式 Yy0 和 Yd11 来说明这个问题。

图 8-29(a)表示 Yy0 连接的变压器，用 A、B 和 C 表示变压器绕组 I 的出线端，a、b 和 c 表示绕组 II 的出线端。如果在 I 侧施以正序电压，则 II 侧绕组的相电压与 I 侧绕组的相电压同相位，如图 8-29(b)所示。如果在 I 侧施以负序电压，则 II 侧的相电压与 I 侧的相电压也是同相位，如图 8-29(c)所示。对这样连接的变压器，当所选择的基准值使 $k_* = 1$ 时，两侧相电压的正序分量或负序分量的标幺值分别相等，且相位相同，即

$$\dot{U}_{a1} = \dot{U}_{A1}, \quad \dot{U}_{a2} = \dot{U}_{A2}$$

对于两侧相电流的正序及负序分量亦存在上述关系。

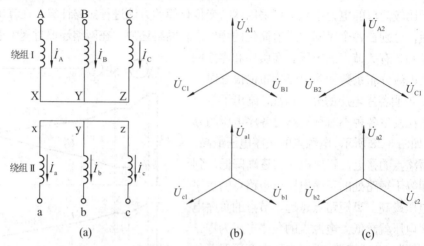

图 8-29 Yy0 接法变压器两侧电压的正、负序分量的相位关系

当变压器接成 YNyn0，而又存在零序电流的通路时，变压器两侧的零序电流(或零序电压)亦是同相位的。因此，电压和电流的各序对称分量经过 Yy0 连接的变压器时，并不发生相位移动。

Yd11 连接的变压器，情况则大不相同。图 8-30(a)表示这种变压器的接线。如在 Y 侧施以正序电压，d 侧的线电压虽与 Y 侧的相电压同相位，但 d 侧的相电压却超前于 Y 侧相电压 30°，如图 8-30(b)所示。当 Y 侧施以负序电压时，d 侧的相电压落后于 Y 侧相电压 30°，如图 8-30(c)所示。变压器两侧相电压的正序和负序分量(用标幺值表示且 $k_* = 1$ 时)存在以下的关系。

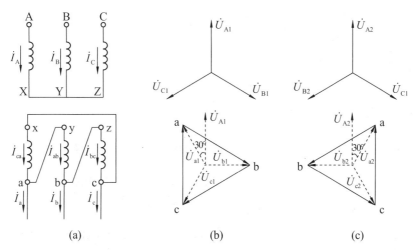

图 8-30 **Yd11** 接法变压器两侧电压的正、负序分量的相位关系

$$\begin{cases} \dot{U}_{a1} = \dot{U}_{A1} e^{j30°} \\ \dot{U}_{a2} = \dot{U}_{A2} e^{-j30°} \end{cases} \tag{8-54}$$

电流也有类似的情况，d 侧的正序线电流超前 Y 侧正序线电流 30°，d 侧的负序线电流则落后于 Y 侧负序线电流 30°，如图 8-31 所示。当用标幺值表示电流且 $k_* = 1$ 时便有

$$\begin{cases} \dot{I}_{a1} = \dot{I}_{A1} e^{j30°} \\ \dot{I}_{a2} = \dot{I}_{A2} e^{-j30°} \end{cases} \tag{8-55}$$

Yd 连接的变压器，在三角形侧的外电路中不含零序分量。

由此可见，经过 Yd11 接法的变压器由星形侧到三角形侧时，正序系统逆时针方向转过 30°，负序系统顺时针转过 30°。反之，由三角形侧到星形侧时，正序系统顺时针方向转过 30°，负序系统逆时针方向转过 30°。因此，当已求得星形侧的序电流 $\dot{I}_{A1}$、$\dot{I}_{A2}$ 时，三角形侧各相(不是各绕组)的电流分别为

$$\begin{cases} \dot{I}_a = \dot{I}_{a1} + \dot{I}_{a2} = \dot{I}_{A1} e^{j30°} + \dot{I}_{A2} e^{-j30°} \\ \dot{I}_b = a^2 \dot{I}_{a1} + a\dot{I}_{a2} = a^2 \dot{I}_{A1} e^{j30°} + a\dot{I}_{A2} e^{-j30°} \\ \dot{I}_c = a\dot{I}_{a1} + a^2 \dot{I}_{a2} = a\dot{I}_{A1} e^{j30°} + a^2 \dot{I}_{A2} e^{-j30°} \end{cases} \tag{8-56}$$

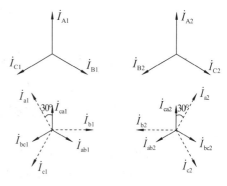

图 8-31 **Yd11** 接法变压器两侧电流的
正、负序分量的相位关系

利用已知的三角形侧各序分量计算星形侧各相分量的公式，也可同理推导出。

例 8-3 在例 8-1 所示的网络中，f 点发生两相短路。试计算变压器 d 侧的各相电压和各相电流。变压器 T_1 是 Yd11 接法。

解：在例 8-1 中已经算出了网络的各序输入电抗(参见图 8-17 和图 8-18)，这里直接利用这些数据。

取正序等值电势，即短路前故障点的电压 $\dot{E}_\Sigma = \dot{U}_i^{(0)} = j0.95$，短路点的各序电流分别为

$$\dot{I}_{\text{fl}} = \frac{\dot{E}_{\Sigma}}{j(X_{\Sigma 1} + X_{\Delta}^{(2)})} = \frac{j0.95}{j(0.83 + 0.44)} = 0.75 , \quad \dot{I}_{\text{f2}} = -\dot{I}_{\text{fl}} = -0.75$$

短路点对地的各序电压为

$$\dot{U}_{\text{fl}} = \dot{U}_{\text{f2}} = jX_{\Sigma 2}\dot{I}_{\text{fl}} = j0.44 \times 0.75 = j0.33$$

从输电线流向 f 点的电流为

$$\dot{I}_{L1} = \frac{\dot{E}_7 - \dot{U}_{f1}}{jX_9} = \frac{j(1.22 - 0.33)}{j1.06} = 0.84 , \quad \dot{I}_{L2} = \frac{X_{\Sigma 2}}{X_9}\dot{I}_{\text{f2}} = \frac{0.22}{0.67} \times (-0.75) = -0.49$$

变压器 T_1 的 Y 侧电流即是线路 L_1 的电流，因此 d 侧的各序电流为

$$\dot{I}_{\text{Ta1}} = \dot{I}_{L1}e^{j30°} = 0.84e^{j30°} , \quad \dot{I}_{\text{Ta2}} = \dot{I}_{L2}e^{-j30°} = -0.49e^{-j30°}$$

短路处的正序电压加线路 L_1 和变压器 T_1 的阻抗中的正序电压降，再逆时针转过 30°，便得变压器 T_1 的 d 侧的正序电压为

$$\dot{U}_{\text{Ta1}} = [\dot{U}_{\text{fl}} + j(X_2 + X_4)\dot{I}_{L1}]e^{j30°} = [j0.33 + j(0.21 + 0.19) \times 0.84]e^{j30°} = j0.67e^{j30°}$$

同样地可得 d 侧的负序电压为

$$\dot{U}_{\text{Ta2}} = [\dot{U}_{\text{f2}} + j(X_2 + X_4)\dot{I}_{L2}]e^{-j30°} = [j0.33 + j(0.21 + 0.19) \times (-0.49)]e^{-j30°} = j0.13e^{-j30°}$$

应用对称分量合成各相量的算式，可得变压器 d 侧各相电压和电流的标幺值为

$$\dot{U}_{\text{Ta}} = \dot{U}_{\text{Ta1}} + \dot{U}_{\text{Ta2}} = j0.67e^{j30°} + j0.13e^{-j30°} = -0.27 + j0.693 = 0.74e^{j111.3°}$$

$$\dot{U}_{\text{Tb}} = a^2\dot{U}_{\text{Ta1}} + a\dot{U}_{\text{Ta2}} = e^{j240°} \times j0.67e^{j30°} + e^{j120°} \times j0.13e^{-j30°} = 0.67 - 0.13 = 0.54$$

$$\dot{U}_{\text{Tc}} = a\dot{U}_{\text{Ta1}} + a^2\dot{U}_{\text{Ta2}} = e^{j120°} \times j0.67e^{j30°} + e^{j240°} \times j0.13e^{-j30°} = -0.27 - j0.693 = 0.74e^{-j111.3°}$$

$$\dot{I}_{\text{Ta}} = \dot{I}_{\text{Ta1}} + \dot{I}_{\text{Ta2}} = 0.84e^{j30°} - 0.49e^{-j30°} = 0.303 + j0.665 = 0.73e^{j65.5°}$$

$$I_{\text{Tb}} = a^2\dot{I}_{\text{Ta1}} + a\dot{I}_{\text{Ta2}} = e^{j240°} \times 0.84e^{j30°} - e^{j120°} \times 0.49e^{-j30°} = -j0.84 - j0.49 = 1.33e^{-j90°}$$

$$I_{\text{Tc}} = a\dot{I}_{\text{Ta1}} + a^2\dot{I}_{\text{Ta2}} = e^{j120°} \times 0.84e^{j30°} - e^{j240°} \times 0.49e^{-j30°} = -0.303 + j0.665 = 0.73e^{j114.5°}$$

换算成有名值时，电压的标幺值应乘以相电压的基准值 $U_{\text{p.B}} = 10.5/\sqrt{3}$ kV = 6.06 kV，电流的标幺值应乘以 10.5 kV 电压级的基准电流 $I_B = S_B/(\sqrt{3}\,U_{\text{p.B}}) = 120/(\sqrt{3} \times 10.5)$ kA = 6.6 kA，所得的结果为

U_{Ta}=4.48 kV, U_{Tb}=3.27 kV, U_{Tc}=4.48 kV

I_{Ta}=4.82 kA, I_{Tb}=8.78 kA, I_{Tc}=4.82 kA

变压器 d 侧的电压(即发电机端电压)和电流的相量图如图 8-32 所示。

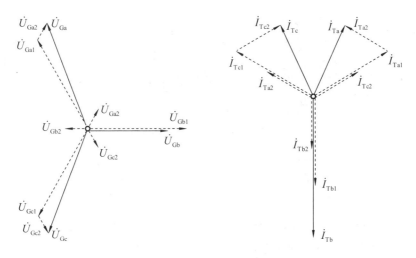

图 8-32 例 8-3 变压器 d 侧电压和电流的相量图

8.4 非全相断线的分析与计算

电力系统的短路通常也称为横向故障，它指的是在网络的节点 f 处出现了相与相之间或相与零电位点之间不正常接通的情况。发生横向故障时，由故障节点 f 同零电位节点组成故障端口。不对称故障的另一种类型是纵向故障，它指的是网络中的两个相邻节点 f 和 f'(都不是零电位节点)之间出现了不正常断开或三相阻抗不相等的情况。发生纵向故障时，由 f 和 f' 这两个节点组成故障端口。

本节将讨论纵向不对称故障的两种极端状态，即一相和两相断开的运行状态，这两种断线故障统称为非全相断线(见图 8-33)。造成非全相断线的原因是很多的，例如某一线路单相接地短路后故障相开关跳闸；导线一相或两相断线；分相检修线路或开关设备以及开关合闸过程中三相触头不同时接通等。

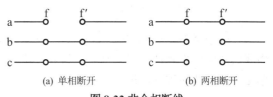

图 8-33 非全相断线

纵向故障和横向不对称故障一样，也只是在故障口出现了某种不对称状态，系统其余部分的参数还是三相对称的，可以应用对称分量法进行分析。首先在故障口 ff' 插入一组不对称电势源来代替实际存在的不对称状态，然后将这组不对称电势源分解成正序、负序和零序分量。根据叠加原理，分别作出各序的等值网络(见图 8-34)。与不对称短路时一样，可以列出各序网络故障端口的电压方程式如下。

169

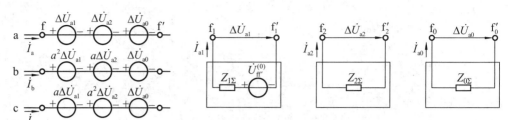

图 8-34　用对称分量法分析非全相断线故障

$$\begin{cases} \dot{U}_{ff'}^{(0)} - Z_{1\Sigma}\dot{I}_{a1} = \Delta\dot{U}_{a1} \\ -Z_{2\Sigma}\dot{I}_{a2} = \Delta\dot{U}_{a2} \\ -Z_{0\Sigma}\dot{I}_{a0} = \Delta\dot{U}_{a0} \end{cases} \quad (8\text{-}57)$$

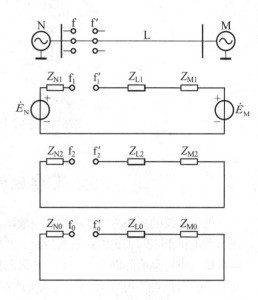

式中：$\dot{U}_{ff'}^{(0)}$ 为故障口 ff′ 的开路电压，即当 f、f′ 两节点间三相断开时，网络内的电源在端口 ff′ 产生的电压；$Z_{1\Sigma}$、$Z_{2\Sigma}$、$Z_{0\Sigma}$ 分别为正序网络、负序网络和零序网络从故障端口 ff′ 看进去的等值阻抗(又称故障端口 ff′ 的各序输入阻抗)。

对于图 8-35 所示系统，$\dot{U}_{ff}^{(0)} = \dot{E}_N - \dot{E}_M$，$Z_{1\Sigma} = Z_{N1} + Z_{L1} + Z_{M1}$，$Z_{2\Sigma} = Z_{N2} + Z_{L2} + Z_{M2}$，$Z_{0\Sigma} = Z_{N0} + Z_{L0} + Z_{M0}$。

若网络各元件都用纯电抗表示，则方程组 (8-57) 可以写成

$$\begin{cases} \dot{U}_{ff'}^{(0)} - jX_{1\Sigma}\dot{I}_{a1} = \Delta\dot{U}_{a1} \\ -jX_{2\Sigma}\dot{I}_{a2} = \Delta\dot{U}_{a2} \\ -jX_{0\Sigma}\dot{I}_{a0} = \Delta\dot{U}_{a0} \end{cases} \quad (8\text{-}58)$$

图 8-35　纵向故障时的各序网络

方程组 (8-58) 包含了 6 个未知量，因此，还必须根据非全相断线的具体边界条件列出另外 3 个方程才能求解。以下分别就单相和两相断线进行讨论。

8.4.1 单相(a 相)断开

故障处的边界条件[见图 8-33(a)]为

$$\begin{cases} \dot{I}_a = 0 \\ \Delta\dot{U}_b = 0 \\ \Delta\dot{U}_c = 0 \end{cases} \quad (8\text{-}59)$$

这些条件与两相短路接地的条件完全相似。若用对称分量表示，则有

$$\begin{cases} \dot{I}_{a1} + \dot{I}_{a2} + \dot{I}_{a0} = 0 \\ \Delta\dot{U}_{a1} = \Delta\dot{U}_{a2} = \Delta\dot{U}_{a0} \end{cases} \quad (8\text{-}60)$$

满足这些边界条件的复合序网如图 8-36 所示。由此可以算出故

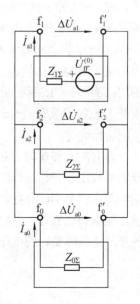

图 8-36 单相断开的复合序网

170

障处各序电流为

$$\begin{cases} \dot{I}_{a1} = \dfrac{\dot{U}_{ff}^{(0)}}{j(X_{1\Sigma} + X_{2\Sigma} // X_{0\Sigma})} \\[3mm] \dot{I}_{a2} = -\dfrac{X_{0\Sigma}}{X_{2\Sigma} + X_{0\Sigma}} \dot{I}_{a1} \\[3mm] \dot{I}_{a0} = -\dfrac{X_{2\Sigma}}{X_{2\Sigma} + X_{0\Sigma}} \dot{I}_{a1} \end{cases} \qquad (8\text{-}61)$$

非故障相电流为

$$\begin{cases} \dot{I}_{b} = \left(a^2 - \dfrac{X_{2\Sigma} + a X_{0\Sigma}}{X_{2\Sigma} + X_{0\Sigma}} \right) \dot{I}_{a1} \\[3mm] \dot{I}_{c} = \left(a - \dfrac{X_{2\Sigma} + a^2 X_{0\Sigma}}{X_{2\Sigma} + X_{0\Sigma}} \right) \dot{I}_{a1} \end{cases} \qquad (8\text{-}62)$$

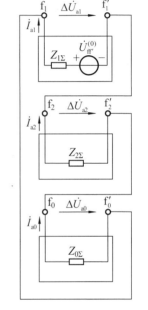

故障相的断口电压

$$\Delta \dot{U}_a = 3\Delta \dot{U}_{a1} = j \frac{3 X_{2\Sigma} X_{0\Sigma}}{X_{2\Sigma} + X_{0\Sigma}} \dot{I}_{a1} \qquad (8\text{-}63)$$

故障口的电流和电压的这些算式，都与两相短路接地时的算式完全一样。

8.4.2 两相(b 相和 c 相)断开

故障处的边界条件[见图 8-33 (b)]为

$$\begin{cases} \Delta \dot{U}_a = 0 \\ \dot{I}_b = 0 \\ \dot{I}_c = 0 \end{cases} \qquad (8\text{-}64)$$

容易看出，这些条件与单相短路的边界条件相似。若用对称分量表示，则有

图 8-37 两相断开的复合序网

$$\begin{cases} \Delta \dot{U}_{a1} + \Delta \dot{U}_{a2} + \Delta \dot{U}_{a0} = 0 \\ \dot{I}_{a1} = \dot{I}_{a2} = \dot{I}_{a0} \end{cases} \qquad (8\text{-}65)$$

满足这样边界条件的复合序网如图 8-37 所示。故障处的电流

$$\dot{I}_{a1} = \dot{I}_{a2} = \dot{I}_{a0} = \frac{\dot{U}_{ff}^{(0)}}{j(X_{1\Sigma} + X_{2\Sigma} + X_{0\Sigma})} \qquad (8\text{-}66)$$

非故障相电流

$$\dot{I}_{f} = 3\dot{I}_{a1} \qquad (8\text{-}67)$$

故障相断口的电压

$$\begin{cases} \Delta \dot{U}_b = j[(a^2-a)X_{2\Sigma} + (a^2-1)X_{0\Sigma}]\dot{I}_{a1} = \dfrac{\sqrt{3}}{2}[(2X_{2\Sigma}+X_{0\Sigma}) - j\sqrt{3}X_{0\Sigma}]\dot{I}_{a1} \\ \\ \Delta \dot{U}_c = j[(a-a^2)X_{2\Sigma} + (a-1)X_{0\Sigma}]\dot{I}_{a1} = \dfrac{\sqrt{3}}{2}[-(2X_{2\Sigma}+X_{0\Sigma}) - j\sqrt{3}X_{0\Sigma}]\dot{I}_{a1} \end{cases} \tag{8-68}$$

故障口的电流和电压的这些算式，同单相短路时的算式完全相似。

例 8-4 在图 8-38(a)所示的电力系统中，平行输电线中的线路 I 首端单相断开，试计算断开相的断口电压和非断开相的电流。系统各元件的参数与例 8-1 的相同。每回输电线路本身的零序自感抗为 0.8 Ω/km，两回平行线路间的零序互感抗为 0.4 Ω/km。

解： (1) 绘制各序等值电路，计算各序参数。

正、负序网络的元件参数直接取自例 8-1，对于零序网络采用消去互感的等值电路，下式中 X_{I0} 为线路 I 的零序自感抗，X_{I-II0} 为线路 I 与线路 II 之间的零序互感抗。

$$X_3 = X_4 = X_{I0} - X_{I-II0} = (0.8-0.4)\times 105 \times \frac{120}{115^2} = 0.38$$

$$X_5 = X_{I-II0} = 0.4 \times 105 \times \frac{120}{115^2} = 0.38$$

(2) 组成单相断开的复合序网[见图 8-38(b)]，计算各序故障口输入电抗和故障口开路电压。

$$\begin{aligned} X_{1\Sigma} &= [(X_3 // X_7) + X_2 + X_5 + X_6] // X_4 + X_3 \\ &= [(0.9/2.4) + 0.21 + 0.21 + 3.6]//0.38 + 0.38 = 0.734 \end{aligned}$$

$$\begin{aligned} X_{2\Sigma} &= [(X_3 // X_7) + X_2 + X_5 + X_6] // X_4 + X_3 \\ &= [(0.45//0.7) + 0.21 + 0.21 + 1.05]//0.38 + 0.38 = 0.692 \end{aligned}$$

$$X_{0\Sigma} = X_3 + X_4 = 0.38 + 0.38 = 0.76$$

故障口的开路电压 $\dot{U}_{ff'}^{(0)}$ 应等于线路 I 断开时线路 II 的全线电压降。先将发电机同负荷 LD_1 这两个支路合并，得

$$E_{eq} = \frac{X_7}{X_1+X_7}E = \frac{2.4}{0.9+2.4}\times 1.67 = 1.215, \quad X_{eq} = \frac{X_1 X_7}{X_1+X_7} = \frac{0.9\times 2.4}{0.9+2.4} = 0.655$$

$$U_{ff'}^{(0)} = \frac{E_{eq}}{X_{eq}+X_2+X_4+X_5+X_6}X_4 = \frac{1.215}{0.655+0.21+0.38+0.21+3.6}\times 0.38 = 0.091\,4$$

(3) 计算故障口的正序电流。

设 $\dot{U}_{ff'}^{(0)} = j0.091\,4$，则

$$\dot{I}_{a1} = \frac{\dot{U}_{ff'}^{(0)}}{j(X_{1\Sigma} + X_{2\Sigma}//X_{0\Sigma})} = \frac{j0.0914}{j(0.734 + 0.692//0.76)} = 0.083\,5$$

$$\dot{I}_{a2} = -\frac{X_{0\Sigma}}{X_{2\Sigma}+X_{0\Sigma}}\dot{I}_{a1} = -\frac{0.76}{0.692+0.76}\times 0.0835 = -0.043\,7$$

$$\dot{I}_{a0} = -\frac{X_{2\Sigma}}{X_{2\Sigma}+X_{0\Sigma}}\dot{I}_{a1} = -\frac{0.692}{0.692+0.76}\times 0.0835 = -0.039\,8$$

(4)计算故障断口电压和非故障相电流。

$$\Delta \dot{U}_{a} = j \frac{3 X_{2\Sigma} X_{0\Sigma}}{X_{2\Sigma} + X_{0\Sigma}} \dot{I}_{a1} \frac{U_{B}}{\sqrt{3}} = j3 \times \frac{0.692 \times 0.76}{0.692 + 0.76} \times 0.083\ 5 \times \frac{115}{\sqrt{3}} = j6.02 (kV)$$

$$I_{B} = \frac{S_{B}}{\sqrt{3} U_{B}} = \frac{120}{\sqrt{3} \times 115} = 0.6 (kA)$$

$$\dot{I}_{b} = \frac{-3 X_{2\Sigma} - j\sqrt{3}(X_{2\Sigma} + 2 X_{0\Sigma})}{2(X_{2\Sigma} + X_{0\Sigma})} \dot{I}_{a1} I_{B} = -\frac{3 \times 0.692 + j\sqrt{3} \times (0.692 + 2 \times 0.76)}{2 \times (0.692 + 0.76)} \times 0.083\ 5 \times 0.6 = -0.075 e^{j61.6°} (kA)$$

同样地可以算出

$$\dot{I}_{c} = \frac{-3 X_{2\Sigma} + j\sqrt{3}(X_{2\Sigma} + 2 X_{0\Sigma})}{2(X_{2\Sigma} + X_{0\Sigma})} \dot{I}_{a1} I_{B} = -\frac{3 \times 0.692 - j\sqrt{3} \times (0.692 + 2 \times 0.76)}{2 \times (0.692 + 0.76)} \times 0.083\ 5 \times 0.6 = -0.075 e^{-j61.6°} (kA)$$

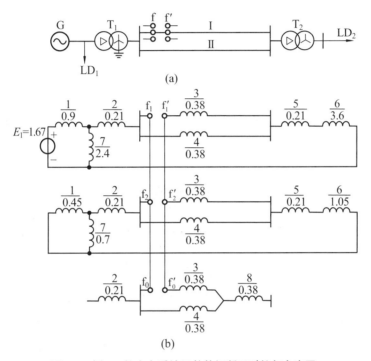

图 8-38 例 8-4 的电力系统及其单相断开时的复合序网

第 9 章 电力系统的稳定性

电力系统的稳定性问题是指系统在某一正常运行状态下受到干扰之后，经过一段时间能否恢复到原来的稳定运行状态或过渡到新的稳定运行状态的问题。如果能够，则在该正常运行状态下系统是稳定的；否则，描述系统运行状态的变量随时间不增大或振荡，系统是不稳定的。电力系统运行稳定性是电力系统分析的重要内容。要分析和研究电力系统运行的稳定性，必须先讨论电力系统的机电特性。

9.1 同步发电机的转子运动方程

同步发电机的转子运动方程是研究电力系统运行稳定性最基本的方程式。下面推导适合电力系统稳定计算用的发电机转子运动方程。

(1) 转子运动方程

根据旋转物体的力学定律，同步发电机转子的机械角加速度与作用在转子轴上的不平衡转矩之间有如下关系

$$Ja = \Delta M = M_T - M_e \tag{9-1}$$

式中：J 为转子的转动惯量；a 为转子的机械角加速度；ΔM 为作用在转子上的不平衡转矩；M_T 为原动机的机械转矩；M_e 为发电机的电磁转矩。

若以 Θ 表示从某一固定参考轴算起的机械角位移，Ω 表示机械角速度，则有

$$Ja = J\frac{\mathrm{d}\Omega}{\mathrm{d}t} = J\frac{\mathrm{d}^2\Theta}{\mathrm{d}t^2} = M_T - M_e \tag{9-2}$$

式(9-2)是以机械量表示的转子运动方程，下面需要将机械量用电气量的形式表示。发电机的功角 δ 既可以作为一个电磁参数，表示发电机 q 轴电势间的相位差；又可以作为一个机械运动参数，表示发电机转子之间的相对空间位置，因此通过 δ 可以把电力系统中的机械运动和电磁运动联系起来。δ 的意义见图 9-1。在多机系统中，通常将发电机 i、j 之间的相对位移角 $\delta_{ij} = \delta_i - \delta_j$ 称为相对角，$\Delta\omega_{ij} = \omega_i - \omega_j$ 称为相对角速度。由图 9-1 可见，相对角和相对角速度与参考轴的选择无关。发电机 i 相对同步旋转轴的位移角 δ_i 和角速度 $\Delta\omega_i$ 分别称为绝对角和绝对加速度。

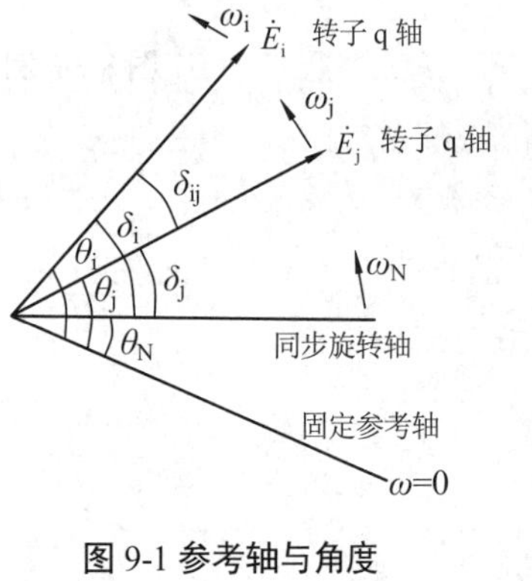

如果发电机的极对数为 p，则机械角位移 Θ、角速度 Ω 与电气角位移 θ、角速度 ω 有如下的关系：

$$\begin{cases} \theta = p\Theta \\ \omega = p\Omega \end{cases} \tag{9-3}$$

由图 9-1 可见

图 9-1 参考轴与角度

$$\begin{cases} \theta = \omega t \\ \delta = \omega t - \omega_N t \end{cases} \tag{9-4}$$

对式(9-4)的两个式子求二次导数，可得

$$\frac{\mathrm{d}^2\delta}{\mathrm{d}t^2} = \frac{\mathrm{d}^2\theta}{\mathrm{d}t^2} \tag{9-5}$$

将式(9-3)、式(9-5)的关系式代入式(9-2)可得

$$J\frac{\mathrm{d}^2\Theta}{\mathrm{d}t^2} = \frac{J}{p}\frac{\mathrm{d}^2\theta}{\mathrm{d}t^2} = \frac{J\Omega_N}{\omega_N}\frac{\mathrm{d}^2\delta}{\mathrm{d}t^2} = M_T - M_e \tag{9-6}$$

选择转矩基准值 $M_B = S_B/\Omega_N$，上式两边除以 M_B 便得

$$\frac{J\Omega_N^2}{S_B} \cdot \frac{1}{\omega_N} \cdot \frac{\mathrm{d}^2\delta}{\mathrm{d}t^2} = M_{T*} - M_{e*} \tag{9-7}$$

定义

$$T_J = \frac{J\Omega_N^2}{S_B} \tag{9-8}$$

为发电机组的惯性时间常数，于是得到用转矩标幺值表示的发电机转子运动方程

$$\frac{T_J}{\omega_N} \cdot \frac{\mathrm{d}^2\delta}{\mathrm{d}t^2} = M_{T*} - M_{e*} \tag{9-9}$$

如果认为发电机组的惯性较大，一般情况下机械角速度 Ω 变化不大，则可近似认为转矩的标幺值等于功率的标幺值，即

$$M_* = \frac{P_*}{\omega_*} \approx P_* \tag{9-10}$$

于是式(9-9)可表示为

$$\frac{T_J}{\omega_N} \cdot \frac{\mathrm{d}^2\delta}{\mathrm{d}t^2} = P_{T*} - P_{e*} \tag{9-11}$$

式中：当 $\omega_N = 2\pi f_N$ 时，δ 的单位为 rad；当 $\omega_N = 360 f_N$ 时，δ 的单位为度(°)；T_J 的单位为 s。

式(9-11)还可以写成状态方程的形式

$$\begin{cases} \dfrac{\mathrm{d}\delta}{\mathrm{d}t} = \omega - \omega_N \\ \dfrac{\mathrm{d}\omega}{\mathrm{d}t} = \dfrac{\omega_N(P_{T*} - P_{e*})}{T_J} \end{cases} \tag{9-12}$$

(2) 惯性时间常数 T_J 的物理意义

惯性时间常数 T_J 是反映发电机转子机械惯性的重要参数，常以秒(s)为单位。由 T_J 的定义可知，它是转子在额定转速下的动能的两倍除以基准功率。以发电机额定容量为基准的惯性时间常数 $T_{JN} = J\Omega_N^2/S_N$ 通常称为额定惯性时间常数，下面说明其物理意义。

选基准转矩 $M_B = S_N/\Omega_N$，式(9-2)两边除以 M_B，可得

$$T_{JN}\frac{\mathrm{d}\Omega_*}{\mathrm{d}t} = M_{T*} - M_{e*} \tag{9-13}$$

取 $M_{T*} = 1$、$M_{e*} = 0$，将其代入式(9-13)并将 dt 移到右边后，两边积分

$$T_{JN} \int_0^1 \mathrm{d}\Omega_* = \int_0^\tau (M_{T*} - M_{e*})\mathrm{d}t = \int_0^\tau \mathrm{d}t \tag{9-14}$$

于是得到

$$T_{JN} = \tau \tag{9-15}$$

式(9-15)说明，如果在发电机组的转子上施加额定转矩后，转子从静止状态($\Omega_* = 0$)启动加速到额定转速($\Omega_* = 1$)所需的时间 τ，就是发电机组的额定惯性时间常数 T_{JN}。

在电力系统稳定计算中，发电机的额定惯性时间常数 T_{JN} 必须归算到系统统一的基准功率 S_B 下，即

$$T_J = T_{JN} \frac{S_N}{S_B} \tag{9-16}$$

有时为了简化分析而将 n 台发电机合并为一台等值机时，等值机的惯性时间常数为各发电机归算到统一基准功率下的惯性时间常数之和，即

$$T_{J\Sigma} = \sum_{i=1}^n T_{JNi} \frac{S_{Ni}}{S_B} = \sum_{i=1}^n T_{Ji} \tag{9-17}$$

9.2 电力系统的功率特性

在复杂电力系统中，任一台发电机输出的电磁功率 P_e 不仅与本发电机的电磁特性、励磁调节系统特性等有关，还与系统中其他所有发电机的电磁特性、负荷特性以及网络结构等有关，其分析计算比较复杂。本节仅讨论简单电力系统中发电机的功率特性。所谓简单电力系统，也称为单机-无穷大系统，是指发电机通过变压器、输电线路与无穷大容量母线相连接，而且不计各元件电阻和导纳的输电系统，如图 9-2(a)所示。相对于复杂电力系统，这种系统的稳定问题的分析和计算都比较简单。

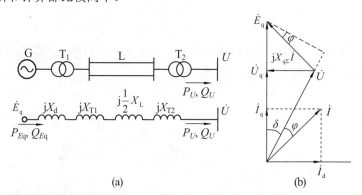

(a)　　　　　　　　　　　　　　(b)

图9-2 简单电力系统及其等值电路和相量图(隐极机)

(1) 隐极式发电机的功率特性

对于隐极式发电机有 $X_d = X_q$，简单电力系统及其等值电路如图 9-2(a)所示。系统总电抗为

$$X_{d\Sigma} = X_d + X_{T1} + \frac{1}{2}X_L + X_{T2} = X_d + X_{TL} \tag{9-18}$$

式中：X_{TL} 为变压器、线路等输电网的总电抗。

给定运行状态下的相量图如图 9-2(b)所示。由相量图可得

$$\dot{E}_q = \dot{U} + jX_{d\Sigma}\dot{I} \tag{9-19}$$

发电机电势 E_q 处的功率为

$$P_{Eq} = \mathrm{Re}(\dot{E}_q\hat{I}) = E_qI\cos(\delta+\varphi) = E_qI\cos\varphi\cos\delta - E_qI\sin\varphi\sin\delta \tag{9-20}$$

由图 9-2(b)可知

$$\begin{cases} E_q\sin\delta = IX_{d\Sigma}\cos\varphi \\ E_q\cos\delta = U + IX_{d\Sigma}\sin\varphi \end{cases} \tag{9-21}$$

即

$$\begin{cases} I\cos\varphi = \dfrac{E_q\sin\delta}{X_{d\Sigma}} \\ I\sin\varphi = \dfrac{E_q\cos\delta - U}{X_{d\Sigma}} \end{cases} \tag{9-22}$$

将式(9-22)代入式(9-20)，经整理后得

$$P_{Eq} = \frac{E_qU}{X_{d\Sigma}}\sin\delta \tag{9-23}$$

计及式(9-22)，发电机送到系统的功率

$$P_U = UI\cos\varphi = \frac{E_qU}{X_{d\Sigma}}\sin\delta \tag{9-24}$$

当电势 E_q 及电压 U 恒定时，隐极式发电机的功率特性(又称功角特性)是 δ 的正弦函数，如图 9-3 所示。功率特性曲线上的最大值称为功率极限。功率极限可由 $\mathrm{d}P/\mathrm{d}\delta = 0$ 的条件求出。对于无调节励磁的隐极式发电机，E_q 为常数，由 $\mathrm{d}P/\mathrm{d}\delta = 0$ 的条件求得功率极限对应的角度 $\delta_{Eqm} = 90°$，于是功率极限为

$$P_{Eqm} = \frac{E_qU}{X_{d\Sigma}} \tag{9-25}$$

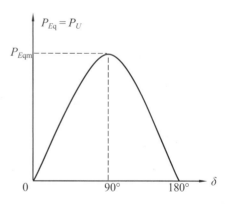

图 9-3 隐极式发电机的功率特性

(2) 凸极式发电机的功率特性

由于凸极式发电机转子的纵轴和横轴不对称，其电抗 $X_d \neq X_q$。凸极机在给定运行方式下的相量图如图 9-4 所示。图中 $X_{d\Sigma} = X_d + X_{TL}$，$X_{q\Sigma} = X_q + X_{TL}$。

忽略电阻，发电机输出的有功功率为

$$P_{Eq} = P_U = UI\cos\varphi = UI\cos(\varphi+\delta-\delta) = UI\cos(\varphi+\delta)\cos\delta + UI\sin(\varphi+\delta)\sin\delta = UI_q\cos\delta + UI_d\sin\delta \tag{9-26}$$

由图 9-4 可知，

$$\begin{cases} I_q X_{q\Sigma} = U\sin\delta \\ I_d X_{d\Sigma} = E_q - U\cos\delta \end{cases} \tag{9-27}$$

即

$$\begin{cases} I_q = \dfrac{U\sin\delta}{X_{q\Sigma}} \\ I_d = \dfrac{E_q - U\cos\delta}{X_{d\Sigma}} \end{cases} \tag{9-28}$$

式(9-28)代入式(9-26)，整理后可得

$$P_{Eq} = \frac{E_q U}{X_{d\Sigma}}\sin\delta + \frac{U^2}{2}\cdot\frac{X_{d\Sigma}-X_{q\Sigma}}{X_{d\Sigma}X_{q\Sigma}}\sin 2\delta \tag{9-29}$$

当发电机无调节励磁，E_q 为常数时，以凸极机为电源的简单电力系统的功率特性如图 9-5 所示。可以看到，凸极发电机的功率特性与隐极发电机的不同，它多了一项与发电机电势无关的两倍功角的正弦项，该项是由发电机纵、横轴磁阻不同而引起的，故又称为磁阻功率。磁阻功率的出现，使功率与功角 δ 成非正弦的关系。功率极限所对应的功角 δ_{Eqm} 仍由条件 $dP/d\delta$ = 0 确定，由图 9-5 可见，$\delta_{Eqm}<90°$。将 δ_{Eqm} 代入式(9-29)即可求出功率极限 P_{Eqm}。

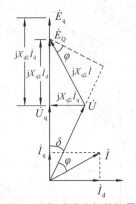

图 9-4 凸极式发电机的相量图

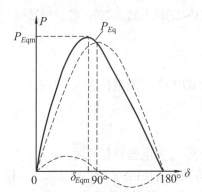

图 9-5 凸极式发电机的功率特性

9.3 简单电力系统的静态稳定性

电力系统静态稳定性是指电力系统受到小干扰后，不发生自发振荡或非周期性失步，自动恢复到起始运行状态的能力。电力系统几乎时时刻刻都受到小的干扰。例如，汽轮机蒸汽压力的波动，个别电动机的接入和切除或加负荷和减负荷，架空输电线因风吹摆动引起的线间距离(影响线路电抗)的微小变化。另外，发电机转子的旋转速度也不是绝对均匀的，即功角 δ 也是有微小变化的。因此，电力系统的静态稳定问题实际上就是确定系统的某个运行稳态能否保持的问题。

9.3.1 静态稳定分析

当发电机为隐极机时，发电机送到无穷大系统的功率

$$P_e = \frac{E_q U}{X_{d\Sigma}} \sin\delta \qquad (9\text{-}30)$$

当不考虑发电机的励磁调节装置的作用时，E_q 为常数，功率特性曲线如图 9-6 所示。发电机输出功率是从原动机获得的。在稳定运行情况下，当不计发电机的功率损耗时，发电机输出功率与原动机输入功率相平衡。当原动机的功率 P_T 给定后，由图 9-6 可以看到功角特性曲线上有 a、b 两个交点，即两个功率平衡点，对应功角分别为 δ_a 和 δ_b。但 a、b 是否都能维持运行呢？下面通过分析给予说明。

假设发电机运行在 a 点，若此时有一小的扰动使功角 δ 获得一个正的增量 $\Delta\delta$，由原来的运行值 δ_a 变到 $\delta_{a'}$。于是，电磁功率也相应地增加到 $P_{a'}$。从图中可以看出，正的功角增量 $\Delta\delta = \delta_{a'} - \delta_a$ 产生正的电磁功率增量 $\Delta P_e = P_{a'} - P_0$，而原动机的功率仍保持不变。这样发电机的输出功率大于原动机的输入功率，破坏了发电机与原动机之间的转矩平衡。由于此时发电机的电磁转矩大于原动机的机械转矩，在转子上受到一个制动的不平衡转矩。在此不平衡转矩作用下，发电机转子将减速，使功角 δ 减小。当 δ 减小到 δ_a 时，虽然

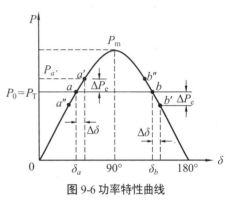

图 9-6 功率特性曲线

原动机转矩与电磁转矩相平衡，但由于转子惯性作用，功角 δ 继续减小，一直到 a'' 点时才能停止减小。在 a'' 点，原动机的机械转矩大于发电机的电磁转矩，转子受到一个加速的不平衡转矩，开始加速，使功角 δ 增大，由于阻尼力矩存在，δ 不能到达 δ'，并开始减小，经过衰减的振荡后，又恢复到原来的运行点 a，其过程如图 9-7(a) 所示。如果在 a 点运行时受到扰动后产生了一个负的角度增量 $\Delta\delta = \delta_{a''} - \delta_a$（图 9-6 中 a'' 点），电磁功率 P_e 的增量也是负的，结果是原动机的输入功率大于发电机的输出功率，转子受到加速的不平衡转矩的作用，其转速开始上升，功角相应增加。同样，经过振荡过程又恢复到 a 点运行。由以上分析可得出结论，平衡点 a 是静态稳定的。

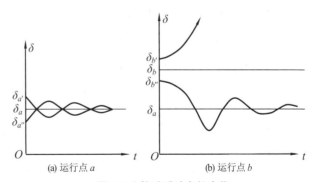

图 9-7 小扰动后功角的变化

发电机运行在 b 点的情况完全不同。这里，正值的角度增量 $\Delta\delta = \delta_{b'} - \delta_b$，使电磁功率减小而产生负值的电磁功率增量 $\Delta P_e = P_{b'} - P_0$（见图 9-6）。于是，转子在加速性不平衡转矩作用下开始升速，使功角增大。随着功角 δ 的增大，电磁功率继续减小，发电机转速继续增加。这样送端和受端的发电机便不能继续保持同步运行，即失去了稳定。如果在 b 点运行时

受到微小扰动而获得一个负值的角度增量 $\Delta\delta = \delta_{b''} - \delta_b$，则将产生正值的电磁功率增量 ΔP_e $= P_{b''} - P_0$，发电机的工作点，将由 b 点过渡到 a 点，其过程如图 9-7(b)所示。由此得出，在 b 点运行是不稳定的。

进一步分析简单电力系统的功角特性可知：在曲线的上升部分的任何一点对小干扰的响应都与 a 点相同，都是静态稳定的；曲线的下降部分的任何一点对小干扰的响应都与 b 点相同，都是静态不稳定的。

功角特性曲线的上升部分，电磁功率增量 ΔP_e 与功角增量 $\Delta\delta$ 具有相同的符号；在功角特性曲线的下降部分，ΔP_e 与 $\Delta\delta$ 总是具有相反的符号。故可以用比值 $\Delta P_e / \Delta\delta$ 的符号来判断系统给定的平衡点是否是静态稳定的。

一般把判断静态稳定的充分必要条件称为静态稳定判据。由以上讨论可知，可以把

$$\frac{\mathrm{d}P_e}{\mathrm{d}\delta} > 0 \tag{9-31}$$

看成是简单电力系统静态稳定的实用判据。

图 9-8 为静态稳定的实用判据原理图。当 $\delta = 90°$ 时，$\mathrm{d}P_e/\mathrm{d}\delta = 0$，是静态稳定的临界点，它与功角特性曲线的最大值相对应。功角特性曲线的最大值常成为发电机的功率极限。显而易见，欲使系统保持静态稳定，运行点应在功角特性曲线的上升部分，且应低于功率极限。设运行点对应的功率为 P_0，功率极限为 P_m，则

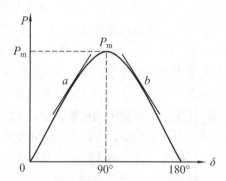

图 9-8 静态稳定的实用判据原理图

$$K_p = \frac{P_m - P_0}{P_m} \times 100\% \tag{9-32}$$

式中：K_p 称为静态稳定的储备系数。经验表明，正常运行时，K_p 不应低于 15%；事故后或在特殊情况下，K_p 也不能低于 10%。

9.3.2 提高静态稳定的措施

发电机输送的功率极限值越高，则静态稳定性越好。由式(9-24)可见，增加 E_q 和 U，减少 $X_{d\Sigma}$ 可以提高发电机输送的功率极限。以下介绍的几种措施都是为了改变这三个变量。

(1) 采用自动励磁调节装置

自动励磁调节装置对提高电力系统静态稳定性有非常明显的作用。当发电机装有比例式励磁调节器时，可维持暂态电势 E_q' 为常数，这相当于将发电机的电抗 X_d 减少为暂态电抗 X_d'。如果进一步加装电力系统稳定器(PSS)，或者用强励式调节器代替比例式调节器，相当于把发电机电抗减小到接近于零，可以近似维持发电机端电压为常数，对提高静态稳定的作用更为显著。因为调节器在总投资中所占比重很小，所以在各种提高静态稳定性的措施中，总是优先考虑安装自动励磁调节器。

(2) 减少元件电抗

以图 9-2 的简单系统为例，其功率极限由式(9-25)确定，功率极限与系统的总电抗 $X_{d\Sigma}$ 成反比，系统总电抗越小，功率极限就越大，稳定性能也就越好。

系统总电抗是由发电机、变压器和输电线路电抗组成的，其中发电机、变压器电抗受投资的限制，要想大幅度减小是困难的，不过在发电机和变压器设计时总是应该在投资和材料相同的条件下，力求使它们的电抗减小一些。更有实际意义的是减小线路电抗，这可以通过使用分裂导线和采用串联电容补偿等办法实现。

采用分裂导线可以减小线路电抗，导线不需要特制。分裂导线在超高压线路中还可以减少电晕损耗，因此被广泛采用。

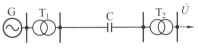

图 9-9 串联电容减小线路电抗

串联电容补偿是指在线路中串联电容器，以电容器的容抗抵消线路的感抗，如图 9-9 所示。

(3) 提高额定电压

在线路两端电压相位差角 δ 不变的条件下，线路输送的功率与线路额定电压的平方成正比，所以提高线路额定电压能明显提高输送功率，改善系统的稳定性。不过要注意，电压等级越高，投资越大，一般对于一定的输送距离和输送功率，总有一个最合理的电压等级。

(4) 改善电网结构

电网结构是电力系统安全运行的基础。改善电网结构的核心是加强主系统的联系，消除薄弱环节。例如：增加输电线路的回路数。另外，当输电线路通过的地区原来就有电力系统时，与这些中间电力系统的输电线路连接起来也是有利的。这样可以使长距离的输电线路中间点的电压得到支持，相当于将输电线路分成两段，缩小了电气距离。而且，中间系统还可与输电线交换有功功率，起到互为备用的作用。

9.4 简单电力系统的暂态稳定性

电力系统的暂态稳定性是指系统受到大干扰后，各同步发电机保持同步运行并过渡到新的稳定运行方式或恢复到原来稳定运行方式的能力。通常指保持第一或第二个振荡周期不失步。大干扰一般指的是短路、切除输电线路或发电机组、投入或切除大容量的负荷等。其中短路故障的干扰最严重，常作为检验系统是否具有暂态稳定性的条件。

9.4.1 暂态稳定分析计算的基本假设

(1) 电力系统机电暂态过程的特点

当电力系统受到大干扰时，表征系统运行状态的各种电磁参数都要发生急剧的变化。但是由于原动机调速器具有相当大的惯性，它必须经过一定时间后才能改变原动机的功率。这样，发电机的电磁功率与原动机的机械功率之间便失去了平衡，产生了不平衡转矩。在不平衡转矩的作用下，发电机开始改变转速，使各发电机转子间的相对位置发生变化(机械运动)。发电机转子间的相对位置，即相对角的变化，反过来又影响到电力系统中电流、电压和发电机电磁功率的变化。所以，由大干扰引起的电力系统暂态过程，是一个电磁暂态过程和发电机转子间机械运动暂态过程交织在一起的复杂过程。如果计及原动机调速器、发电机励磁调节器等调节设备的暂态过程，则更加复杂。这就是电力系统机电暂态过程的特点。

精确地确定所有电磁参数和机械运动参数在暂态过程中的变化是困难的，对于解决一般的工程实际问题往往也是不必要的。通常，暂态稳定分析计算的目的在于确定系统在给定的大干扰下，发电机能否继续保持同步运行。因此，只需研究表征发电机是否同步的转子运动特性，即功角 δ 随时间变化的特性就可以了。据此，在暂态稳定分析计算中只考虑对转子机械运动起主要影响的因素，对于一些次要因素则予以忽略或只作近似考虑。

(2) 暂态稳定性分析计算的基本假设

①忽略发电机定子电流的非周期分量和与它相对应的转子电流周期分量

这是因为，一方面，定子非周期分量电流衰减时间常数很小，通常只有百分之几秒；另一方面，定子非周期分量电流产生的磁场在空间是静止不动的，它与转子绕组直流分量所产生的转矩以同步频率做周期变化，其平均值接近于零。而转子机械惯性较大，所以它对转子相对运动影响很小，可以忽略。采用这一假设之后，发电机定子和转子绕组的电流、系统的电压以及发电机的电磁功率等，在大干扰瞬间均可以突变。这意味着忽略了电力网络中各元件的电磁暂态过程。

②发生不对称故障时，不计零序和负序电流对转子运动的影响

对零序电流来说，一方面，由于连接发电机的升压变压器绝大多数采用 Dy 接法，发电机都接在三角形侧，如果在高压网络中发生不对称故障(大多数是这样)，则零序电流并不通过发电机；另一方面，即使发电机流通零序电流，由于定子三相绕组在空间对称分布，零序电流所产生的合成气隙磁场为零，对转子运动也没有影响。

负序电流在气隙中产生的合成电枢反应磁场，其旋转方向与转子旋转方向相反。它与转子绕组直流分量相互作用所产生的转矩，是以近两倍同步频率交变的转矩，其平均值接近于零，对转子运动的总趋势影响很小。由于转子机械惯性较大，所以，对转子运动的瞬时速度影响也不大。

不计零序和负序电流的影响，大大简化了不对称故障时暂态稳定性的计算。此时，发电机输出的电磁功率仅由正序分量确定。不对称故障时，在故障处接入附加阻抗，正序分量可应用正序等效定则和复合序网计算。

③不考虑频率变化对系统参数的影响

这是因为，电力系统在受到大干扰后的第一、二个摇摆周期内，各发电机转速偏离同步转速不多，所以，可以不考虑频率变化对系统参数的影响，各元件参数值都按额定频率计算。

④发电机采用 E' 恒定的简化数学模型

受到大干扰瞬间，发电机励磁绕组的磁链保持守恒，不会突变，与其成正比的暂态电势 E'_q 也不会突变；大干扰后的暂态过程中，随着励磁绕组自由直流的衰减，E'_q 也将减小，但发电机的自动励磁调节系统受到大干扰后要强行励磁，强励所增加的电流将抵偿励磁绕组自由直流的衰减，所以，仍然可以保持 E'_q 基本不变。因此在暂态稳定计算中，发电机可采用 E'_q 为常数的模型。由于 E' 和 E'_q 差别不大且变化规律相近，因此，在实用计算中，进一步假定 E' 恒定不变，发电机的模型简化为用 E' 和 X'_d 表示。对于简单电力系统，发电机的电磁功率用 $P_E = E'U\sin\delta' / X'_{d\Sigma}$ 计算。但应注意，式中的 δ' 与 δ 是有区别的，它已不代表发电机转子之间的相对位置了。但是，在暂态过程中，δ' 与 δ 的变化规律相似，因此，用它也可以正确判断系统是否稳定。今后为书写简化，将省去 E' 和 δ' 的上标一撇。

⑤不考虑原动机调速器的作用

由于原动机调速器一般要在发电机转速变化之后才起调节作用,并且其本身的惯性较大,所以,在一般的暂态稳定计算中,不考虑原动机调速器的作用,假定原动机输入功率恒定。

9.4.2 简单电力系统暂态稳定性分析

假定图 9-10(a)所示的简单电力系统在输电线路始端发生短路,下面分析其暂态稳定性。

(1) 各种运行情况下的功率特牲

①正常运行情况

系统正常运行情况下的等值电路如图 9-10(b)所示。此时,系统总电抗

$$X_{\mathrm{I}} = X'_{\mathrm{d}} + X_{\mathrm{T1}} + \frac{1}{2} X_{\mathrm{L}} + X_{\mathrm{T2}} \tag{9-33}$$

电磁功率特性

$$P_{\mathrm{I}} = \frac{E_0 U_0}{X_{\mathrm{I}}} \sin\delta = P_{\mathrm{mI}} \sin\delta \tag{9-34}$$

式中:E_0 为短路前暂态电抗后的电势值。

②故障情况

发生短路时,根据正序等效定则,在正常等值电路中的短路点接入附加电抗 X_Δ,就得到故障情况下的等值电路,如图 9-10(c)所示。此时,发电机与系统间的转移电抗

$$X_{\mathrm{II}} = X_{\mathrm{I}} + \frac{(X'_{\mathrm{d}} + X_{\mathrm{T1}})(\frac{1}{2} X_{\mathrm{L}} + X_{\mathrm{T2}})}{X_\Delta} \tag{9-35}$$

发电机的功率特性为

$$P_{\mathrm{II}} = \frac{E_0 U_0}{X_{\mathrm{II}}} \sin\delta = P_{\mathrm{mII}} \sin\delta \tag{9-36}$$

由于 $X_{\mathrm{II}} > X_{\mathrm{I}}$,因此,短路时的功率特性比正常运行时的要低(如图 9-11 所示)。

③故障切除后

故障线路被切除后的等值电路,如图 9-10(d)所示。此时,系统总电抗

$$X_{\mathrm{III}} = X'_{\mathrm{d}} + X_{\mathrm{T1}} + X_{\mathrm{L}} + X_{\mathrm{T2}} \tag{9-37}$$

功率特性为

$$P_{\mathrm{III}} = \frac{E_0 U_0}{X_{\mathrm{III}}} \sin\delta = P_{\mathrm{mIII}} \sin\delta \tag{9-38}$$

一般情况下,$X_{\mathrm{I}} < X_{\mathrm{III}} < X_{\mathrm{II}}$,因此 P_{III} 也介于 P_{I} 和 P_{II} 之间(见图 9-11)。

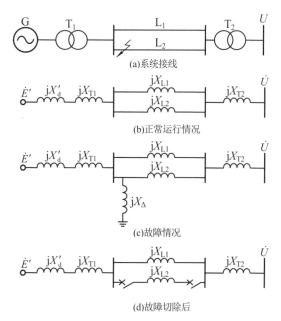

图 9-10 简单电力系统在各种运行情况下的等值电路

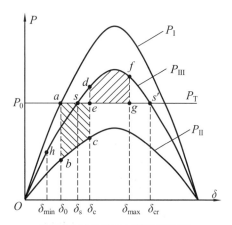

图 9-11 功角特性及等面积定则

(2) 大干扰后的暂态过程分析

在正常运行情况下，若原动机输入的机械功率为 P_T，发电机输出的电磁功率应与原动机输入的机械功率相平衡，发电机工作点由 P_I 和 P_T 的交点确定，即为 a 点，与此对应的功角为 δ_0，如图 9-11 所示。

发生短路的瞬间，由于不考虑定子回路的非周期分量，则电磁功率是可以突变的，于是发电机运行点由 P_I 突然降为 P_{II}，又由于发电机组转子机械运动的惯性所致，功角 δ 不可能突变，仍为 δ_0，那么运行点将由 a 点跃降到短路时的功角特性曲线 P_{II} 上的 b 点。达 b 点后，由于输入的机械功率 P_T 大于输出的电磁功率 P_{II}，过剩功率($\Delta P = P_T - P_{IIb}$)大于零，转子开始加速，即 $\Delta \omega > 0$，功角 δ 开始增大，此时，运行点将沿着功角特性曲线 P_{II} 运行。经过一段时间，功角增大至 δ_c，运行点达到 c 点时(从 b 点运行到 c 点的过程是转子由同步转速开始逐渐加速的过程)，故障线路两端的继电保护装置动作，切除了故障线路。在此瞬间，运行点从 P_{II} 上的 c 点跃升到 P_{III} 上的 d 点，此时转子的速度 $\omega_d = \omega_c = \omega_{max}$。达到 d 点后，过剩功率 $\Delta P = P_T - P_{IIId}$ 小于零，转子将开始减速。由于此时 $\omega_d > \omega_N$ 及转子惯性的作用，则功角 δ 还将增大，运行点沿曲线 P_{III} 由 d 点向 f 点移动，当转速降到同步转速时，运行点达到 f 点(即 $\omega_f = \omega_N$)。由于此时过剩功率($\Delta P = P_T - P_{IIIf}$)仍然小于零，转子仍将继续减速，功角则不再继续增大，而是开始减小(从 d 点运行到 f 点的过程是转子减速的过程，到达 f 点时，功角 $\delta_f = \delta_{max}$ 达到最大)。这样，运行点仍将沿着功角特性曲线 P_{III} 从 f 点向 d、s 点移动。在 s 点时有 $P_T = P_{IIIs}$，过剩功率等于零，减速停止，则转子速度达到最小 $\omega_s = \omega_{min}$(运行点从 f 点到 s 点的过程是转子减速的过程)。但由于机械惯性的作用，功角 δ 将继续减小，当过 s 点后，过剩功率又将大于零，转子又开始加速，加速到同步转速 ω_N 时，运行点到达 h 点($\omega_h = \omega_N$)，此时的功角 $\delta_h = \delta_{min}$ 达到最小。随后功角 δ 又将开始增大，即开始第二次振荡，如果振荡过程中不计阻尼的作用，则将是一个等幅振荡，不能稳定下来，但实际振荡过程中总有一定的阻尼作用，因此这样的振荡将逐步衰减，系统最后停留在一个新的运行点 s 上继续同步运行。上述过程表明系统在受到大干扰后，可以保持暂态稳定，如图 9-12 所示。

如果短路故障的时间较长，即故障切除迟一些，δ_c 将摆得更大。这样故障切除后，运行点在沿曲线 P_{III} 向功角增大方向移动的过程中，虽然转子也在逐渐地减速，但运行点到达曲线 P_{III} 上的 s' 点时，发电机转子的转速还没有减到同步转速的话，过了 s' 点后，情况将发生变化，由于这时过剩功率又将大于零，发电机转子又开始加速(还没有减到同步转速又开始加速)，而且加速越来越快，功角 δ 无限增大，发电机与系统之间将失去同步(原动机输入的机械功率与发电机输出的电磁功率不可能平衡)。这样的过程表明系统在受到大干扰后暂态不稳定，如图 9-13 所示。

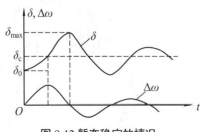

图 9-12 暂态稳定的情况

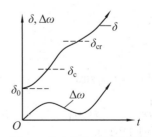

图 9-13 失去暂态稳定的情况

从以上的分析中可以看到，功角变化的特性，表明了电力系统受大干扰后发电机转子之间相对运动的情况。若功角 δ 经过振荡后能稳定在某一个数值，则表明发电机之间重新恢复了同步运行，系统具有暂态稳定性。如果电力系统受大干扰后功角不断增大，则表明发电机之间已不再同步，系统失去了暂态稳定。因此，可以用电力系统受大干扰后功角随时间变化的特性(通常称为转子摇摆曲线)作为暂态稳定的判据。

9.4.3 等面积定则和极限切除角

从上述暂态过程分析可见，由 δ_0 到 δ_c 移动时，转子加速，过剩转矩所做的功为

$$W_a = \int_{\delta_0}^{\delta_c} \Delta M \mathrm{d}\delta = \int_{\delta_0}^{\delta_c} \frac{\Delta P}{\omega} \mathrm{d}\delta \tag{9-39}$$

用标幺值计算时，因发电机转速偏离同步转速不大，$\omega \approx 1$，于是

$$W_a = \int_{\delta_0}^{\delta_c} \Delta P \mathrm{d}\delta = \int_{\delta_0}^{\delta_c} (P_T - P_{II}) \mathrm{d}\delta = S_{abcea} \tag{9-40}$$

式中：S_{abcea} 称为加速面积，即为转子动能的增量。

当由 δ_c 变动到 δ_{max} 时，转子减速，过剩转矩所做的功为

$$W_b = \int_{\delta_c}^{\delta_{max}} \Delta P \mathrm{d}\delta = \int_{\delta_c}^{\delta_{max}} (P_T - P_{III}) \mathrm{d}\delta = S_{edfge} \tag{9-41}$$

式中：$(P_T - P_{III}) < 0$，S_{edfge} 称为减速面积，即动能的增量为负值，说明转子动能减少，转速下降。当功角达到 δ_{max} 时，转子转速重新恢复同步($\omega = \omega_N$)，说明转子在加速期间积蓄的动能增量已在减速过程中全部耗尽，即加速面积和减速面积的大小相等，这就是等面积定则，即

$$W_a + W_b = \int_{\delta_0}^{\delta_c} (P_T - P_{II}) \mathrm{d}\delta + \int_{\delta_c}^{\delta_{max}} (P_T - P_{III}) \mathrm{d}\delta = 0 \tag{9-42}$$

也可以写成

$$|S_{abcea}| = |S_{edfge}| \tag{9-43}$$

将 $P_T = P_0$，以及 P_{II} 和 P_{III} 的表达式(9-36)、式(9-38)代入，便可求得转子的最大摇摆角 δ_{max}。

同理，根据等面积定则，可以确定转子摇摆的最小角度 δ_{min}，即

$$\int_{\delta_{max}}^{\delta_s} (P_T - P_{III}) \mathrm{d}\delta + \int_{\delta_s}^{\delta_{min}} (P_T - P_{III}) \mathrm{d}\delta = 0 \tag{9-44}$$

由图 9-11 可以看到，在给定的计算条件下，当切除角 δ_c 一定时，有一个最大可能的减速面积 $S_{dfs'e}$。显然，最大可能的减速面积大于加速面积，是保持暂态稳定的条件。即

$$\int_{\delta_0}^{\delta_c} (P_T - P_{II}) \mathrm{d}\delta + \int_{\delta_c}^{\delta_{cr}} (P_T - P_{III}) \mathrm{d}\delta < 0 \tag{9-45}$$

系统暂态稳定，否则系统暂态不稳定。

当最大可能的减速面积小于加速面积时，如果减小切除角 δ_c，由图 9-11 可知，这样既减小了加速面积，又增大了最大可能的减速面积。这就有可能使原来不能保持暂态稳定的系统变成能保持暂态稳定了。如果在某一切除角，最大可能的减速面积刚好等于加速面积，则系统处于稳定的极限情况，大于这个角度切除故障，系统将失去稳定。这个角度称为极限切除角 $\delta_{c \cdot lim}$(与极限切除角 $\delta_{c \cdot lim}$ 对应的切除时间称为极限切除时间 $t_{c \cdot lim}$)。应用等面积定则，可以方便地确定 $\delta_{c \cdot lim}$。

$$\int_{\delta_0}^{\delta_{c.lim}} (P_0 - P_{mII}\sin\delta)\mathrm{d}\delta + \int_{\delta_{c.lim}}^{\delta_{cr}} (P_0 - P_{mIII}\sin\delta)\mathrm{d}\delta = 0 \tag{9-46}$$

求出上式的积分并经整理后可得

$$\delta_{c.lim} = \arccos \frac{P_0(\delta_{cr} - \delta_0) + P_{mIII}\cos\delta_{cr} - P_{mII}\cos\delta_0}{P_{mIII} - P_{mII}} \tag{9-47}$$

式中所有的角度都是用弧度表示的。其中，临界角

$$\delta_{cr} = \pi - \arcsin\frac{P_0}{P_{mIII}} \tag{9-48}$$

为了判断系统的暂态稳定性，可以通过求解发电机转子运动方程确定出功角随时间变化的特性 $\delta(t)$，如图9-14所示。当已知继电保护和断路器切除故障的时间 t_c 时，可以由 $\delta(t)$ 曲线上找出对应的切除角 δ_c，如果 $\delta_c < \delta_{c.lim}$，系统是暂态稳定的，反之则是不稳定的。也可以比较时间，在 $\delta(t)$ 曲线上找出极限切除角 $\delta_{c.lim}$ 对应的极限切除时间 $t_{c.lim}$。如果 $t_c < t_{c.lim}$，系统是暂态稳定的，反之是不稳定的。这种判断暂态稳定性的方法常称为极值比较法。

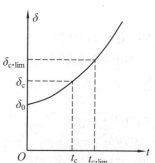

图9-14 极限切除时间的确定

9.4.4 提高暂态稳定性的措施

前面介绍的缩短电气距离以提高静态稳定性的某些措施对提高暂态稳定性也是有作用的。但是，提高暂态稳定的措施，一般首先考虑的是减少扰动后功率差额的临时措施，因为在大扰动后发电机机械功率和电磁功率的差额是导致稳定破坏的主要原因。所有的措施都是为减小加速面积，增加减速面积。

(1) 快速切除故障

快速切除故障是提高暂态稳定的最根本、最有效的措施，同时又是简单易行的措施。当系统的暂态稳定将遭到破坏时，首先应考虑快速切除故障。快速切除故障的作用是减小加速面积，增大减速面积。切除故障时间等于继电保护动作时间和断路器动作时间之和。目前新型的保护装置的动作时间可做到不大于 0.04 s，断路器的动作时间不大于 0.06 s，两者动作时间之和可做到 0.1 以内，最快可达到 0.06 s，从而显著地改善了系统的暂态稳定性。

(2) 应用自动重合闸装置

高压输电线路的短路故障，大多数是瞬时性的，故障线路切除后通过自动重合闸装置立即重新投入，增大了减速面积，大多数情况下可以恢复正常运行。超高压输电线路的故障大多数是单相接地，对这类故障可以考虑采用按相动作的单相重合闸装置。这种装置自动选出故障相切除，经过一小段时间后又重新合闸。由于只切除一相，送端发电厂和受端系统之间的联系更为紧密，从而进一步提高了暂态稳定性。

(3) 发电机快速强行励磁

采用快速强行励磁，可提高发电机的电势，增加发电机的输出功率，从而提高了系统的暂态稳定性。现代同步发电机的励磁系统中都备有强行励磁装置，当系统发生故障而使发电机的端电压低于 85%~90%额定电压时，就将迅速且大幅度地增加励磁。强行励磁的效果与

强励倍数(强励倍数指的是最大可能的励磁电压与发电机额定运行时的励磁电压之比)和强励速度有关，强励倍数越大、强行励磁的速度越快，效果就越好。

(4) 快速汽门控制

基于原动机故障调节原理的快速动作汽门装置，可以在系统故障时，根据故障情况快速关闭汽门，以增大可能的减速面积，保持系统的暂态稳定性；然后逐步重新开启汽门，以减小转子振荡幅度。水轮机的调速器很不灵敏，且有水锤效应，不能快速关闭导水翼。

(5) 发电机电气制动

电气制动是当系统发生短路故障后，在送端发电机上投入电阻，以消耗发电机发出的有功功率(即增大电磁功率)，从而减小发电机转子上的过剩功率，达到提高系统的暂态稳定性的目的。投入的电阻称为制动电阻。采用电气制动提高系统的暂态稳定性时，制动能量(或制动电阻值)的大小及其投切时间要选择得恰当，以防欠制动或过制动。所谓欠制动，即制动作用过小(制动能量过小或制动时间过短)，发电机可能在第一个振荡周期失步；过制动时，发电机虽然在第一次振荡中没有失步，却会在切除故障和制动电阻后的第二次振荡中失步。

(6) 变压器中性点经小电阻接地

变压器中性点接地的方式，对发生接地短路时的暂态稳定性有着重大的影响。对于中性点直接接地的电力系统，为了提高接地短路(两相短路接地、单相接地短路)时的暂态稳定性，变压器中性点可经小电阻后再接地。变压器中性点经小电阻接地时的作用原理与发电机电气制动非常相似。零序电流通过接地电阻时要消耗有功功率，因而使发电机输出的电磁功率增加，转子轴上的不平衡功率减小；从而减小了发电机的相对加速度，提高了暂态稳定性。与电气制动类似，必须合理选择中性点接地电阻的大小。

(7) 切发电机和切负荷

减少原动机输出的机械功率可以减少转子轴上的不平衡功率。因此，如果系统备用容量充足，在切除故障线路的同时，连锁切除部分发电机，是一种提高暂态稳定的行之有效的措施。由于切除部分发电机，系统失去了部分电源，系统频率和电压将会下降。如果切除的发电机容量较大，则在暂态过程的初期阶段虽然保持了各发电机之间的同步，但因系统频率和电压过分下降，可能引起频率崩溃或电压崩溃，最终导致系统失去稳定。为防止发生这种情况，在切除部分发电机之后，可以连锁切除部分负荷，或者根据频率和电压下降的情况来切除部分负荷。

(8) 输电线路设置开关站

双回路的输电线路，故障切除一回路后，线路阻抗将增大一倍，故障后的功率极限要降低很多，对暂态稳定和故障后的静态稳定都是不利的。超高压远距离输电线的阻抗占系统总阻抗的比例很大，这种影响就更大了。如果在线路中间设置开关站，把线路分成几段，故障时仅切除一段线路(见图9-15)，则线路阻抗就增加得较少。开关站的数目越多，故障后线路阻抗增加越少，对稳定性是有利的。但是，这种作用并不与开关

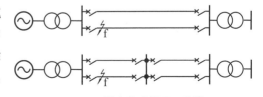

图 9-15 输电线路设置开关站

站的数目成比例，而建设开关站所花费的材料和投资却大致与开关站的数目成比例。因此，

过多地建设开关站在经济上是不合理的。一般对于长度为 300~500 km 的输电线路，开关站以一个为宜；对于长度为 500~1 000 km 的输电线路，开关站以两个至三个为宜。开关站的数目及分布位置还可结合串联电容补偿、并联电抗补偿的分布统一考虑。

参考文献

[1] 何仰赞, 温增银. 电力系统分析(上). 4 版. 武汉：华中科技大学出版社, 2016.

[2] 何仰赞, 温增银. 电力系统分析(下). 4 版. 武汉：华中科技大学出版社, 2016.

[3] 陈珩. 电力系统稳态分析. 4 版. 北京：中国电力出版社, 2015.

[4] 李光琦. 电力系统暂态分析. 3 版. 北京：中国电力出版社, 2007.

[5] 哈恒旭, 张新慧, 何柏娜. 电力系统分析. 西安：西安电子科技大学出版社, 2012.

[6] 西安交通大学, 清华大学, 浙江大学, 等. 电力系统计算. 北京：水利电力出版社, 1978.

[7] 陈珩. 同步电机运行基本理论与计算机算法. 北京：水利电力出版社, 1992.

[8] 张崇巍, 张兴. PWM 整流器及其控制. 北京：机械工业出版社, 2003.

[9] 吴俊勇, 夏明超, 徐丽杰, 等. 电力系统分析. 北京：清华大学出版社, 2014.

[10] 杨以涵, 张粒子, 麻秀范, 等. 电力系统基础. 2 版. 北京：中国电力出版社, 2007.

[11] 刘天琪, 邱晓燕. 电力系统分析理论. 3 版. 北京：科学出版社, 2017.